家装水电工

识图、安装、改造

一本通

袁宝生　主　编

寇冠徽　李　宁　李栋梁　副主编

化学工业出版社

·北京·

本书从实际操作的角度出发，利用视频讲解及图文描述的方式对家装电工、水暖工技能的相关知识进行了详细的介绍。全书包括家装电工识图基础、电气线路识读、用电安全、触电与急救、家装电路设计、家装线材选用、连接导线、室内配电装置安装、家装电源插座选用与安装、家装网线制作与插座安装、家装电工改电的操作过程、照明开关安装、照明设备的安装、浴霸安装、抽油烟机的安装、家用热水器的安装，手机app控制的智能家居安装应用、水工识图、钢管的制备、塑料管的制备、给水排水系统操作技能、地暖的敷设技能、卫生洁具的安装操作、常用工具仪表等内容，书中还附有大量的技术资料及数据。

本书适合电工、家装电工、水暖工初学者及初、中级从业人员阅读使用，也可用作职业院校及相关技能培训机构的培训教材。

图书在版编目（CIP）数据

家装水电工识图、安装、改造一本通 / 袁宝生主编.
— 北京：化学工业出版社，2019.12（2024.2重印）
ISBN 978-7-122-35087-9

Ⅰ.①家…　Ⅱ.①袁…　Ⅲ.①房屋建筑设备-给排水系统-建筑制图-识图②房屋建筑设备-电路图-识图③房屋建筑设备-给排水系统-建筑安装④房屋建筑设备-电气设备-建筑安装⑤房屋建筑设备-给排水系统-改造⑥房屋建筑设备-电气设备-改造　Ⅳ.①TU82②TU85

中国版本图书馆CIP数据核字（2019）第182703号

责任编辑：刘丽宏　　　　　　　　　　　文字编辑：陈　喆
责任校对：王素芹　　　　　　　　　　　装帧设计：刘丽华

出版发行：化学工业出版社（北京市东城区青年湖南街13号　邮政编码100011）
印　　装：北京瑞禾彩色印刷有限公司
710mm×1000mm　1/16　印张21½　字数386千字　2024年2月北京第1版第9次印刷

购书咨询：010-64518888　　　　　　　　售后服务：010-64518899
网　　址：http://www.cip.com.cn
凡购买本书，如有缺损质量问题，本社销售中心负责调换。

定　　价：89.80元　　　　　　　　　　　　　　　　　版权所有　违者必究

前 言

　　本书以初学者学习电工技术必须掌握的技能为线索，系统讲解了水工基础知识、家装电工基础、水工操作技能、卫生洁具的安装操作、家庭配电线路设计、家装线路安装基本技能、智能家居安装应用、常用照明设备及家用电器的安装、照明设备的安装、浴霸安装、家用热水器的安装、装修电工常用工具仪表等内容。在内容的编排方面，配合视频实际案例讲解，深入浅出地教您掌握建筑水电工各种基本操作要领，带您轻松入门。

　　全书特点：

　　·**电工、水暖工知识和技能全覆盖**：涵盖了现代家装水电工应掌握的各项实用技能和知识。

　　·**操作图解，二维码视频教学**：采用文字、图例、表格配合的形式，实操部分还配有相应视频，读者可以轻松上手，解决水电工现场各类型问题。

　　·**突出现场施工、操作技能**：书中提供大量图例和操作实例，可以直接用于水电工施工现场操作。

　　·**与现代家装水电工接轨**：智能家居、WiFi实现，手机app远程控制连接，门禁、安防，专门辅导。

　　本书由袁宝生主编，寇冠徽、李宁、李栋梁副主编，参加本书编写的还有曹振华、王建军、王桂英、孔凡桂、张校铭、焦凤敏、张胤涵、张振文、蔺书兰、赵书芬、曹祥、曹铮、孔祥涛、王俊华、张书敏等，全书由张伯虎统稿。读者在阅读本书时，如有问题，请关注下方二维码或发邮件到bh268@163.com，我们会尽快给您回复。

　　本书既可作为初级建筑水电工的培训教材，供职业学校、技工学校辅助教学使用，也可作为普通水电工、技校学生等学习水电工基本操作技能的自学参考资料。

　　由于时间仓促和编写水平的限制，书中不足之处难免，恳请广大读者批评指正。

编者

目 录

第1章　水电工识图与接线

第2章　家庭配电线路设计

第 3 章　家装线路安装与改电操作

第 4 章　常用照明设备的安装

视频页码

64, 91, 97,
103, 105, 113,
121, 146, 153

视频页码

196, 202

第7章 水工识图与操作技能

第8章 卫生器具及其安装操作

第9章 家装水电工用电安全与常用工具仪表

视频页码

279, 303, 304,
307, 309, 334

附录

参考文献 / 335

二维码视频讲解目录 / 336

01- 数字万用表
使用

02- 指针万用表
的使用

03- 带开关插座
安装

04- 多联插座的
安装

05- 检测相线与
零线

06- 线材绝缘与
设备漏电的检测

第1章　水电工识图与接线

1.1　常用电气图形符号与标注

1.1.1　常用电气工程图

（1）电气系统图

电气系统图是表示整个工程或其中某一项目的供电方式和电能输送的关系的图样。如图1-1所示。

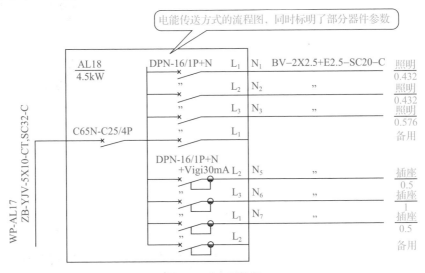

图 1-1　电气系统图

（2）电气平面图

电气平面图是在建筑平面图基础上绘制的，是表示各种电气设备与线路平面位置的图样，是进行建筑电气设备安装的重要依据。由于电气平面图采用较大的缩小比例，因此只能反映电气设备之间的相对位置。照明灯具的电气平面图如图1-2所示。

（3）设备布置图

设备布置图是表示各种电气设备的平面与空间的位置、安装方式及其相互关系的图样，通常由平面图、立面图、断面图、剖面图及各种构件详图等组成。如图1 3所示为正面、背面和侧面机柜实物图。

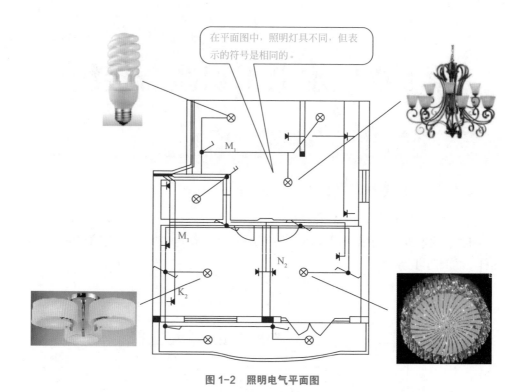

图1-2　照明电气平面图

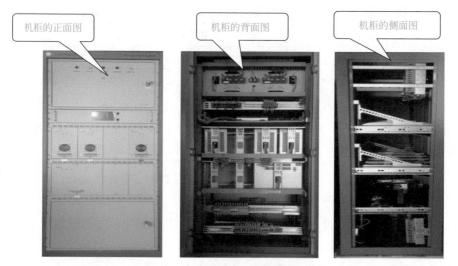

图1-3　机柜的正面、背面和侧面图

（4）电路图

电路图是表示某一具体设备或系统的电气工作原理的图样，用来指导具体设备与系统的安装、接线、调试、使用与维护。如图1-4所示。

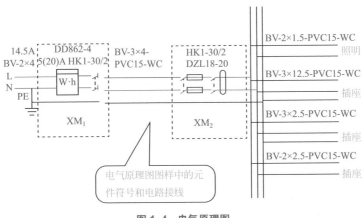

图1-4　电气原理图

（5）安装接线图

安装接线图是表示某一设备内部各种电气元件之间位置关系及接线的图样，用来指导电气安装接线、查线，它是与电路图相对应的一种图样。如图1-5所示。

1.1.2　装饰施工线路在图样上的标注法

装饰施工中常用的电气工程图，主要是电气系统图和电气平面图。电气工程中使用的设备、线路及安装方法等，都要用图形符号和文字符号表达。阅读电气工程图，首先要了解和熟悉这些符号的形式及含义。

在电气系统图和电气平面图上，一般用单线法表示电气线路，即不论一条电气线路中有几根导线，均用一条图线表示。导线根数的表示方法见表1-1。

表1-1　导线根数的表示方法

序号	图形符号	说明
1	——————————	一般符号，表示线路中有2根导线
2	———／／／———	小短斜线的根数表示导线根数，此图为3根导线
3	———／——— ³	小短斜线上的数字表示导线根数，此图为3根导线

电气线路所使用导线的型号、根数、截面积、敷设方式和敷设位置，需要在导线图形符号旁加文字标注，线路标注的一般格式如下：

$$a\text{-}d\,(ef)\text{-}g\text{-}h$$

式中，a 为线路编号或功能符号；d 为导线型号；e 为导线根数；f 为导线截面积，mm^2；g 为导线敷设方式的文字符号，见表 1-2；h 为导线敷设位置的文字符号，见表 1-3。

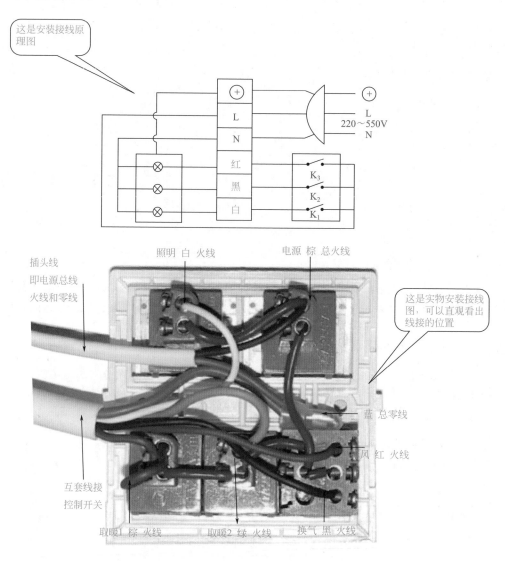

图 1-5　安装接线图

表 1-2　导线敷设方式的文字符号

序号	文字符号	导线敷设方式	序号	文字符号	导线敷设方式
1	SC	穿焊接钢管敷设	3	PC	穿PVC管敷设
2	TC	空电磁线管敷设	4	PR	穿塑料导线槽敷设

表 1-3　导线敷设位置的文字符号

序号	文字符号	导线敷设位置	序号	文字符号	导线敷设位置
1	WC	暗敷设在墙内	4	ACC	暗敷设在吊顶内
2	FC	暗敷设在地面内	5	WE	沿墙面明敷设
3	CC	暗敷设在顶棚内	6	CE	沿顶棚面明敷设

线路标注方法示例如图 1-6 所示。

WL1-BV-3×4-PR-WE　　　WP1-BV-3×6+1×4-PC20-WC

(a) 照明支路　　　　　　　(b) 动力支路

图 1-6　线路标注方法示例

图 1-6（a）中线路标注的格式如下：

$$WL1-BV-3×4-PR-WE$$

含义是：第一条照明支线（WL1）；塑料绝缘铜芯导线（BV）；共有 3 根线，每根截面积为 $4mm^2$（$3×4$）；敷设方式为穿塑料导线槽敷设（PR）；敷设位置为沿墙面明敷设（WE）。

图 1-6（b）中线路标注的格式如下：

$$WP1-BV-3×6+1×4-PC20-WC$$

含义是：第一条动力支线（WP1）；塑料绝缘铜芯导线（BV）；共有 4 根导线，其中 3 根截面积为 $6mm^2$（$3×6$），1 根截面积为 $4mm^2$（$1×4$）；穿直径为 20mm 的 PVC 管（PC20）；暗敷设在墙内（WC）。

1.1.3　家装电路图中的开关电气符号

家装电路图中的开关电气符号见表 1-4。

表 1-4　家装电路图中的开关电气符号

图形符号		说明	图形符号		说明
		开关（机械式）			熔断器式开关
		多级开关一般符号单线表示			熔断器式隔离开关
		多级开关一般符号多线表示			熔断器式负荷开关

图形符号	说明	图形符号	说明
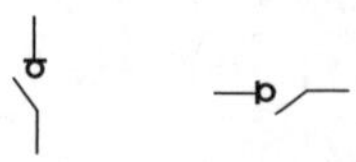	负荷开关（负荷隔离开关）	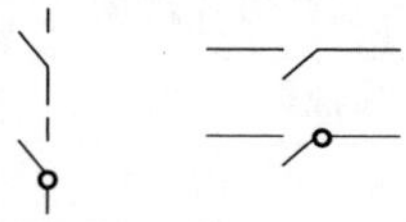	动合（常开）触点 注：本符号也可用作开关一般符号
	具有自动释放功能的负荷开关		按钮开关（不闭锁）
	隔离开关		旋钮开关、旋转开关（闭锁）

1.1.4　家装电路图中的触点电气符号

家装电路图中的触点电气符号见表1-5。

表1-5　家装电路图中的触点电气符号

图形符号	说明
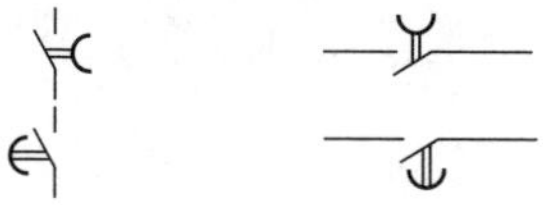	当操作器件被吸合时延时闭合的动合触点
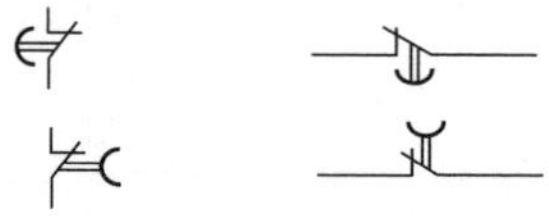	当操作器件被吸合时延时断开的动断触点
	当操作器件被吸合时延时闭合和释放时延时断开的动合触点
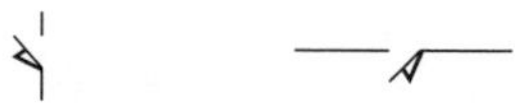	位置开关，动合触点 限制开关，动合触点
	位置开关，动断触点 限制开关，动断触点
	热敏开关，动合触点
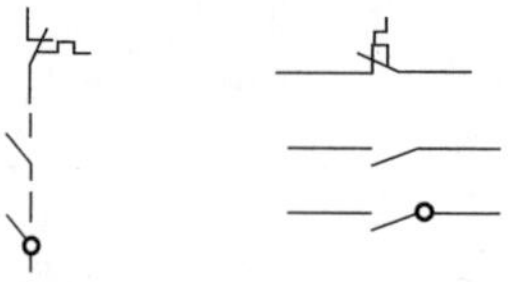	热敏自动开关，动断触点 动合（常开）触点
	动断（常闭）触点
	先断后合的转换触点

续表

图形符号	说明
	接触器（在非动作位置触点断开）
	接触器（在非动作位置触点闭合）
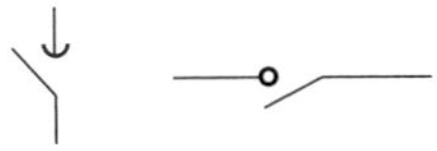	当操作器件被吸合或释放时，暂时闭合的过渡动合触点
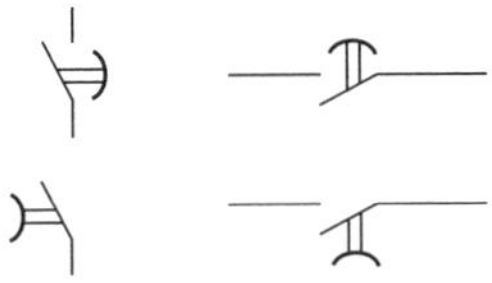	当操作器件被释放时延时断开的动合触点
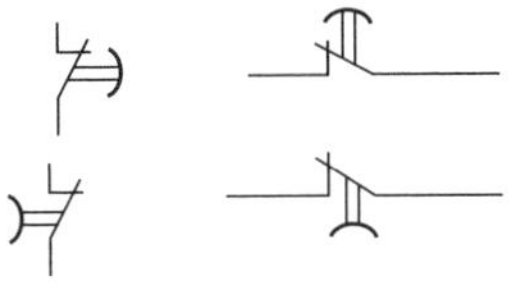	当操作器件被释放时延时闭合的动断触点

1.1.5　家装电路图中的插座、连接片电气符号

家装电路图中的插座、连接片电气符号见表1-6。

表1-6　家装电路图中的插座、连接片电气符号

图形符号	说明
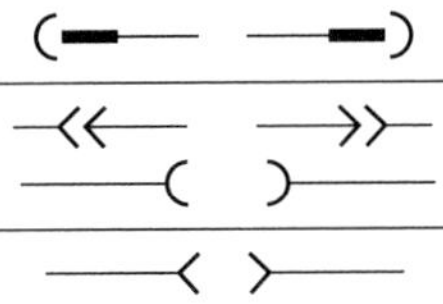	插头和插座（凸头的和内孔的） 插座（内孔的）或插座的一个极
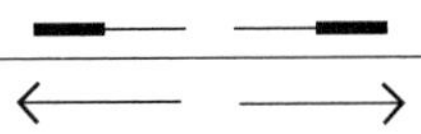	插头（凸头的）或插头的一个极
	换接片
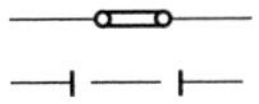	接通的连接片
8	吊线灯附装拉线开关，250V/3A（立轮式），开关绘制方向表示拉线开关的安装方向
	明装单极开关（单极二线），翘板式开关，250V/6A
	暗装单极开关（单极二线），翘板式开关，250V/6A
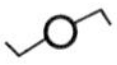	明装双控开关（单极三线），翘板式开关，250V/6A
	暗装双控开关（单极三线），翘板式开关，250V/6A

图形符号	说明
	暗装按钮式定时开关，250V/6A
	暗装拉线式定时开关，250V/6A
	暗装拉线式多控开关，250V/6A
	暗装按钮式多控开关，250V/6A
	电铃开关，250V/6A
	天棚灯座（裸灯头）
	墙上灯座（裸灯头）
	开关一般符号
	单极开关
	暗装单极开关
	密闭（防水）单极开关
	防爆单极开关
	双极开关
	暗装双极开关
	密闭（防水）双极开关
	防爆双极开关
	三极开关
	暗装三极开关
	密闭（防水）三极开关
	防爆三极开关
	单极拉线开关
	单极限时开关
	具有指示灯的开关

续表

图形符号	说明
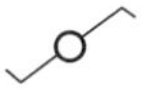	双极开关（单极三线）
	暗装单相三极防脱锁紧型插座（带接地），250V/10A，距地0.3m，居民住宅及儿童活动场所应采用安全插座，如采用普通插座时，应距地1.8m
	暗装三相四极防脱锁紧型插座（带接地）300V/20A，距地0.3m
	安装Ⅰ型插座，50V/10A，距地0.3m
	暗装调光开关，距地1.4m
	金属地面出线盒
	防水拉线开关（单相二线），250V/3A，瓷制
	拉线开关（单极二线），250V/3A
	拉线双控开关（单极三线），250V/3A

图形符号	说明	
	明装单相二极插座	250V/10A，距地0.3m，居民住宅及儿童活动场所应采用安全插座，如采用普通插座时，应距地1.8m
	明装单相三极插座（带接地）	
	明装单相四极插座（带接地），380V/15A，25A，距地0.3m	
	暗装单相二极插座	250V/10A，距地0.3m，居民住宅及儿童活动场所应注意安全插座，如采用普通插座时，应距地1.8m
	暗装单相三极插座（带接地）	
	暗装单相四极插座（带接地），380V/15A，25V，距地0.3m	
	暗装单相二极防脱锁紧型插座，250V/10A，距地0.3m，居民住宅及儿童活动场所应注意安全插座，如采用普通插座时，应距地1.8m	

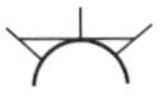

1.1.6　家装电路图中灯的标注

家装电路图中灯的标注见表1-7。

表1-7　家装电路图中灯的标注

图形符号	说明	图形符号	说明
⊗	各灯具一般符号	 ▦	三管荧光灯

图形符号	说明	图形符号	说明
⊗	花灯	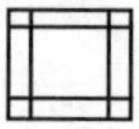	荧光灯花灯组合
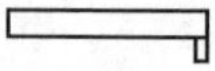	荧光灯列（带状排列荧光灯）		防爆灯
	单管荧光灯	 ⊗	投光灯
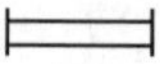	双管荧光灯		

1.1.7　家装电路图中弱电的标注

家装电路图中弱电的标注见表1-8。

表1-8　家装电路图中弱电的标注

图形符号	说明	图形符号	说明
 ◁▷	壁龛电话交接箱		感烟火灾探测器
	室内电话分线盒	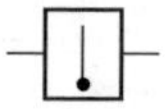	感温火灾探测器
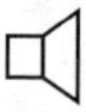	扬声器		气体火灾探测器
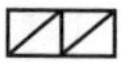	广播分线箱		火警电话机
—F—	电话线路	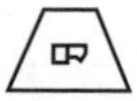	报警发声器
—S—	广播线路	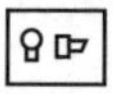	有视听信号的控制和显示设备
—V—	电视线路		发声器
	手动报警器		电话机
		♀	照明信号

1.1.8　家装电路图中其他的标注

家装电路图中其他的标注见表1-9。

表 1-9　家装电路图中其他的标注

图形符号	说明	图形符号	说明
⌒	电铃，除注明外，距地0.3m	⌇	烟
凸	信号专用箱	O⌐	易爆气体
⊙	交流电钟 除注明外，只做出线口（明线时，用明插座），距顶0.3m	Y	手动启动
 Ⓐ Ⓥ	指示式电流表、电压表	 — · — · —	控制及信号线路（电力及照明用）
Wh	有功电能表	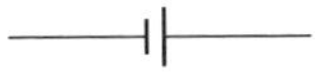 —┤├—	原电池或蓄电池
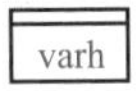 varh	无功电能表	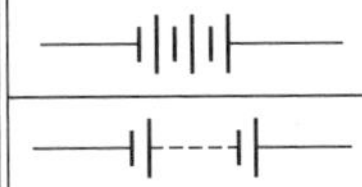 —┤║├— —┤╎├—	原电池组或蓄电池组
 AK	安培表的换相开关	 —┤ ┆ ├—	带抽头的原电池组或蓄电池组
 VK	伏特表的换相开关	⏚	接地一般符号
⑩	设计照度，100表示100lx	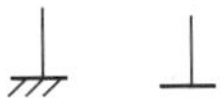 ⏜ ⏚	接机壳或接底板
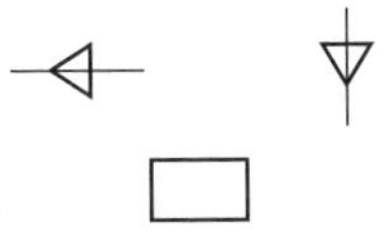 ◁ ▽ □	电缆终端头 控制和指示设备	 ⏚	无噪声接地
□	报警启动装置（点式，手动或自动）	⏚	保护接地
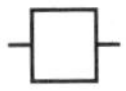 ⊐□	线型探测器	 ↓	等电位
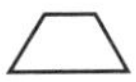 △	火灾报警装置	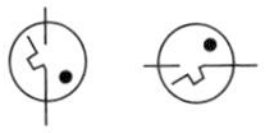 ⊘ ⊙	具有热元件的气体放电管荧光灯起动器
↓	热	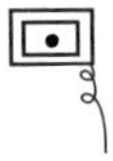 ▣	消防专用按钮

1.1.9　照明灯具标注

照明灯具的种类有多种，安装方式各有不同，为了能在图上说明这些情况，在灯具符号旁要用文字加以标注。灯具安装方式如图 1-7 所示。

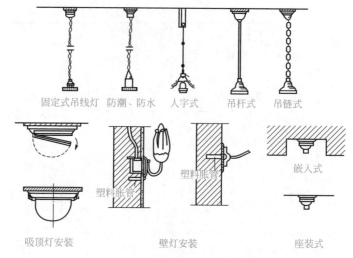

图 1-7　灯具安装方式示意图

标注灯具安装方式的文字符号见表 1-10。

表 1-10　标注灯具安装方式的文字符号

序号	安装方式	文字符号	序号	安装方式	文字符号
1	吊线式	CP	9	吸顶或直附式	S
2	自在器吊线式	CP	10	嵌入式	R
3	固定吊线式	CP1	11	顶棚上安装	CR
4	防水吊线式	CP2	12	墙壁上安装	WR
5	吊线器式	CP3	13	台上安装	T
6	吊链式	Ch	14	支架上安装	SP
7	吊杆式	P	15	柱上安装	CL
8	壁装式	W	16	座装式	HM

灯具标注的一般格式如下：

$$a\text{-}b\,\frac{cdL}{e}\,f$$

式中，a 为某场所同类灯具的个数；b 为灯具类型代号，见表 1-11；c 为灯具内安装的灯泡或灯管的数量；d 为每个灯泡或灯管的功率，W；e 为灯具安装高度，即灯具底部至地面高度，m；f 为安装方式代号，见表 1-10；L 为电光源种类，见表 1-12。

表 1-11　常用灯具类型代号

灯具名称	文字符号	灯具名称	文字符号
普通吊灯	P	工厂一般灯具	G

续表

灯具名称	文字符号	灯具名称	文字符号
壁灯	B	荧光灯灯具	Y
花灯	H	隔爆灯	G或专用符号
吸顶灯	D	水晶底罩灯	J
柱灯	Z	防水防尘灯	F
卤钨探照灯	L	搪瓷伞罩灯	S
投光灯	T	无磨砂玻璃罩万能型灯	W

表 1-12　电光源种类代号

序号	电光源类型	文字符号	序号	电光源类型	文字符号
1	氖灯	Ne	7	发光灯	EL
2	氙灯	Xe	8	弧光灯	ARC
3	钠灯	Na	9	荧光灯	FL
4	汞灯	Hg	10	红外线灯	IR
5	碘钨灯	I	11	紫外线灯	UV
6	白炽灯	IN	12	发光二极管	LED

例如：

$$6\text{-}Y\frac{2\times40FL}{2.5}P$$

表示该场所有 6 盏同种类型的灯；灯具的类型是荧光灯（Y）；每个灯具内有 2 根灯管；每根灯管功率为 40W；光源种类是荧光灯（FL）；采用吊杆式安装（P）；安装高度为 2.5m。

1.2　住宅楼与家庭电气线路识读实例

读图时要按照电路中电流流动的方向和顺序，一步一步地识读图样。

（1）住宅楼单元总电气系统图识读

住宅楼单元总电气系统图如图 1-8（a）所示。图 1-8（a）中虚线框内的范围表示配电箱，这个配电箱中装有两块电能表（kW·h），其中一块电能表计量公共用电的电费，因此分为两个空间，中间的虚线表示分隔板或墙体。

① 配电箱的作用是对电能进行分配和控制。进入配电箱的线路称为输入回路，一般只有一条输入回路。从配电箱出去的线路称为输出回路，输出回路根据使用要求可以是多条回路。

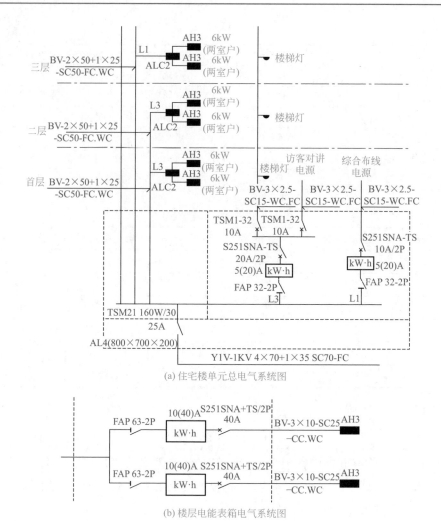

(a) 住宅楼单元总电气系统图

(b) 楼层电能表箱电气系统图

图 1-8　电气系统图

② 输入回路上装有一个漏电断路器，是配电箱的总电源开关，旁边标注的是漏电断路器的型号。

③ 左边三条输出回路是给各楼层供电的线路，此楼采用三相电分楼层供电，每一条输出回路都是单相输出回路，A 相给五、六层供电，B 相给三、四层供电，C 相给一、二层供电。每条输出回路的标注都是 BV-2×50+1×25-SC50-FC.WC，含义是：塑料绝缘铜导线（BV）；三根导线（2×50+1×25），其中两根规格是 50mm²，一根相线、一根中线，另一根是保护线，规格是 25mm²；穿直径 50mm 的钢管（SC50）；暗敷设在地面内和墙内（FC.WC）。

④ 三条输出回路的末端是各楼层的配电箱（ALC2）和各户的户内配电箱（AH3）。

⑤ 右边三条输出回路是楼内的公共用电回路，其中一条是楼梯灯回路，一

条是访客对讲电源回路，一条是综合布线电源回路。三条回路的标注都是BV-3×2.5-SC15-WC.FC，三根塑料绝缘铜导线，规格是2.5mm^2，穿直径15mm的钢管，暗敷设在墙内和地面内。

（2）楼层电能表箱电气系统图

楼层电能表箱电气系统图如图1-8（b）所示。

楼层电能表箱的尺寸是：宽（450mm）×高（480mm）×厚（180mm）。输入线路在箱内分为两条回路，每条回路上装一块电能表，电能表后是本层两户的户内配电箱。

（3）户内配电箱电气系统图

户内配电箱的电气系统图如图1-9所示。户内配电箱的尺寸是：宽（430mm）×高（240mm）×厚（120mm）。配电箱有八条输出回路，它们分别是照明电源、浴霸电源、普通插座电源（两条）、卫生间插座电源、厨房插座电源、空调插座电源（两条）。每条输出回路有三根导线，一根是相线L，一根是中线N，一根是保护线PE。

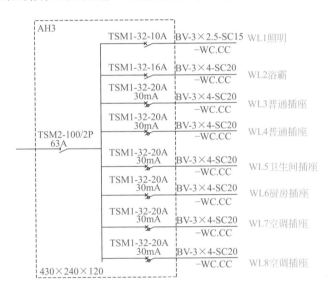

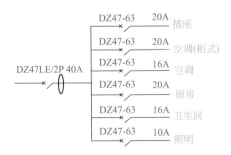

图1-9　户内配电箱电气系统图

（4）照明平面图

为准确无误地把各种电器安装在相应的位置上，需在住宅平面图上绘制实际电器布置图，图中标出电源进线位置，配电箱、电表位置，插座、开关灯具位置，线路敷设方式，以及电气设备和线路等各项数据。某住宅照明平面图如图 1-10 所示。

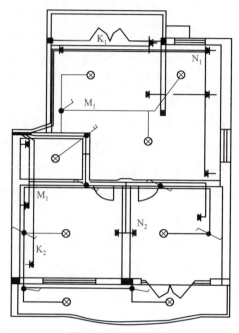

图 1-10　照明平面图

（5）照明电路图

照明电路图绘有电源进线及保护方式、用电总量、各房间负荷大小、进线导线和出线导线的型号规格、敷设方式、电能表容量、熔断器和熔丝容量、断路器型号规格等。某住宅照明电路图如图 1-11 所示。照明电气平面图如图 1-12 所示。

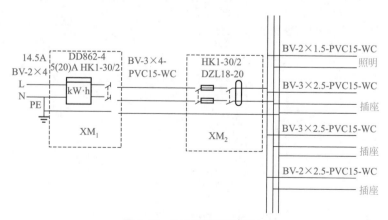

图 1-11　住宅照明电路图示例

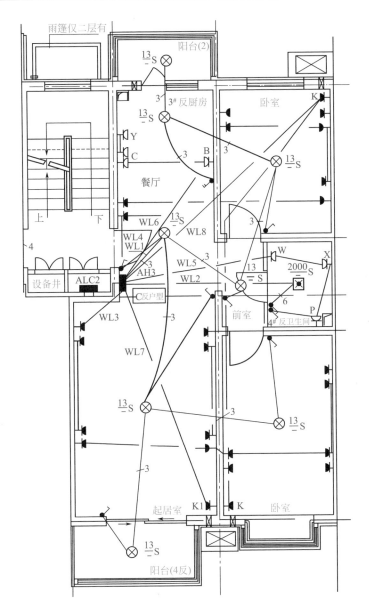

图 1-12　照明电气平面图

　　读照明电气平面图从电源的起点开始，图 1-12 中从楼层配电箱 ALC2 开始。配电箱 ALC2 位于楼层配电小间内，楼层配电小间在楼梯对面墙上。从配电箱 ALC2 向左右各出一条线，对应的是图 1-8（b）所示的楼层电能表箱电气系统图的两条输出线，向右出的一条线进入户内墙上的配电箱 AH3。

　　图 1-12 中有八条输出回路，现在逐条识读照明电气平面图。

　　① WL1 回路。图 1-12 中 WL1 回路是照明回路，回路上接的是室内所有的

灯具，导线的敷设方式标注为：BV-3×2.5-SC15-WC.CC，三根塑料绝缘铜导线，规格是 2.5mm²，穿直径 15mm 的钢管，暗敷设在墙内和楼板内（WC.CC）。为了用电安全，照明线路中也加上了保护线 PE。如果安装铁外壳的灯具，应对铁外壳做接零保护。

图 1-12 中 WL1 回路在配电箱右上角向下数的第二根线，线末端是门厅的灯，图中的灯都是 13W 吸顶安装（S）。门厅灯的开关在配电箱上方门旁，是单控单联开关。配电箱到灯的线上有一条小斜线，标着 3，说明这段线路里是三根导线。灯到开关的线上没有标记，说明是两根导线，一根是相线，另一根是通过开关返回灯的线，俗称开关回相线。注意图 1-12 中灯与灯之间的线路都标着三根导线，灯到单控单联开关的线路都是两根导线。

从门厅灯出两根线，一根到起居室灯，另一根到前室灯。第一根线到起居室灯的开关在灯右上方前室门外侧，是单控单联开关。从起居室灯向下在阳台上有一盏灯，开关在灯左上方起居室门内侧，是单控单联开关。起居室到阳台的门是推拉门。这段线路到达终点，回到起居室灯，从起居室灯向右为卧室灯，开关在灯上方卧室门右内侧，是单控单联开关。

回到起点，门厅灯向右是第二根线到前室灯，开关在灯左面前室门内侧，是单控单联开关。从前室灯向上为卧室灯，开关在灯下方卧室门右内侧，是单控单联开关。从卧室灯向左为厨房灯，开关在灯右下方，是单控双联开关。灯到单控双联开关的线路是三根导线，一根是相线，另两根是通过开关返回的开关回相线。双联开关中一个开关是厨房灯开关，另一个开关是厨房外阳台灯的开关。厨房灯的符号说明是防潮灯。

② WL2 回路。图 1-12 中 WL2 回路是浴霸电源回路，导线的敷设方式标注为：BV-3×4-SC20-WC.CC，三根塑料绝缘铜导线，规格是 4mm²，穿直径 20mm 的钢管，暗敷设在墙内和楼板内（WC.CC）。

图 1-12 中 WL2 回路在配电箱中间向右到卫生间，接卫生间内的浴霸，2000W 吸顶安装（S）。浴霸的开关是单控五联开关，灯到开关是六根导线，浴霸上有四个取暖灯泡和一个照明灯泡，各用一个开关控制。

③ WL3 回路。图 1-12 中 WL3 回路是普通插座回路，导线的敷设方式标注为：BV-3×4-SC20-WC.CC，三根塑料绝缘铜导线，规格是 4mm²，穿直径 20mm 的钢管，暗敷设在墙内和楼板内（WC.CC）。

图 1-12 中 WL3 回路从配电箱左下角向下，接起居室和卧室的七个插座，均为单相双联插座。起居室有四个插座，穿过墙到卧室，卧室内有三个插座。

④ WL4 回路。图 1-12 中，WL4 回路是另一条普通插座回路，线路敷设情

况与 WL3 回路相同。

图 1-12 中，WL4 回路从配电箱向上，接门厅插座后向右进卧室，卧室内有三个插座。

⑤ WL5 回路。图 1-12 中，WL5 回路是卫生间插座回路，线路敷设情况与 WL3 回路相同。

图 1-12 中 WL5 回路在 WL3 回路上边，接卫生间内的三个插座，均为单相单联三孔插座，此处插座符号没有涂黑，说明是防水插座。其中第二个插座为带开关插座，第三个插座也由开关控制，开关装在浴霸开关的下面，是一个单控单联开关。

⑥ WL6 回路。图 1-12 中，WL6 回路是厨房插座回路，线路敷设情况与 WL3 回路相同。

图 1-12 中 WL6 回路从配电箱右上角向上，厨房内有三个插座，其中第一个和第三个插座为单相单联三孔插座，第二个插座为单相双联插座，均使用防水插座。

⑦ WL7 回路。图 1-12 中，WL7 回路是空调插座回路，线路敷设情况与 WL3 回路相同。

图 1-12 中，WL7 回路从配电箱右下角向下，接起居室右下角的单相单联三孔插座。

⑧ WL8 回路。图 1-12 中，WL8 回路是另一条空调插座回路，线路敷设情况与 WL3 回路相同。

图 1-12 中 WL8 回路从配电箱右侧中间向右上，接上面卧室右上角的单相单联三孔插座，然后返回卧室左面墙，沿墙向下到下面卧室左下角的单相单联三孔插座。

（6）电器布置图

在装饰装修中，为了更准确安装各电器的位置，可绘制电器布置图，更直观地表示出电气设备在建筑物中的相对位置。某住宅电器布置图如图 1-13 所示。

（7）电器接线图

在装饰装修电气设备安装中，为保证接线准确无误，要绘制并阅读电器接线图，它比照明电路图更清楚地表示出了各用电器具的连接关系。某住宅电器接线图如图 1-14 所示。

（8）配电系统图

配电系统图是表现各种电气设备的平面位置、空间位置、安装方式及相互关系的图。某干线配电系统图如图 1-15 所示。

（9）弱电平面图

弱电平面图如图 1-16 所示。

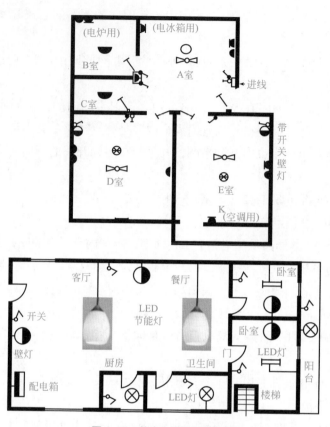

图 1-13　住宅电器布置图示例

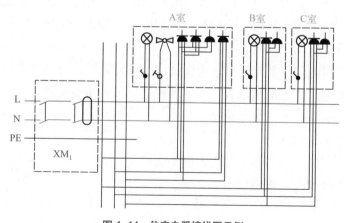

图 1-14　住宅电器接线图示例

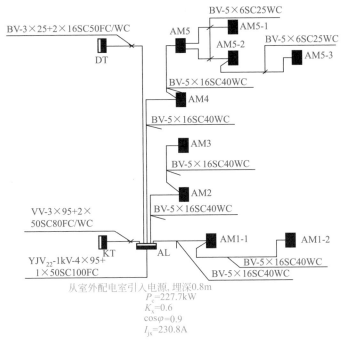

图 1-15 干线配电系统图

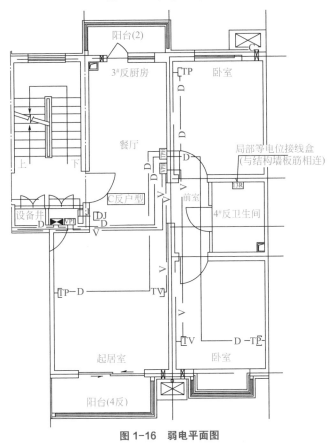

图 1-16 弱电平面图

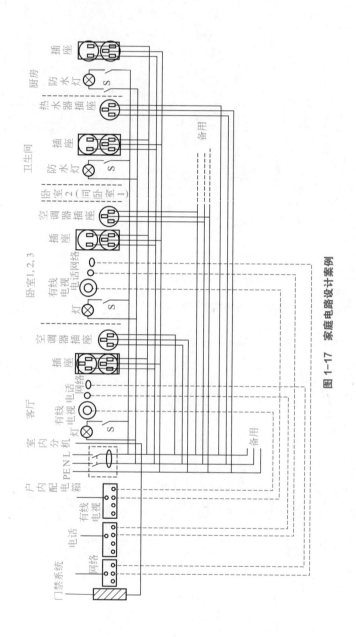

图 1-17 家庭电路设计案例

弱电是相对于照明用电的电气系统，这里只讲电话系统和电视系统。

① 电话系统。在图 1-16 中，楼层配电小间内有一个电话组线箱。组线箱下面向右的线是进入本单元的电话线。在餐厅墙上有一个电话接线盒（TPH），电话进线在盒内分接成三根线，分别接到起居室和两个卧室，在起居室和两个卧室的墙上装电话插座（TP），电话线上标 D。

② 电视系统。图 1-16 中在电话组线箱右侧是电视设备箱（VPI），电视设备箱下面向右的线是进入本单元的电视线。在餐厅墙上电话接线盒下面是一个电视接线盒（VPH），从电视接线盒出两根线到起居室和下面的卧室，在起居室和卧室的墙上装电视插座（TV），电视线上标 V。

（10）家庭电路设计案例图

家庭电路设计案例如图 1-17 所示。

（11）家庭电路的元器件清单列表方法

家庭电路的元器件清单列表方法具体参考格式如表 1-13 所示。

表 1-13　家庭电路的元器件清单列表

序号	名称	规格	要求
1	漏电断路器或断路器	DZ47LEC45N/1P16A	除两路空调外，其余均需有漏电保护
2	灯开关	按钮式	
3	插座	空调插座14～20A	1.8m
		厨房插座14～20A	1.3m
		热水器插座10～15A	2.2m
		其余插座4～10A	其余插座距地面0.3m

（12）电工装修预算及价格预算

装饰装修工程的账目包括设计单、材料单、预算单、时间单、权益单。

水电安装工程计价就是确定给排水、电气照明安装工程全部安装费用，包括材料、器具的购置费以及安装费、人工费。

装修价格主要由材料费、人工费、设计费、其他费用组成，具体见表 1-14。

表 1-14　装修价格项目组成

种类	说明
材料费	因质量、型号、品牌、购买点等不同，材料市场价也不同。另外，还需要考虑一些正常的损耗
人工费	因人而异，因级别不同，一般以当地实际可参考价格来预算。材料费与人工费统称为成本费
设计费	设计费包括人工设计费用、电脑设计费用，因人而异，因级别不同
其他费用	包括利润、管理费。该项比较灵活

1.3 综合住宅楼电气系统识读实例

1.3.1 图样目录说明

下面以某建筑设计院为某厂设计的住宅楼电气线路为例，说明其读图方法。

表 1-15 是该项工程的图样目录，从目录可知该住宅楼的电气线路包括照明、电话、有线电视及防雷四部分。

表 1-15 图样目录（格式）

××市设计院			图样目录		工程编号
		工程名称	××制氧机厂		98-046
年 月 日		项目	住宅楼		共1页第1页
序号	图别图号	图样名称	采用标准图或重复使用图		图样尺寸	备注
			图集编号或工程编号	图别图号		
1	电施1/12	说明 设备材料表		2#		
2	电施2/12	底层组合平面图		2#加长		
3	电施3/12	配电系统图		2#加长		
4	电施4/12	BA型标准层照明平面图		2#加长		
5	电施5/12	BA型标准层弱电平面图		2#加长		
6	电施6/12	B型标准层照明平面图		2#		
7	电施7/12	B型标准层弱电平面图		2#		
8	电施8/12	C型标准层照明平面图		2#		
9	电施9/12	C型标准层弱电平面图		2#		
10	电施10/12	地下室照明平面图		2#加长		
11	电施11/12	屋顶防雷平面图		2#加长		
12	电施12/12	CATV系统图				
		电话系统图		2#		

审查　　　　　　　　　　　校对　　　　　　　　　　　填表人

表 1-16 是该项工程的设备材料表，表达了主要设备的规格型号、安装方式及标高，说明了系统的基本概况及保安方式。

　　本系统采用三相四线制进线，进线后采用三相五线制。这里要注意到，重复接地和防雷接地是利用基础地梁内的主钢筋作为接地极的，其引线必须与主钢筋可靠焊接，同时防雷的避雷带是利用结构柱内的主钢筋作为引下线的。重复接地和保护接地共用同一接地极，接地电阻不应大于 4Ω，否则应补打接地极。有关照明配电箱内的开关设备、计量仪表的规格型号表中没有说明，但在配电系统图中作了详尽说明。

表 1-16　设备材料表

图例	设备名称	设备型号	单位	备注
■	照明配电箱	XRB03-G1（A）改	个	底距地1.4m暗装
■	照明配电箱	XRB03-G2（B）改	个	底距地1.4m暗装
⊢━┤	荧光灯	30W	套	距地2.2m安装
⊢━┤	荧光灯	20W	套	距地2.2m安装
③	环形荧光吸顶灯	32W	套	吸顶安装
①	玻璃罩吸顶灯	40W	套	吸顶安装
②	平盘灯	40W	套	吸顶安装
⊗	平灯口	40W	套	吸顶安装
⌐	二联单控翘板开关	P86K21-10	个	距地1.4m暗装
▲	二三极扁圆两用插座	P86Z223A10	个	除卫生间、厨房、阳台插座安装高度为1.6m外其他插座安装高度均为0.3m，卫生间插座采用防溅型
⌐	单联单控翘板防溅开关	P86K21F-10	个	距地1.4m暗装
⌐	单联单控翘板开关	P86K11-10	个	距地1.4m暗装
♀	拉线开关	220V/4A	个	距顶0.3m
↕	光声控开关	P86KSGY	个	距顶1.3m暗装
◤◥	电话组线箱	ST0-10ST0-30	个	底距地0.5m
⊠	电话过路接线盒	146HS60	个	底距地0.5m
□	电视前端箱	400mm×400mm×180mm	个	距地2.2m暗装
⊓⊓	分支器盒	200mm×200mm×180mm	个	距地2.2m暗装
Ⓗ	电话出线座	P86ZD-I	个	距地0.3m暗装
Ⓣ	有线电视出线座	P86ZTV-I	个	距地0.3m暗装
▲	二极扁圆两用插座	220V/10A	个	距地2.3m安装

图例	设备名称	设备型号	单位	备注
⊬⊬⊬	接地母线	40mm×4mm镀锌扁钢或基础梁内主钢筋	m	
××××	避雷带	ϕ8mm镀锌圆钢	m	
	管内导线	BX35mm^2、BX25mm^2	m	
	管内导线	BV35mm^2、BV25mm^2、BV10mm^2	m	
	管内导线	BV2.5mm^2	m	
	电话电缆	HYV（2×0.5）×10	m	
	电话电缆	HYV（2×0.5）×20	m	
	电视电缆	SYV-75-9	m	
	电视电缆	SYV-75-5	m	
	电话线	RVB（2×0.2）	m	
	焊接钢管	SC50、SC32、SC25	m	
	PVC阻燃塑料管	PVC15	m	

设计说明如下：

① 土建概况：本工程为砖混结构，标准层层高2.8m。

② 供电方式：本工程电源为三相四线架空引入，引自外电杆，电压为380V/220V。

③ 导线敷设：采用焊接钢管或PVC管在墙、楼板内暗敷，图中未注明处为BV（3×2.5）SC15或BV（3×2.5）PVC15。相序分配上1～2层为A相，3～4层为B相，5～6层为C相。

④ 保护：本工程采用TN-C-S制，电源在进户总箱重复接地。利用基础地梁作接地极，接地电阻不大于4Ω，否则补打接地极。所有配电箱外壳、穿线钢管均应可靠接地。

⑤ 防雷：屋顶四周做避雷带，并利用图中所示结构柱内两根主钢筋作引下线，顶部与避雷带焊接，底部与基础地梁焊为一体，实测接地电阻不大于4Ω，否则补打接地极。

⑥ 电话及有线电视：电话线采用架空引入，电话干线采用电缆，分支线采用RVB（2×0.2）型电话线。有线电视采用架空引入，各层设置分支器盒，有线电视干线采用SYV-75-9型电缆，分支线采用SYV-75-5型电缆。

⑦ 其他：本工程施工做法均参见《建筑电气通用图集》。

施工中应密切配合土建、设备等其他专业，做好管道预埋及孔洞预留工作。

1.3.2　配电系统图的识读

图 1-18 所示为该照明配电系统图。

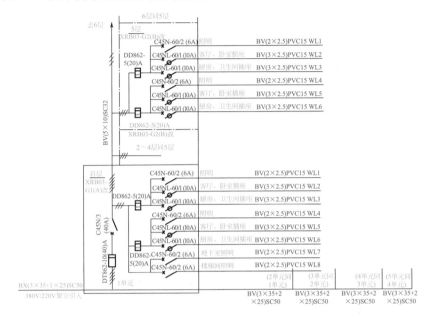

图 1-18　照明配电系统图

1.3.2.1　系统特点

系统采用三相四线制，架空引入，导线为三根 35mm² 加一根 25mm² 的橡胶绝缘铜线（BX），引入后穿直径为 50mm 的水煤气管（SC）埋入地板（FC），引入到第一单元的总配电箱。第二单元总配电箱的电源是由第一单元总配电箱经导线穿管埋地板引入的，导线为三根 35mm² 加两根 25mm² 的塑料绝缘铜线（BV），35mm² 的导线为相线，25mm² 的导线一根为工作零线，一根为保护零线。穿管均为直径 50mm 的水煤气管。其他三个单元总配电箱的电源接线方式与上述相同，如图 1-19 所示。

这里需要说明一点，经重复接地后的工作零线引入第一单元总配电箱后，必须在该箱内设置两组接线板，一组为工作零线接线板，各个单元回路的工作零线必须由此接出；另一组为保护零线接线板，各个单元回路的保护零线必须由此接出。两组接线板的接线不得接错，不得混接。最后将这两组接线板的第一个端子用截面积为 25mm² 的铜线可靠连接起来。这样，就形成了说明中要求的 TN-C-S 保护方式。

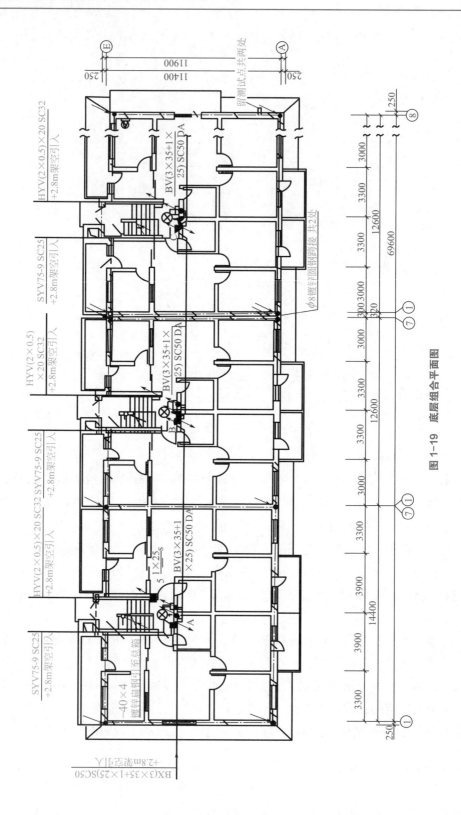

图 1-19 底层组合平面图

1.3.2.2　照明配电箱

照明配电箱分两种，首层采用 XRB03-G1（A）型改制，其他层采用 XRB03-G2（B）型改制，其主要区别是前者有单元的总计量电能表，并增加了地下室照明回路和楼梯间照明回路。

① XRB03-G1（A）型配电箱配备三相四线总电能表一块，型号为 DT862-10（40）A，额定电流为 10A，最大负载为 40A；配备总控三极断路器一块，型号为 C45N/3（40A），整定电流为 40A。该箱有三个回路，其中两个配备电能表的回路分别是供首层两个住户使用的，另一个没有配备电能表的回路是供该单元各层楼梯间及地下室公用照明使用的。

其中供住户使用的回路配备单相电能表一块，型号为 DD862-5（20）A，额定电流为 5A，最大负载为 20A，不设总开关。每个回路又分三个支路，分别供照明、客厅及卧室插座、厨房及卫生间插座，支路标号为 WL1 ～ WL6。照明支路设双极断路器并将其作为控制和保护用，型号为 C45N-60/2，整定电流为 6A；另外两个插座支路均设单极空气漏电开关并将其作为控制和保护用，型号为 C45NL-60/1，整定电流为 10A。公用照明回路分两个支路，分别供地下室和楼梯间照明用，支路标号为 WL7 和 WL8。每个支路均设双极断路器并将其作为控制和保护用，型号为 CN42-60/2，整定电流为 6A。

从配电箱引自各个支路的导线均采用塑料绝缘铜线穿阻燃塑料管（PVC），保护管径为 15mm，其中照明支路均为两根 2.5mm² 的导线（一零一火），而插座支路均为三根 2.5mm² 的导线，即相线、工作零线、保护零线各一根。

② XRB03-G2（B）型配电箱不设总电能表，只分两个回路，供每层的两个住户使用，每个回路又分三个支路，其他内容与 XRB03-G1（A）型相同。

③ 该住宅为 6 层，相序分配上 A 相 1 ～ 2 层，B 相 3 ～ 4 层，C 相 5 ～ 6 层，因此由 1 层到 6 层竖直管路内导线是这样分配的：

a. 进户四根线：三根相线，一根工作零线。

b. 1 ～ 2 层管内五根线：三根相线，一根工作零线，一根保护零线。

c. 2 ～ 3 层管内四根线：二根相线（B、C），一根工作零线，一根保护零线。

d. 3 ～ 4 层管内四根线：二根相线（B、C），一根工作零线，一根保护零线。

e. 4 ～ 5 层管内三根线：一根相线（C），一根工作零线，一根保护零线。

f. 5 ～ 6 层管内三根线：一根相线（C），一根工作零线，一根保护零线。

需要说明一点，如果支路采用金属保护管，管内的保护零线可以省掉，而利用金属管路作为保护零线。

1.4 家装平面图的识读

1.4.1 底层组合平面图

图 1-19 所示为该电气线路的组合平面图（附加图），主要说明电源引入、电话线引入、有线电视引入以及楼梯间管线引上引下，现仅以某一单元为例加以说明。

① 电源的引入是在标高 2.8m 处架空引入的，然后埋地板引到楼梯间的总配电箱 A 内。由 A 箱引出三个回路，其中引上（↗）是由首层引至二层配电箱的电源，引下（↙）是由首层引至地下室照明的电源，引至声控开关（↑）是楼梯照明的电源，同时由声控开关处上引至上层楼梯照明处，然后再引至上层直到顶层。这个声控开关就是这层楼梯照明的开关。楼梯间照明共 5 盏平灯口灯吸顶安装，每层一盏，每盏功率为 25W。

这里还有一个引出回路，就是经楼板穿管后引至相邻单元总照明箱的电源，在系统图中已说明。

② 单元入口处的地下室门口有一拉线开关（↗），并标有由下引来的符号，这是地下室进口处照明灯的开关（暗盒设置），导线是穿管由下引来的。

③ 单元入口处的左隔墙上标有有线电视电缆的引入，标高为 2.8m，用同轴电缆穿水煤气管埋楼板引入至楼梯间声控开关右侧的前端箱内，这里标有向上引的符号↗，表示由此向上层同样位置引管，然后再引管直至顶层。引入电缆采用 SYV72-9 同轴电缆，穿管采用直径为 25mm 的水煤气管。

④ 单元入口处的右隔墙上标有外线电话电缆的引入，标高为 2.8m，用电话电缆穿管埋楼板引入至楼梯间入口处的电话组线箱内，同样标有向上引的符号，表示由此向上层同样位置引管，然后再引管直到顶层。引入电缆采用 HYV（2×0.5）×20 电话电缆，20 对线，线芯直径为 0.5mm，穿管采用直径为 32mm 的水煤气管。

⑤ 墙体四周标有↙符号共 14 处，表示柱内主钢筋为接地避雷引下线，主筋连接必须电焊可靠。在伸缩缝处应用 ϕ32mm 镀锌圆钢焊接跨接。

⑥ 左、右边墙上留有接地测试点各一处，一般用铁盒装饰。

1.4.2 标准层照明平面图

该楼分五个单元，其中中间三个单元的开间尺寸及布置相同，两个边单元各不相同，并与中间单元开间布置不同。因此，五个单元照明平面图有三种布置，现以右边单元 BA 型标准层照明平面图为例说明。如图 1-20 所示，为 BA 型标准层平面图，低层到顶层布局相同，1.4 节～ 1.7 节均可，参考本图。

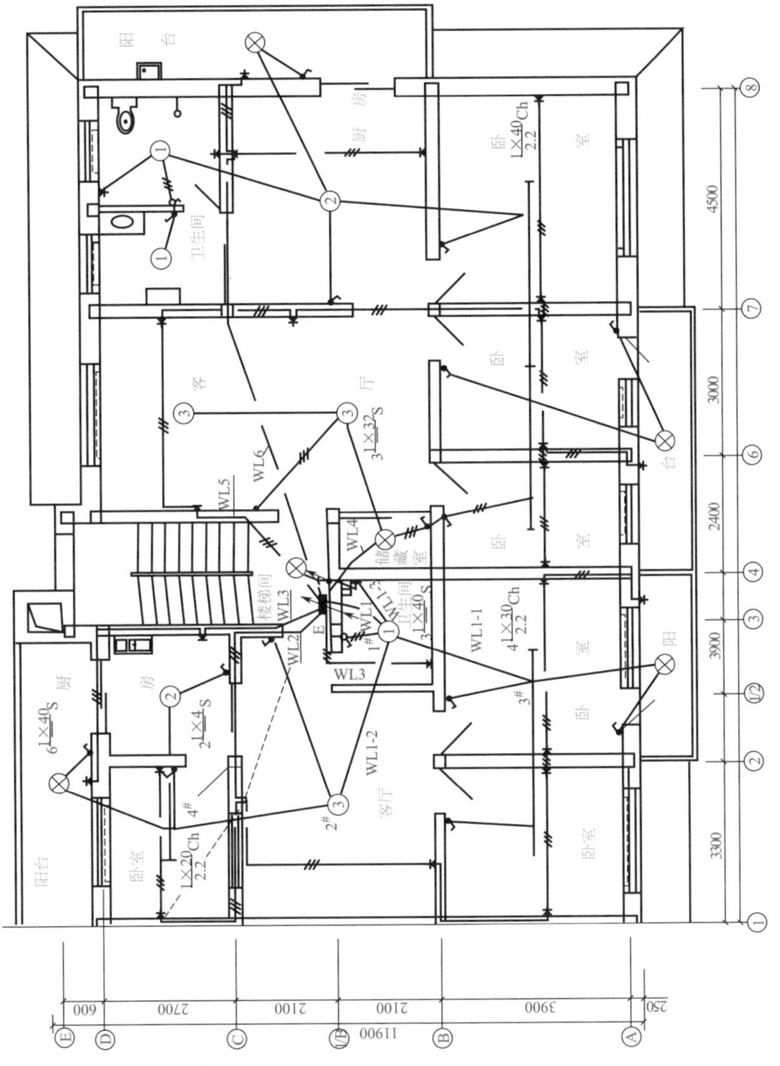

图 1-20　BA 型标准层照明平面图

（1）左侧①～④轴房号

① 根据设计说明中的要求，图中所有管线均采用焊接钢管或 PVC 阻燃塑料管沿墙或楼板内敷设，管径为 15mm，采用塑料绝缘铜线，截面积为 2.5mm²。管内导线根数按图中标注，在黑线（表示管线）上没有标注的均为两根导线，凡用斜线标注的应按斜线标注的根数计，如———即为三根导线。

② 电源是从楼梯间的照明配电箱 E 引入的，共有三个支路，即 WL1、WL2、WL3，这和系统图是对应的，但是其中 WL3 引出两个分路：一个引至卫生间的

图（二三极扁圆两用插座）上，图中的标注是经⑬轴用直角引至⑧轴上的，实际上这根管是由 E 箱直接引出经地面或楼板再引至插座上去的，不必有直角弯；另一个经③轴沿墙引至厨房的两个插座，③轴内侧一只，⑪轴外侧阳台一只，实际工程中也应为直接埋楼板引去，不必沿墙拐直角弯引去。按照设计说明的要求，这三只插座的安装高度为 1.6m，且卫生间应采用防溅式，全部暗装。两分路在箱内则由一个开关控制。

③ WL1 支路引出后的第一接线点是卫生间的玻璃罩吸顶灯（① 1#）标注为 $3\dfrac{1\times40}{-}$，这里的"3"是与相邻房号卫生间（见图 1-20 的右上角⑦ - ⑧轴与ⓒ-⑪之间）共同标注的。然后再从这里分散出去，共有三个分路，即 WL1-1、WL1-2、WL1-3。我们注意到这里还有引至卫生间入口处的一管线，接至单联单控翘板防溅开关（ ）上，这一管线不能作为一分路，因为它只是控制 1# 灯的一开关。该开关暗装，标高为 1.4m，图中标注的三根导线中一根为保护线。

④ WL1-1 分路是引至⑧-⑧轴卧室照明的电源，在这里 3# 又分散出两个分支路，其中一路是引至另一卧室荧光灯的电源，另一路是引至阳台平灯口吸顶灯的电源。在 WL1-1 分路的三个房间的入口处，均有一单联单控翘板开关（ ）。控制线由灯盒处引来，分别控制各灯。其中荧光灯为 30W，吊高为 2.2m，链吊安装（Ch），标注为 $4\dfrac{1\times30}{2.2}$ Ch，这里的"4"是与相邻房号共同标注的；而阳台平灯口吸顶灯为 40W，吸顶安装，标注为 $6\dfrac{1\times40}{-}$ S，这里的 6 包括储藏室和楼梯间的吸顶灯。这标注在 WL1-2 分路的阳台（见图 1-20 左上角⑪-⑥轴的阳台）上。而单控翘板开关均为暗装，标高为 1.4m。

⑤ WL1-2 分路是引至客厅、厨房及ⓒ-⑥轴卧室及阳台的电源。其中，客厅为一环形荧光吸顶灯（③ 2#），功率为 32W，吸顶安装，标注为 $3\dfrac{1\times32}{-}$ S，这个标注写在相邻房号的客厅内。该环形荧光吸顶灯的控制为一单联单控翘板开关，安装于进口处，暗装同前。从 2# 灯将电源引至ⓒ-⑪轴的卧室——荧光灯处，该灯为 20W，吊高为 2.2m，链吊，其控制为门口处的单联单控翘板开关，暗装同前。从 4# 灯又将电源引至阳台和厨房，阳台灯具同前阳台，厨房灯具为一平盘吸顶灯，功率为 40W，吸顶安装，标注为 $2\dfrac{1\times40}{-}$ S（为共同标注），控制开关于入口处，安装同前。

⑥ WL1-3 分路引至卫生间本室内④轴的二极扁圆两用插座，暗装，安装高度为 2.3m（为了与另一插座取得一致，应为 1.6m）。

由上分析可知，$1^{\#}$、$2^{\#}$、$3^{\#}$、$4^{\#}$ 灯有两个用途，一是安装本身的灯具，二是将电源分散出去，起到分线盒的作用，这在照明电路中是最常用的。再者从灯具标注上看，同一张图样上同类灯具的标注可只标注一处，这在识读中要注意。

⑦ WL2 支路引出后沿③轴、ⓒ 轴、①轴及楼板引至客厅和卧室的二三极两用插座上，实际工程均为埋楼板直线引入，没有沿墙直角弯，只有相邻且于同一墙上安装时，才在墙内敷设管路（见⑦轴墙上插座）。插座回路均为三线（一相线、一保护线、一工作零线），全部暗装，在厨房和阳台安装高度为 1.6m，在卧室安装高度均为 0.3m。

⑧ 楼梯间照明为 40W 平灯口吸顶安装，声控开关距顶 0.3m；配电箱暗装，下皮距地面 1.4m。

（2）右侧④~⑧轴房号

右侧④~⑧轴房号的线路布置及安装方式基本与①~④轴相同，只是灯具及管线较多而已。需要说明一点的就是于⑦轴上的两只翘板开关对应安装，标高一致即可。

综上所述，标注在同一张图样上的管线，凡是照明及其开关的管线均由照明箱引出后上翻至该层顶板上敷设安装，并由顶板再引下至开关上；而插座的管线均由照明箱引出后下翻至该层地板上敷设安装，并由地板上翻引至插座上（只有从照明回路引出的插座才从顶板引下至插座处）。

图 1-21 和图 1-22 所示为该楼 C 型标准层和 B 型标准层的照明平面图，读者可自行分析，方法与 BA 型基本相同。为了进一步说明插座回路应尽量减少直角管线，在图中作了部分修改，请读者注意左右对照。

1.4.3 地下室照明平面图

图 1-23 所示为该楼地下室照明平面图。由图可知，地下室也分五个单元，仅以 BA 型为例进行说明。

电源是从一层楼梯间总照明配电箱引入的，图 1-23 中走廊墙上由上向下引入的标注（↙）与图 1-18、图 1-19 是对应的。电源是引入在这里设置的一个接线盒，盒暗装距顶 0.15m，然后从该盒将电源分为两个支路，一个支路是走廊的三盏平顶口吸顶灯，其控制开关是由设在④轴墙上的管引至地下室入口处且上翻至门口开关的；另一个支路是先引至 $1^{\#}$ 地下室，然后再从 $1^{\#}$ 地下室引至 $2^{\#}$ 地下室，从 $2^{\#}$ 地下室再引至其他各室，每室均在门口开门处设置拉线开关（⟨⟩），一般明装，距顶 0.15m。所有的管线均采用 BV（3×2.5）穿钢管暗设于顶板内，

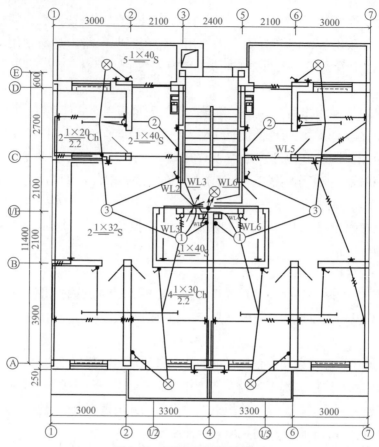

图 1-21 C 型标准层照明平面图

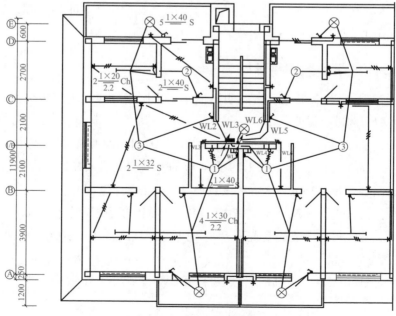

图 1-22 B 型标准层照明平面图

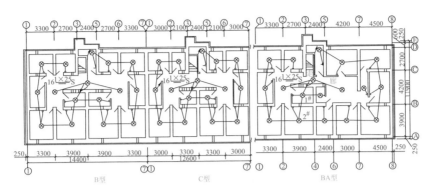

图 1-23　地下室照明平面图

管径为15mm，灯具标注为$18\frac{1\times25}{-}$S，即共18盏，每盏功率为25W，吸顶安装。其他单元与之基本相同，可自行分析。

1.5　弱电系统图的识读

该住宅楼弱电只包括电话和有线电视，且均为直接使用，没有机房设备，因此较为简单。

1.5.1　系统图

图 1-24 和图 1-25 所示分别是有线电视系统图和电话系统图。

① 由图 1-24 可知，有线电视的信号用 SYV-75-9 同轴电缆架空引入后穿管引至前端箱，引入信号的电平为 81/86（dB），分子表示低频道电平值，分母表示高频道电平值，其电缆衰减为 1dB，即前端的输出为 80/85（dB），其前端插接损耗为 10dB，即 1 层用户电平为 70/75（dB），用户端电平标准规定为 70dB，因此可正常收看。

由 1 层前端到 2 层二分支器为 SYV-75-9 同轴电缆穿管垂直敷设，电缆衰减为 1dB，则二分支器输出为 79/84（dB），二分支器插接损耗为 8dB，2 层用户电平为 71/76（dB）。

由 2 层到 5 层二分支器输出分别为 77/82（dB）、76/81（dB）、75/80（dB），用户电平分别为 71/76（dB）、69/74（dB）、68/73（dB）、69/74（dB）。6 层二分配器损耗为 4dB，电缆损耗为 1dB，因此用户电平为 70/75（dB）。

每层均为两个用户，其接收终端电平均在标准允许范围以内。

② 由图 1-25 可知，电话线路由 HYV 电话电缆架空引入后穿管引至 1 层的

电话组线箱，STD 组线箱有四个作用，一是 1 层用户的接线箱，二是 2 层用户的分线箱（由此引至 2 层的过路接线盒），三是 3 层组线箱的接线箱，四是架空引入接线箱。3 层和 5 层设置的组线箱与此基本相同。

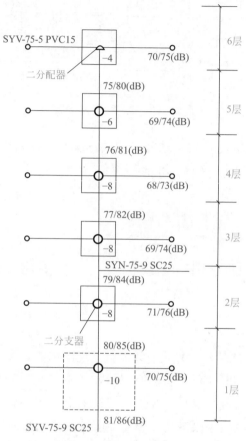

图 1-24　有线电视系统图

　　干线电缆使用 HYV（2×0.5）×10 电话电缆，穿焊接钢管，管径为 25mm，垂直埋藏敷设；支线使用 RVB（2×0.2）×2 电话电缆，穿管（PVC 阻燃塑料管）埋墙敷设，管径为 15mm。

1.5.2　平面图

　　图 1-26～图 1-28 所示分别为 BA 型、C 型、B 型标准层弱电平面图。仅以图 1-26 为例说明，由图可知，设在楼梯间的电缆电视前端箱 ZTV 暗装于⑪/B 轴的墙上，下皮距地面 2.2m，管线由下引来并再引上（　）。1 层的 ZTV 管线由 2.8m

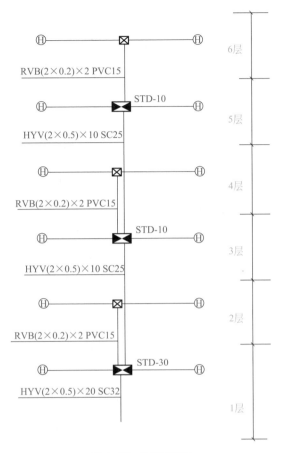

图 1-25　电话系统图

标高处引入后经1层顶板到⑱轴处再下翻引入箱内，2层的ZTV管线由1层的ZTV前端箱顶部引出经1层顶板到2层的⑱轴2.2m处引入箱内。由箱内引出只有两个用户插座（ ⊤ᵥ ），用SYV-72-5同轴电缆穿PVC管经⑱轴的墙体及地板引至用户插座，管径为15mm，用户插座距地面0.3m暗装，分别位于客厅的⑧轴和⑤轴上。同样指出，这一管线不应有直角弯，应直线引入，这里不作修改，可参见图1-25和图1-26。3层的引入同上，直到顶层。

　　设在楼梯间的电话组线箱ZTP暗装于⑤轴的墙上，下皮距地面0.5m，管线由下引来并再引上，1层的ZTP管线由2.8m标高处引入经⑤轴墙体下翻至箱内。由箱内只引出两个用户插座（ ⊤ₚ ），用电话软线RVB（2×0.2）穿PVC管经地板引至用户插座，管径为15mm，用户插座距地面0.3m暗装，分别位于客厅的ⓒ轴和⑦轴上。2层以上的引入同电缆电视。

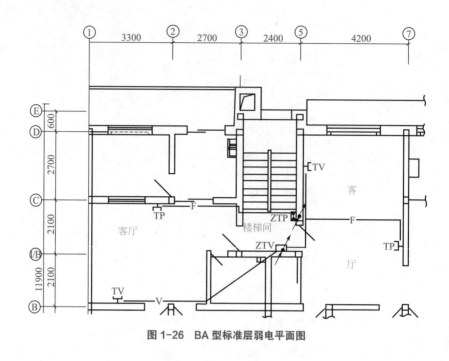

图 1-26　BA 型标准层弱电平面图

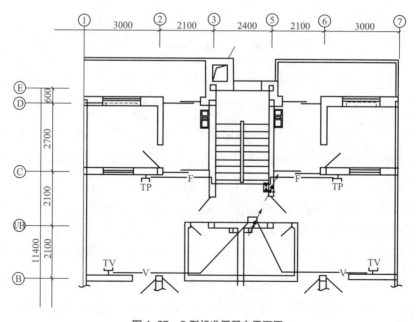

图 1-27　C 型标准层弱电平面图

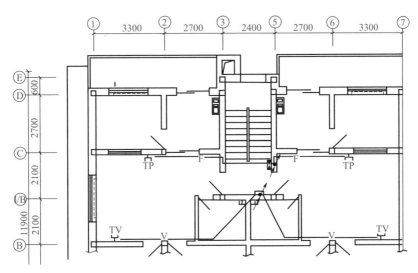

图 1-28　B 型标准层弱电平面图

1.6　防雷系统图的识读

一般民用住宅楼的防雷系统只画出屋顶防雷平面图并附有说明，只有高层建筑除屋顶防雷外，还有防侧雷的避雷带以及接地装置的布置等，这里只说明一般民用住宅楼的屋顶防雷平面图，如图 1-29 所示。

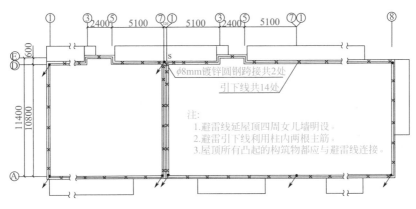

φ8mm镀锌圆钢跨接共2处
引下线共14处

注：
1.避雷线延屋顶四周女儿墙明设。
2.避雷引下线利用柱内两根主筋。
3.屋顶所有凸起的构筑物都应与避雷线连接。

图 1-29　屋顶防雷平面图

屋顶避雷线用 φ8 ～ 12mm 镀锌圆钢沿屋顶边缘或四周女儿墙明设安装，其支持件是专用镀锌卡子，间距一般是 600 ～ 800mm（图中未标出）。该避雷线是与结构柱中主钢筋可靠焊接的，作为引下线共有 14 处（↙）。屋顶其他凸出物（如烟囱、抽气筒、水箱间或其他金属物等）均应用 φ8mm 镀锌圆钢与其可靠连接。图中伸缩缝 S 处应分别设置避雷线，且用 $\phi 8mm$ 镀锌圆钢跨接。要求柱内与梁内主钢筋应可靠焊接，接地电阻≤ 4Ω，如果达不到则应在距底梁水平距离 3m 处增设接地极并用镀锌扁钢与梁内主筋可靠连接。防雷接地与保护接地如单独使用，防雷接地电阻可≤ 10Ω。系统如不用主筋下引，则应在墙外单独设置引下线（$\phi 8 \sim 12mm$ 镀锌圆钢用卡子支持）并与接地极连接，引下处数与图中相同。

1.7　两个房间照明平面图识读

从照明平面图上可以看出灯具、开关、电路的具体布置情况。由于一般照明平面图上的导线都比较多，在图上不可能一一表示清楚，因此在读图过程中，可另外画出照明、开关、插座等的实际连接示意图（这种图称为透视图）。透视图画起来虽麻烦，但对读懂图有很大的帮助。

两个房间的照明平面图、电路图、透视图如图 1-30 所示。

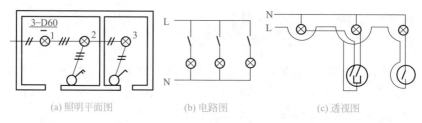

(a) 照明平面图　　　　　　(b) 电路图　　　　　　(c) 透视图

图 1-30　两个房间的照明平面图、电路图、透视图

① 电路特点：有 3 盏灯，1 个单极开关，1 个双极开关，采用共头接线法。

② 看图要点：在照明平面图上导线较多，显然在图面上不能一一表示清楚，这对初学者来说，读图和施工都有一定困难。为了读懂照明平面图，读图过程中可以画出灯具、开关、插座的电路图或透视图。弄懂照明平面图、电路图、透视图的共同点和区别，再看复杂的照明电气平面图就容易多了。

③ 看图指导：图 1-29（a）为照明平面图，在图上可以看出灯具、开关和电路的布置。1 根相线和 1 根中性线进入房间后，中性线全部接于 3 盏灯的灯座上，相线经过灯座盒 2 进入左面房间墙上的开关盒，此开关为双极开关，可以控制 2 盏灯，从开关盒出来 2 根相线，接于灯座盒 2 和灯座盒 1。相线经过灯座盒 2 同时进入右面房间，通过灯座盒 3 进入开关盒，再由开关盒出来进入灯座盒 3。因此，在 2 盏灯之间出现 3 根线，在灯座盒 2 与开关之间也是 3 根线，其余是 2 根线。由灯的图形符号和文字代号可以知道，这 3 盏灯为一般灯具，灯泡功率为 60W，吸顶安装；开关为跷板开关，暗装。图 1-30（b）为电路图，图 1-30（c）

为透视图。从图中可以看出接线头放在灯座盒内或开关盒内，因为共头接线，导线中间不允许有接头。

1.8　同一层单元的组合配电平面图识读

住宅楼同一层单元的电气平面图比较简单，因为每个楼层的电气布置均相同，只要有标准单元电气平面图即可。一层组合配电平面图主要说明各种线路引入建筑物以及各单元配电箱间的导线布置情况。下面具体分析照明电路。

某同一层单元的组合配电平面图如图 1-31 所示。

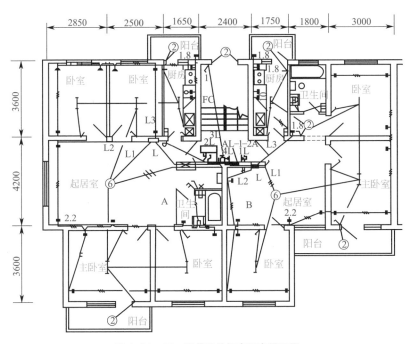

图 1-31　同一层单元的组合配电平面图

① 电路特点：该图属于照明电路平面图，也称为照明平面图布线图，描述了同一层单元的电气照明电路和照明设备布置情况。

② 看图要点：从单元配电箱引出线入手，因为 A、B 两户线路基本相同，所以可重点看 A 户的线路或 B 户的线路。本例以 A 户为例，B 户内情况与 A 户内相仿，读图方法与 A 户相同。

单元配电箱引出线情况为：从 AL-1-2A 箱引出 4 条支路 1L、2L、3L、4L。其中 1L、2L 分别接到两户室内配电箱 L，采用 3 根截面积为 4mm² 的塑料绝缘铜导线连接，穿直径为 20mm 的焊接钢管，沿墙内暗敷设。A 户 L 箱在厨房门右侧墙上，B 户 L 箱与 AL-1-2A 箱在同一面墙上，但在墙内侧。支路 3L 为楼梯照明线路，4L 为三表计量箱预留线路。三表计量箱安装在楼道墙上。两条支路均用 2 根截面积为 2.5mm^2 的塑料绝缘铜导线连接，穿直径为 15mm 的焊接钢管，沿地面、墙面内暗敷设。支路 3L 从箱内引出后接箱右侧壁灯，并向上引至 2 层及单元门外雨篷下的 2 号灯。壁灯使用声光开关控制。单元门灯开关装在门内右侧。

图中，没有标注安装高度的插座均为距地 0.3m 的低位插座。

③ 看图指导：以 A 户线路为例。从 A 户 L 箱引出 3 条支路 L1、L2、L3。其中，L1 为照明灯具支路，L2、L3 为插座支路。

a. 照明支路 L1。支路 L1 从 L 箱到起居室内的 6 号灯。因为照明线不需要保护零线，所以这段线路用 2 根截面积为 2.5mm^2 的塑料绝缘铜导线连接，穿直径为 15mm 的焊接钢管，沿顶板内暗敷设，并在灯头盒内分为 3 路，分别引至各用电设备。

第一路引向外门方向的 6 号灯的开关线。由于要接室外的门铃按钮，这段管线内有 3 根导线，分别为相线、零线和开关回火线。线路接单极开关后，相线和零线先分别接到门铃按钮，再接到门内门铃上。

第二路从起居室 6 号灯上方引至两个卧室，先接右侧卧室荧光灯及开关，从灯头盒引线至右侧卧室荧光灯，再从灯头盒引出开关线，接左侧卧室开关。两开关均为单极跷板开关。从右侧卧室荧光灯灯头盒上分出一路线，引到厨房荧光灯灯头盒，开关在厨房门内侧。厨房阳台上有一盏 2 号灯，开关在阳台门内侧。

第三路从起居室 6 号灯向下引至主卧室荧光灯，开关设在门左侧，并由灯头盒引至另一间卧室内荧光灯和主卧室外阳台上的 2 号灯。2 号灯开关在阳台门内侧。

b. 插座支路 L2。插座支路 L2 由室内配电箱 L 引出，使用 3 根截面积为 2.5mm^2 的塑料绝缘铜导线，穿直径为 15mm 的焊接钢管，沿本层地面内暗敷设到起居室。3 根线分别为相线、零线和保护零线。起居室内有 3 个单相三孔插座，其中一个是安装高度为 2.2m 的空调插座。进入主卧室后，插座线路分为两路，一路引至主卧室和主卧室右侧的卧室，另一路向右在起居室装一插座后进入卫生间，在卫生间安装一个三孔防溅插座，高度为 1.8 m。由该插座继续向右接壁灯，壁灯的控制开关在卫生间的门外，一只为双极开关，用于控制壁灯和卫生间的换气扇；另一只为单极开关，用于控制洗衣房墙上的座灯。

c. 插座支路 L3。插座支路 L3 由室内配电箱 L 引出，先在两间卧室内各装 3 个单相三孔插座，接入厨房后装一个防溅型双联六孔插座，安装高度为 1.0m，然后在外墙内侧和墙外阳台上各装一个防溅型单相三孔插座，安装高度为 1.8m。

看图知道 B 户进线位置在纵向墙南往北第二道轴线处,在楼梯间有一个配电箱,室内有荧光灯、天棚座灯、墙壁座灯、楼梯间吸顶灯、插座、开关及连接这些灯具的线路。

如图 1-32 所示,应注意这些线路平面实际是在房间内的顶上部,沿墙的安装要求为至少离地 2.5m。图中中间位置的线路实际均装设在顶棚上,线路通过门时实际均在门框上部分,所以读图时应有这种想象能力。

另外图中荧光灯处所标 $\frac{40}{2.5}$ L 的含义是:分子表示功率为 40W,分母表示灯具距地面高 2.5m,L 表示采用吊链式安装。总线 BV-3×10+1×6DG32 的含义是:3 根截面积为 10mm² 加 1 根截面积为 6mm² 的 BV 型铜芯电线,穿直径为 32mm 的管道沿墙通过。图中 1∶100 是指图样与实际比例为 1∶100。

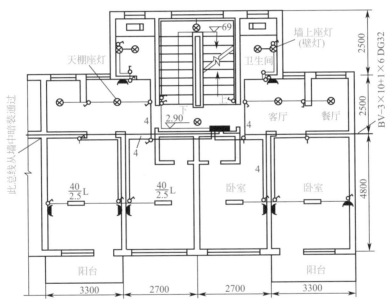

图 1-32 某住宅照明线路施工平面图(1∶100)

1.9 电气原理图与接线图的转换方法

一个复杂的电气控制原理图只需按下列步骤,就完成了整个电路的安装接线。

下面以正反转电路为例为来介绍电气原理图与接线图的转换方法。

（1）绘制接线平面布置图

拿到原理图先看上面有哪些器件，设计一下这些器件位置如何安放，根据柜（盘）空间绘制实物布置图，如由原理图 1-33 转换到实物布置图 1-34。

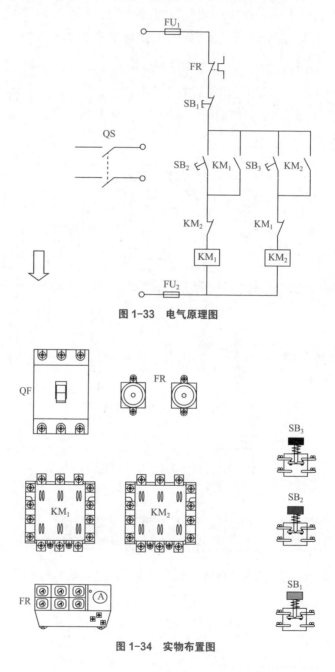

图 1-33　电气原理图

图 1-34　实物布置图

　　将图1-34实物视图绘制成平面布置图，再在平面布置图上绘制出原理图中所有的元件符号，就形成了我们的接线基图——接线平面布置图。符号绘制可按布置图逐个器件依次完成，也可按原理图的顺序完成。

　　由图1-33、图1-34绘出的接线平面布置图如图1-35所示（实用中直接绘出图1-35）。

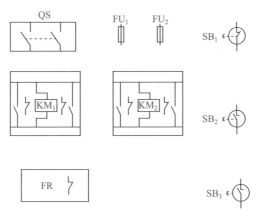

图1-35　接线平面布置图

　　接线平面布置图器件上的元件符号是根据原理图而来，原理图中未用到的元件布置图中可以不绘。

　　注意：布置图元件符号引线应与实物的接线端子位置一致。接线平面布置图绘好后继续以下步骤。

（2）原理图上编号

　　编号由上开始向下进行，每经过一个元件编入一个号码，如第一列1-5号（图1-36），直到本列编完后向右继续编第二列、第三列，直至编完所有行列，使每个元件两端都有一个号码。编号定则：同一个原理图上每个"编号"只能使用一次。

　　编完号如图1-36所示。

（3）布置图上填号

　　将原理图的号码填入图1-35所对应的器件上，如KM_1常开点3、4号，两个线圈的一端都是0号。填号要注意常开常闭不能弄错。

　　号码填好后形成的接线图见图1-37。

（4）整理号码

　　整理号码是针对复杂电路而言的，目的是使布置图上相同的号码趋于集中便于接线，整理号码根据"填号定则"进行。

填号定则：① 布置图中一个元件两端号码对调，原电路不变。

② 同一个器件上功能相同的元件，左边与右边号码整对互换原电路不变。

（5）接线

按接线图（图 1-37）固定好器件，再将图上相同号码的端子用导线连接起来就完成了。

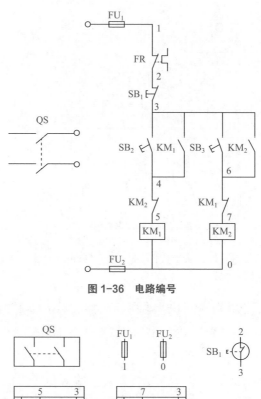

图 1-36　电路编号

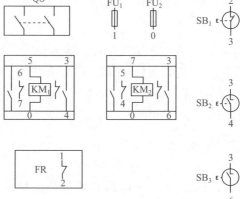

图 1-37　接线图

第2章 家庭配电线路设计

2.1 家庭配电线路的设计原则

2.1.1 科学设计原则

（1）用电量的计算要科学

设计家庭配电线路时，配电设备的选用及线路的分配均取决于家用电器的用电量，因此科学地计量家用电器的用电量十分重要。

在家庭配电线路中，配电箱、配电盘的选配及各支路的分配均需依据用电量进行。根据计算出的用电量，合理地选择配电箱、配电盘并对各支路进行合理的分配。

图 2-1、图 2-2 是典型的家庭配套线路，考虑到该用户的家用电器较多，厨房、卫生间内的电器及空调器的用电量都较大，因此根据不同家用电器的用量结合使用环境，将室内配电设计分为 6 个支路，即照明支路、插座支路、厨房支路、卫生间支路、空调支路、柜式空调支路，见表 2-1。

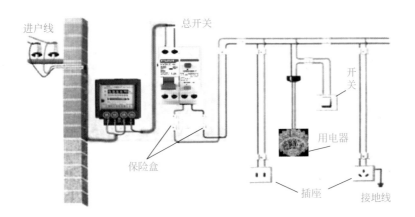

图 2-1　配电入户示意图（一）

表 2-1　典型家庭配电线路

支路	总功率/W	支路	总功率/W	支路	总功率/W
照明支路	2200	厨房支路	4400	空调支路	2000
插座支路	3520	卫生间支路	3520	柜式空调支路	3500

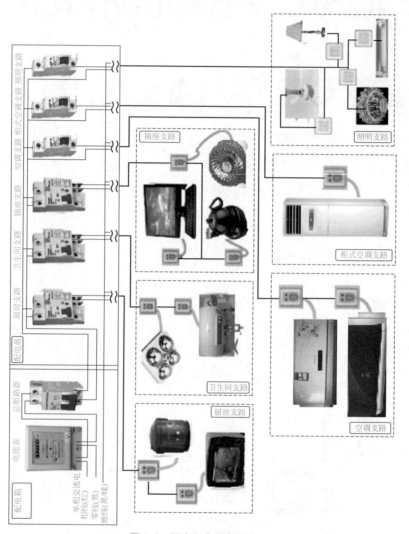

图 2-2　配电入户示意图（二）

　　首先将支路中所有家用电器的功率相加即可得到支路全部用电设备在使用状态下的实际功率值；然后根据计算公式计算出支路用电量，即可对支路断路器进行选配；最后根据计算公式计算出该用户的总用电量，对总断路器进行选配。

　　从该实例可看出，科学地计量用电设备的用电量，会使配电线路的分配、配电设备的选配更加科学、合理和安全。

（2）配电规划要科学

进行家庭配电规划时，主要对其配电箱、配电盘的安装位置以及内部部件线路的连接方式等进行规划。配电箱主要用来进行用电量的计量和过电流保护，交流 220V 电源经进户线送到可以控制、分配的配电盘上，由配电盘对各个支路进行单独控制，使室内用电量更加合理、后期维护更加方便、用户使用更加安全。这一过程的配电设计应遵循科学的设计原则，不能随电工或用户的意愿随意安装、连接、分配，以保证配电安全。

配电设备中配电箱、配电盘的安装环境及安装高度均应根据家庭配套线路的设计原则进行，不得随意安装，以免对用电造成影响或危害人身安全。

2.1.2　合理设计原则

（1）电力分配要合理

在家庭配电线路中，电力（功率）的分配通常是根据用户的需要及用户家用电器的用电量进行设计的，每个房间内所有的电力部件均在方便用户使用的前提下进行选择。因此，对电力进行合理的分配可确保用电安全，同时也为用户日常使用带来方便。

图 2-3 是典型家庭配电线路的电力分配。根据家用电器的用电量并结合使用环境，将家庭配电线路设计分配为照明支路、普通插座支路、空调支路、厨房支路、卫生间支路。

在设计配电盘支路时没有固定的原则，可以一间房间构成一个支路，也可以根据家用电器使用功率构成支路。但要根据用户的需要并遵循科学的设计原则对每一个支路上的电力设备进行合理的分配。具体见图 2-3 及以下说明。

① 照明支路：照明支路主要包括主卧室中的吊灯，次卧室中的荧光灯，客厅中的吊扇灯，卫生间、厨房及阳台照明灯。每一个控制开关均设在进门口的墙面上，用户打开房间门时，即可控制照明灯点亮，方便用户使用。

② 普通插座支路：除了卫生间、厨房及空调器的大功率插座等，其余插座均为普通插座。这里包括主卧室中用于连接床头灯的灯插座，客厅中用于连接电视机、音响的两个普通三孔插座，次卧室中用于连接电脑等的普通三孔插座，每一个插座的设计都是根据用户使用的家用电器及用户需要进行分配的。

③ 空调支路：空调支路主要为主卧室、次卧室和客厅中的大功率插座支路。由于空调器的功率较大，因此单独使用一个支路进行供电。

④ 厨房支路：由于厨房的电器功率较大，因此将其单独分出一个支路。厨房支路中大多数为插座支路，如抽油烟机插座、换气扇插座、电饭煲插座、电水壶插座等。根据不同的需要，将其插座设置在不同的位置，并且在厨房中需要设

计一些大功率插座，以保证厨房用电的多样性，防止使用时插座不够带来不便。

⑤ 卫生间支路：卫生间支路电力器件的分配同厨房支路相同，也应多预留插座，来保证电热水器、洗衣机、浴霸等的插接。

（2）配线选择要合理

在家庭配电线路中，导线是最基础的供电部分，导线的质量、参数直接影响着室内的供电。因此，合理地选配导线在家庭配电线路的设计中尤为重要。

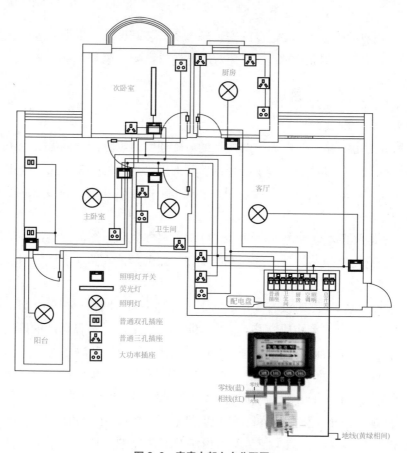

图 2-3　家庭内部电力分配图

① 在设计、安装配电箱时，一定要选择载流量大于等于实际电流量的绝缘线（硬铜线），不能采用花线或软线（护套线）。暗敷在管内的电线不能采用有接头的电线，必须是一根完整的电线。

② 设计、安装配电盘采用暗敷时，一定要选择载流量大于等于该支路实际电流量的绝缘线（硬铜线），不能采用花线或软线（护套线），更不能使暗敷护管中出现电线缠绕连接的接头；采用明敷时可以选用软线（护套线）和绝缘线

（硬铜线），但是不允许电线暴露在空气中，一定要使用敷设管或敷设槽。

③ 在对线路连接过程中，应注意对电源线进行分色，不能将所有的电源线只用一种颜色，以免对检修造成不便。按照规定，相线通常使用红线，零线通常使用蓝线或黑线，接地线通常使用黄线或绿线。

2.1.3　安全设计原则

在家庭配电线路的设计中，要特别注意设计应符合安全要求，保证配电设备安全、电器设备安全及用户的使用安全。

① 在规划设计家庭配电线路时，家用电器的总用电量不应超过配电箱内总断路器和总电能表的负荷，同时每一个支路的总用电量也不应超过支路断路器的负荷，以免出现频繁掉闸、烧坏配电器件的现象。

② 在进行电力器件分配时，插座、开关等也要满足用电的需求。若选择的电力器件额定电流过小，使用时会烧坏电力器件。

③ 在进行家庭配电线路的安装连接时，应根据安装原则进行正确的安装和连接，同时应注意配电箱和配电盘内的导线不能外露，以免造成触电事故。

④ 选配的电能表、断路器和导线应满足用电需求，防止出现掉闸、损坏器件或家用电器等事故。

2.1.4　电力分配时注意事项

在进行电力分配时，应充分考虑该支路的用电量。若该支路的用电量过大，可将其分成两个支路进行供电。根据家庭中所使用电器设备功率的不同，可以分为小功率供电支路和大功率供电支路两大类。其中小功率供电支路和大功率供电支路设有明确的区分界限，通常情况下将功率在1000W以上的电器所使用的电路称之为大功率供电支路，将功率在1000W以下的电器所使用的电路称之为小功率供电支路。也就是说可以将照明支路、普通插座支路归为小功率供电支路，而将厨房支路、卫生间支路、空调支路归为大功率供电支路。

2.2　家庭配电设备的选用

2.2.1　配电箱

配电箱是家装强电用来分路及安装空气开关的箱子，如图2-4所示。配电箱的材质一般是金属的，前面的面板有塑料的，也有金属的。面板上还有一个小掀盖便于打开，这个小掀盖有透明的和不透明的。配电箱的规格要根据里面的分路而定，小的有四五路，多的有十几路。选择配电箱之前，要先设计好电路分路，再根据空气开关的数量以及是单开还是双开，计算出配电箱的规格型号。一般配电箱里的空间应该留有富裕，以便以后增加电路用。配电箱的安装详见 3.6.3 节。

配电箱内部结构

图 2-4　配电箱

2.2.2　弱电箱

弱电箱如图 2-5 所示。弱电箱是专门适用于家庭弱电系统的布线箱，也称家居智能配线箱、多媒体集线箱、住宅信息配线箱。弱电箱能对家庭的宽带、电话线、音频线、同轴电缆、安防网络等线路进行合理有效的布置，实现人们对家中的电话、传真、电脑、音响、电视机、影碟机、安防监控设备及其他网络信息家电的集中管理和共享资源，是为家庭布线系统提供解决方案的产品。

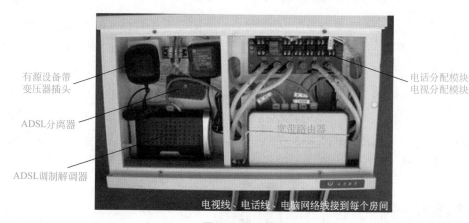

图 2-5　弱电箱

配电箱解决的是用电安全，而弱电箱解决的是信息通畅。弱电箱便于对弱电进行管理维护，可按需对每条线路进行调整及管理，并扩充使用功能，使家庭弱电线路分布合理，信息畅通无阻，如发生故障易于检查维护。

弱电箱里的有源设备有宽带路由器、电话交换机、有线电视信号放大器等，结构有模块化（有源设备是厂家特定的集成模块）及成品化（有源设备采用现有厂家的成品设备）。相比之下，成品化有源设备应选购市面上成熟品牌的产品，质量相对稳定可靠，技术也更先进，价格适中，便于日后更换与维修。

弱电箱里的无源设备可采用弱电箱厂家生产的配套模块（如有线电视模块、电话分配模块等），可以保持箱体内的整洁。弱电箱箱体要预留足够的空间，便于安装有源设备，并配置电源插座，也以便日后的升级。在布线方面，除了要布设电力线外，还布设有线电视电缆和电话线、音响线、视频线和网络线。除了电力线以外的这些线缆被称为"弱电"，传输的是各种信号。建设一个多功能、现代化、高智能的家居环境就少不了这些必要布线。弱电的综合布线需要专业的工程师为业主做出综合及合理的规划设计和施工，只有这样才能使整体家装美观。

2.2.3　断路器

断路器全称自动空气断路器，也称空气开关，如图 2-6 所示。断路器是一种常用的低压保护电器，可实现短路、过载保护等功能。

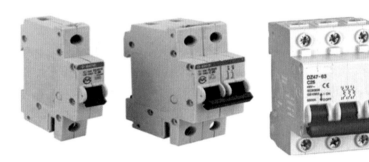

图 2-6　断路器

断路器在家庭供电中作总电源保护开关或分支线保护开关。当住宅线路或家用电器发生短路或过载时，断路器能自动跳闸，切断电源，从而有效地保护这些设备免受损坏或防止事故扩大。家庭一般用二极（即 2P）断路器作总电源保护，用单极（1P）作分支保护。

断路器的额定电流如果选择偏小，则断路器易频繁跳闸，引起不必要的停电；如果选择过大，则达不到预期的保护效果。因此，正确选择家装断路器的额定电流很重要。

一般小型断路器的规格主要以额定电流区分，如 6A、10A、16A、20A、25A、32A、40A、50A、63A、80A、100A 等。

断路器无明显的线路分断状态或闭合状态的指示功能（即操作、运行人员能看到的工作状态），因此在自动断路器前面（电源侧）应加一组刀开关。这类刀开关并不用于分断和闭合线路电流，一般称为隔离开关。

2.2.4 电能表

电能表（又称电度表、火表、千瓦时表）是用来测量电能的仪表，也是测量各种电学量的仪表，如图 2-7 所示。

(a) 机械电能表　　　　　　　　　(b) 数字电能表

图 2-7　电能表

家用电能表一般是单相电能表，用来计量用电量，通常称之为电表。电能表容量用"A"表示。譬如：一个 5A 电能表，它所能承受的功率用下面的公式计算：5A×220V=1100W。也就是说：这个家庭同时使用的所有电器总功率不能超过 1100W。电能表虽然有短时间过载的能力，但是经常超过规定的载荷会损坏电能表。所以，选用电能表要留有适当的富裕容量。假如家庭所有电器的用电量为 1100W，选用的电能表要大 2～3 倍，应选用 10A 或 15A 的电能表。

目前市场上普遍使用的单相电能表分机械式和电子式两种。机械式电能表如 DD9、DD15、DD862a 等，具有寿命长、过载能力高、性能稳定等特点，基本误差受电压、温度、频率等因素影响，长期使用损耗大。电子式单相电能表有 DDS6、DDS15、DDSY666 等，采用专用大规模集成电路，具有精度高、线性好、动态工作范围宽、过载能力强、自身能耗低、结构小、质量轻等特点，可长期工作而不需要调整和校验，还能防窃电，家庭应优先选用电子式电能表。随着分时计度供电方式的发展，分时计度电能表的应用越来越广泛。

电能表要设置在干燥、明净和没有震动的地方，并安装在涂有防潮漆的适当大小和厚度的木板上，安装的高度离地面以不低于 1.2m、不超过 2m 为宜。电能表上的铅封不能自行拆除，因为这是供电部门校验电能表后合格加封的标志。

2.3　家装电路设计

2.3.1　住宅电气设计规范

根据《2008 年工程建设标准规范制度、修订计划（第一批）》（建标〔2008〕102 号）的要求，2010 年 6 月 25 日住房和城乡建设部标准定额司在北京主持召开了国家标准《住宅设计规范》审查会，审查委员一致认为《住宅设计规范》（送审稿）的内容符合我国的实际情况，可操作性强，与现行相关的标准、规范协调，符合标准修订要求，同意通过审查。下面简要介绍 GB 50096—2011《住宅设计规范》电气部分的有关条文。

① 每套住宅的用电负荷因套内建筑面积、建设标准、采暖（或过渡季采暖）和空调的方式、电炊、洗浴水等因素而有很大的差别。该规范仅提出必须达到的下限值。每套住宅用电负荷中应包括照明、插座、小型电器等，并为今后发展留有余地。考虑家用电器的特点，用电设备的功率因数按 0.9 计算。

② 住宅供电系统设计的安全要求。在 TV 系统（保护接零系统）中壁挂式空调的插座回路可不设剩余电流保护装置，但在 TT 系统（保护接地系统）中所有插座回路应设剩余电流保护装置。

总等电位联结用来均衡电位，降低人体受到电击时的接触电压，是接地保护的一项重要措施。辅助等电位联结用于防止出现危险的接触电压。

局部等电位联结包括卫生间内金属给排水管、金属浴盆、金属采暖管以及建筑物钢筋网和卫生间电源插座的 PE 线，可不包括金属地漏、扶手、浴吊架、肥皂盒等孤立金属物。尽管住宅卫生间目前多采用铝塑管、PPR 等非金属管，但是考虑住宅施工中管材更换、住户二次装修等因素，还是要求设置局部等电位接地或预留局部接地端子盒。

为了避免接地故障引起的电气火灾，住宅建筑要采取可靠的措施。由于防火剩余电流动作值不宜大于 500mA，为减少误报和误动作，设计中要根据线路容量、线路长短、敷设方式、空气湿度等因素，在电源进线处或配电干线的分支处设置剩余电流动作报警装置。当住宅建筑物面积较小、剩余电流检测点较少时，可采用独立型防火剩余电流动作报警器。当有集中监测要求时，可将报警信号连至小区消防控制室。当剩余电流检测点较多时，也可采用电气火灾监控系统。

③ 为保证安全和便于管理，对每套住宅的电源总断路器提出了相应要求。

④ 为了避免儿童玩弄插座发生触电危险，要求安装高度在 1.8m 及以下的插座采用安全型插座。

⑤ 原规范规定公共部分照明采用节能自熄开关，以实现人在灯亮、人走灯灭，达到节电目的，但在应用中也出现了一些新问题。例如，夜间漆黑一片，对住户不方便。在设有安防摄像场所，除采用红外摄像机外，达不到摄像机对环境的最低照度要求；较大声响会引起大面积公共照明自点亮，如在夜间经常有重型货车通过时频繁亮灭，使灯具寿命缩短，也达不到节能效果；具体工程中，楼梯间、电梯厅有无外窗的条件也不相同。此外，应用于住宅节能光源的声光控制和应急启动技术也在不断发展和进步。因此，强调住宅公共照明要选择高效节能的照明装置和节能控制。设计中要具体分析，因地制宜，采用合理的节能控制措施，并且要满足消防控制的要求。

⑥ 电源插座的设置应满足电器的使用要求，尽量减少移动插座的使用。但住宅家用电器的种类和数量很多，因套内面积等因素不同，电源插座的设置数量和种类差别也很大，我国尚未有家用电器电源线长度的统一标准，难以统一规定插座之间的间距。为方便居住者安全用电，规定了电源插座的设置数量和部位的最低标准。

⑦ 住宅的信息网络系统可以单独设置，也可利用有线电视系统或电话系统来实现。三网融合是今后的发展方向，IPTV、ADSL 等技术可利用有线电视系统和电话系统来实现信息通信，住宅建筑电话通信系统的设置需与当地电信业务经营者提供的运营方式相结合。住宅建筑信息网络系统的设计要与当地信息网络的现有水平及发展规划相互协调一致，根据当地公用信息网络资源的条件决定是否与有线电视或电话通信系统合一。

⑧ 根据《安全防范工程技术规范》，对于建筑面积在 50000m² 以上的住宅小区，要根据建筑面积、建设投资、系统规模、系统功能和安全管理要求等因素，设置基本型、提高型、先进型的安全防范系统。在有小区集中管理时，可根据工程具体情况，将呼救信号、紧急报警和燃气报警等纳入防客对讲系统。

⑨ 门禁系统必须满足紧急逃生时人员疏散的要求。当发生火警或需紧急疏散时，住宅楼疏散门的防盗门锁必须能集中解除或现场顺疏散方向手动解除，使人员能迅速安全通过并安全疏散。设有火灾自动报警系统或联网型门禁系统时，在确认火情后，应在消防控制室集中解除相关部位的门禁。当不设火灾自动报警系统或联网型门禁系统时，要求能在火灾时不需使用任何工具就能从内部打开出口门，以便于人员的逃生。

2.3.2 家装内部电气配置

① 每套住宅进户处必须设嵌墙式住户配电箱。住户配电箱设置电源总开关，

该开关能同时切断相线和中性线，且有断开标志。每套住宅应设电能表，电能表箱应分层集中嵌墙暗装在公共部位。

住户配电箱内的电源总开关应采用两极开关，总开关容量选择不能太大，也不能太小，要避免出现与分开关同时跳闸的现象。

电能表箱通常分层集中安装在公共通道上，这是为了便于抄表和管理；嵌墙安装是为了不占据公共通道。

② 家庭电气开关、插座的配置应能够满足需要，并对未来家庭电气设备的增加预留有足够的插座。家居各个房间可能用得到的开关、插座数量配置参见表 2-2。

表 2-2　家装各个房间标准电气配置表

房间	开关或插座名称	数量/个	说明
主卧室	双控开关	2	控制主卧室顶灯，卧室做双控开关非常必要。这个钱不要省，尽量使每个卧室都是双控
	5孔插座	4	两个床头柜处各1个（用于台灯或落地灯）、电视电源插座1个、备用插座1个
	3孔16A插座	1	空调插座没必要带开关，现在室内都有空气开关控制，不用时将空调的一组单独关掉即可
	有线电视插座	1	—
	电话及网线插座	各1	—
次卧室	双控开关	2	控制次卧室顶灯
	5孔插座	3	两个床头柜处各1个，备用插座1个
	3孔16A插座	1	用于空调供电
	有线电视插座	1	—
	电话及网线插座	各1	—
书房	单联开关	1	控制书房顶灯
	5孔插座	3	台灯、电脑备用插座
	电话及网线插座	各1	—
	3孔16A插座	1	用于空调供电
客厅	双控开关	2	用于控制客厅顶灯（有的客厅距入户门较远，每次关灯要跑到门口，所以做成双控的会很方便）
	单联开关	1	用于控制玄关灯
	5孔插座	7	电视机、饮水机、DVD、鱼缸等备用插座

续表

房间	开关或插座名称	数量/个	说明
客厅	3孔16A插座	1	用于空调供电
	有线电视插座	1	—
	电话及网线插座	各1	—
厨房	单联开关	2	用于控制厨房、餐厅顶灯
	5孔插座	3	电饭锅及备用插座
	3孔插座	3	抽油烟机、豆浆机及备用插座
	一开3孔10A插座	2	用于控制小厨宝、微波炉
	一开3孔16A插座	2	用于电磁炉、烤箱供电
	一开5孔插座	1	备用
餐厅阳台	单联开关	3	灯带、吊灯、壁灯
	3孔插座	1	用于电磁炉供电
	5孔插座	2	备用
	单联开关	2	用于控制阳台顶灯、灯笼照明
	5孔插座	1	备用
主卫生间	单联开关	1	用于控制卫生间顶灯
	一开5孔插座	2	用于洗衣机、吹风机供电
	一开三孔16A插座	1	用于电热水器供电（若使用天然气热水器可不考虑安装一开三孔16A插座）
	防水盒	2	用于洗衣机和热水器插座（因为卫生间比较潮湿，用防水盒保护插座，比较安全）
	电话插座	1	—
	浴霸专用开关	1	用于控制浴霸
次卫生间	单联开关	1	用于控制卫生间顶灯
	一开5孔插座	1	用于电吹风供电
	防水盒	1	用于电吹风插座
	电话插座	1	—
走廊	双控开关	2	用于控制走廊顶灯，如果走廊不长，一个普通单联开关即可
楼梯	双控开关	2	用于控制楼梯灯

　　注：插座要多装，宁滥勿缺。墙上所有预留的开关插座，如果用得着就装，用不着的就装空白面板（空白面板简称白板，用来封闭墙上预留的插线盒或弃用的开关、插座孔），千万别堵上。

③ 插座回路必须加漏电保护。电气插座所接的负荷基本上都是人手可触及的移动电器（如吸尘器、打蜡机、落地或台式风扇）或固定电器（如电冰箱、微波炉、电加热淋浴器和洗衣机等）。当这些电器设备的导线受损（尤其是移动电器的导线）或人手可触及电器设备的外壳时，就有电击危险。为此除壁挂式空调电源插座外，其他电源插座应设置漏电保护装置。

④ 阳台应设人工照明。阳台设置照明，可改善环境、方便使用，尤其是封闭式阳台设置照明十分必要。阳台照明线宜穿管暗敷。若造房时未预埋，则应用护套线明敷。

⑤ 住宅应设有线电视系统，其设备和线路应满足有线电视网的要求。

⑥ 每户电话进线不应少于两对，其中一对应通到电脑桌旁，以满足上网需要。

⑦ 电源、电话、电视线路应采用阻燃型塑料管暗敷。电话和电视等弱电线路也可采用钢管保护，电源线采用阻燃型塑料管保护。

⑧ 电气线路应采用符合安全和防火要求的敷设方式配线，导线应采用铜导线。

⑨ 供电线路铜芯线的截面积应满足要求。由电能表箱引至住户配电箱的铜导线截面积不应小于 $10mm^2$，住户配电箱的照明分支回路的铜导线截面积不应小于 $2.5mm^2$，空调回路的铜导线截面积不应小于 $4mm^2$。

⑩ 防雷接地和电气系统的保护接地是分开设置的。

2.3.3　家装电气基本设计思路

家庭电路的设计一定要详细考虑可能性、可行性、实用性之后再确定，同时还应该注意其灵活性。下面介绍一些基本设计思路。

① 卧室顶灯可以考虑三控（两个床边和进门处），遵循两个人互不干扰休息的原则设置。

② 客厅顶灯根据生活需要可以考虑装双控开关（进门厅和回主卧室门处）。

③ 环绕的音响线应该在电路改造时就埋好。

④ 注意强弱电线不能在同一管道内，否则会有干扰。

⑤ 客厅、厨房、卫生间如果铺砖，一些位置可以适当考虑不用开槽布线。

⑥ 插座离地面一般为30cm，不应低于20cm；开关一般距地面140cm。

⑦ 排风扇开关、电话插座应装在马桶附近，而不是装在进卫生间门的墙边。

⑧ 浴霸应考虑装在靠近淋浴房或浴缸的正上方位置。

⑨ 阳台、走廊、衣帽间可以考虑预留插座。

⑩ 带有镜子和衣帽钩的空间，要考虑镜面附近的照明。

⑪ 客厅、主卧、卫生间应根据个人生活习惯和方便性考虑预设电话线。

⑫ 插座的安装位置很重要，常有插座正好位于床头柜后边，造成柜子不能靠墙的情况发生。

⑬ 电视机、电脑背景墙的插座可适当多一些，但也没必要设置太多插座，最好连接一个线板放在电视机、电脑的侧面。

⑭ 电路改造时有必要根据家电使用情况进行线路增容。

⑮ 安装漏电保护器和空气开关的分线盒应放在室内，防止他人偷电或搞破坏。

⑯ 装灯带不实用，不常用，华而不实。在设计安装灯带时应与业主沟通并说明。

2.3.4　配电箱及控制开关设计

（1）家庭配电箱的设计

由于各家各户用电情况及布线上的差异，配电箱只能根据实际需要而定。一般照明、插座、容量较大的空调或用电器各为一个回路，而一般容量空调两个合一个回路。当然，也有厨房、空调（无论容量大小）各占一个回路的，并且在一些回路中应安排漏电保护。家用配电箱一般有 6、7、10 个回路，在此范围内究竟选用何种箱体，应考虑住宅、用电器功率大小、布线等，并且还必须控制总容量在电能表的最大容量之内（目前家用电能表一般为 10～40A）。

（2）家庭总开关容量的设计

家庭的总开关应根据家庭用电器的总功率来选择，而总功率是各分路功率之和的 0.8 倍，即总功率和总开关承受的总电流分别为

$$P_总 = (P_1 + P_2 + P_3 + \cdots + P_n) \times 0.8$$

$$I_总 = P_总 \times 4.5$$

式中　　　　　$P_总$——总功率（容量），kW；

P_1、P_2、P_3、$\cdots$、P_n——分路功率，kW；

$I_总$——总电流，A。

（3）分路开关的设计

分路开关的承受电流为

$$I_分 = 0.8P_n \times 4.5（A）$$

空调回路要考虑到启动电流，其开关容量为

$$I_{空调} = 0.8 P_n \times 4.5 \times 3 \text{（A）}$$

分回路要按家庭区域划分。一般来说，分路的容量选择在 1.5kW 以下，单个用电器的功率在 1kW 以上的建议单列为一分回路（如空调、电热水器、取暖器等大功率家用电器）。

2.3.5　导线使用设计

一般铜导线的安全载流量为 2 ~ 8A/mm²，如截面积为 2.5mm² 的 BVV 铜导线安全载流量的推荐值为 2.5mm² × 8A/mm² = 20A，截面积为 4mm² 的 BVV 铜导线安全载流量的推荐值为 4mm² × 8A/mm² = 32A。

考虑到导线在长期使用过程中要经受各种不确定因素的影响，一般按照以下经验公式估算导线截面积

$$导线截面积（mm^2）= I/4$$

式中，I 为额定电流最大值，A。

例如，某家用单相电能表的额定电流最大值为 40A，则选择导线为 $I/4 =$ 40A/4 = 10A，即选择截面积为 10mm² 的铜芯导线。

按照国家的有关规定，家装电路应使用铜芯线，而且应尽量使用较大截面积的铜芯线。如果导线截面积过小，其后果是导线发热加剧，外层绝缘老化加速，易导致短路和接地故障。一般来说，在电能表前的铜线截面积应选择 10mm² 以上，家庭内一般照明及插座的铜导线截面积使用 2.5mm²，而空调等大功率家用电器的铜导线截面积至少应选择 4mm²。导线具体数据可参考表 2-3。

表 2-3　截面积与电流的对应关系

导线截面积 /mm²	绝缘铝导线负载流量 /A	铝芯电线截面积允许长期使用的电流 /A	绝缘铜导线负载流量 /A	铜芯电线截面积允许长期使用的电流 /A	绝缘铝导线载流量 /A	绝缘铜导线载流量 /A
0.75	3.75	2.25~3.75	5	3.75~6	6.75	9
1	5	3~5	7.5	5~8	9	13.5
1.5	7.5	4.5~7.5	12.5	7.5~12	13.5	22.5
2.5	12.5	7.5~12.5	20	12.5~20	22.5	32
4	20	12~20	30	20~32	32	42
6	30	18~30	50	30~48	42	60
10	50	30~50	64	50~80	60	80
16	64	48~80	100	80~128	80	100
25	100	75~125	105	125~200	100	122.5
35	105	105~175	150	175~280	122.5	150

续表

导线截面积 /mm²	绝缘铝导线负载流量 /A	铝芯电线截面积允许长期使用的电流/A	绝缘铜导线负载流量 /A	铜芯电线截面积允许长期使用的电流/A	绝缘铝导线载流量 /A	绝缘铜导线载流量 /A
50	150	150～250	175	250～400	150	210
70	175	210～350	237.5	350～560	210	237.5
95	237.5	285～475	240	475～760	237.5	300
120	240	360～600	300	600～960	300	375
150	300	450～750	370	750～1200	375	462.5
185	370	555～925	480	925～1480	462.5	
	敷设乘以0.8，温度高于35℃再乘以0.9	铝导线安全线载流量为3～5A/mm²	敷设乘以0.8，温度高于35℃再乘以0.9	铜导线安全载流量为5～8A/mm²		

导线截面积为 1.5 ～ 185mm² 的电线电缆载流量速算法：

速算法是以计算标称截面积的载流量为基础的，速算表达公式为

$$I_n = K_1K_2K_3K_4S$$

式中，I_n 为电线电缆的速算载流量，A；S 为线缆标称截面积，mm²；K_1 为温升折算系数，环境温度为 25℃时 K_1 为 1，当超过 30℃时九折；K_2 为导线折算系数，铜线 K_2 为 1，塑料铝线九五折；K_3 为管质折算系数，穿钢管 K_3 为 1，穿塑料管八五折，因穿塑料管后散热差，故打折；K_4 为穿线共管折算系数，明敷设 K_4 为 1，穿 23 根七五折，4 根共管为六折。

2.3.6 插座使用设计

① 住宅内空调电源插座、普通电源插座、电热水器电源插座、厨房电源插座和卫生间电源插座与照明应分开回路设置。

② 电源插座回路应具有过载保护、短路保护和过电压保护、欠电压保护等功能或采用带多种功能的低压断路器和漏电综合保护器，宜同时断开相线和中性线，不应采用熔断器作为保护元件。除分体式空调电源插座回路外，其他电源插座回路应设置漏电保护装置。有条件时，宜按分回路分别设置漏电保护装置。

③ 每个空调电源插座回路中电源插座数量不应超过 2 只。柜式空调应采用单独回路供电。

④ 卫生间应做局部辅助等电位联结。

⑤ 厨房与卫生间靠近时，在其附近可设分配电箱，给厨房和卫生间的电源

插座回路供电。这样可以减少住户配电箱的出线回路，减少回路交叉，提高供电可靠性。

⑥ 从配电箱引出的电源插座分支回路导线应采用截面积不小于 2.5mm² 的铜芯塑料线。

2.3.7　家装配电设计实例

（1）一室一厅配电电路

住宅小区常采用单相三线制，电能表集中装于楼道内。一室一厅配电电路如图 2-8 所示。

一室一厅配电电路中共有三个回路，即照明回路、空调回路、插座回路。图 2-8（a）中，QS 为双极隔离开关；QF$_1$ ～ QF$_3$ 为双极低压断路器（即剩余电流保护器，俗称漏电断路器，又称 RCD），其中 QF$_2$ 和 QF$_3$ 具有漏电保护功能。对于空调回路，如果采用壁挂式空调，因为人不易接触空调，可以不采用带漏电保护功能的断路器；但对于柜式空调，则必须采用带漏电保护功能的断路器。

为了防止其他家用电器用电时影响电脑的正常工作，可以把图 2-8（a）中的插座回路再分成家电供电和电脑供电两个插座回路，如图 2-8（b）所示。两路共同受 QF$_3$ 控制，只要有一个插座漏电，QF$_3$ 就会立即跳闸断电，PE 为保护接地线。

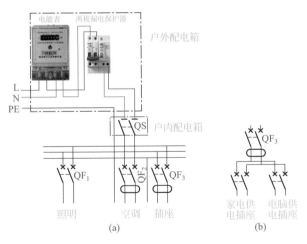

图 2-8　一室一厅配电电路

（2）两室一厅配电电路

一般居室的电源线都布成暗线，需在建筑施工中预埋塑料空心管，并在管内穿好细铁丝，以备引穿电源线。待工程安装完工时，把电源线经电能表及用电器控制闸刀后通过预埋管引入居室内的客厅。客厅墙上方预留一暗室，暗室前为木制开关板，装有总电源闸刀，然后分别把暗线经过开关引向墙上壁灯。

吊灯以及电扇电源线分别引向墙上方天花板中间处。安装吊灯和吊扇时，两者之间要有足够的安全距离，这个根据客厅的大小来决定。如果是长方形客厅，可在客厅一半的中心安装吊灯，另一半中心安装吊扇，也可只安装吊灯（这对有空调的房间更为适宜）。安装吊扇处要在钢筋水泥板上预埋吊钩，再把电源线引至客厅的电视电源插座、台灯插座、音响插座、冰箱插座以及备用插座等用电设施。

卧室应考虑安装壁灯、吸顶灯及一些插座。厨房要考虑安装抽油烟机电源插座、换气扇电源插座以及电热器具插座。

卫生间要考虑安装壁灯电源插座、抽风机电源插座以及洗衣机三孔单相插座和电热水器电源插座等。总之要根据居室布局尽可能地把电源插座一次安装到位。两室一厅居室电源布线分配线路参考方案如图2-9所示。

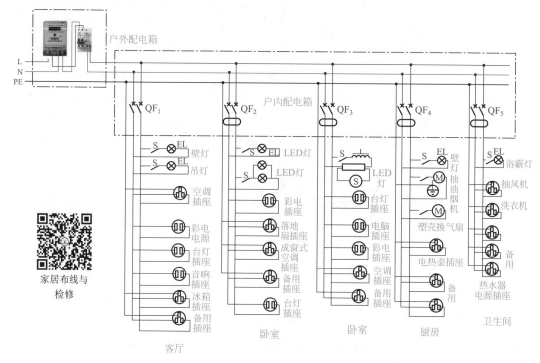

图 2-9 两室一厅居室电源布线分配电路

（3）三室两厅配电电路

图2-10所示为三室两厅配电电路，它共有10个回路。总电源处不装漏电保护器，主要是由于房间面积大且分路多，漏电电流不容易与总漏电保护器匹配，容易引起误动或拒动；另外，还可以防止回路漏电引起总漏电保护器跳闸，从而使整个住房停电。而在回路上装设漏电保护器就可克服上述缺点。

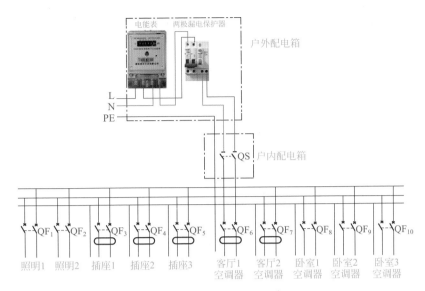

图 2-10　三室两厅配电电路

元器件选择：总开关采用双极 63A 隔离开关，照明回路上安装 6A 双极断路器，空调回路根据容量不同可选用 15A 或 20A 的断路器，插座回路可选用 10A 或 15A 的断路器。电路进线采用截面积为 16mm² 的塑料铜导线，其他回路都采用截面积为 2.5mm² 的塑料铜导线。

（4）四室两厅配电电路

图 2-11 所示为四室两厅配电电路，它共有 11 个回路，如照明回路、插座回路、空调回路等。其中两路作照明，如果一路发生短路等故障，另一路能提供照

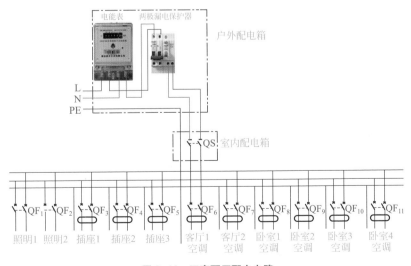

图 2-11　四室两厅配电电路

明，以便检修。插座有三路，分别送至客厅、卧室、厨房，这样插座电线不至于超负荷，起到分流作用。六路空调回路通至各室，即使目前不安装，也必须预留，为将来安装时做好准备。空调为壁挂式，所以可不装设漏电保护断路器。

（5）家用单相三线闭合型安装电路

家用单相三线闭合型安装电路如图 2-12 所示。它由漏电保护开关 SD、分线盒子 FZ_1 ~ FZ_4 以及回形导线等组成。

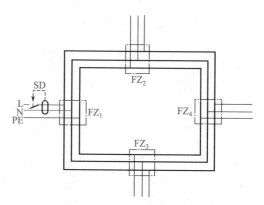

图 2-12　家用单相三线闭合型安装电路

一户作为一个独立的供电单元，可采用安全可靠的三线闭合型电路安装方式。该电路也可以用于一个独立的房间。如果用于一个独立的房间，则四个方向中的任意一处都可以作为电源的引入端，当然电源开关也应随之换位，其余分支可用来连接负载。

在电源正常的条件下，闭合型电路中的任意一点断路都会影响其他负载的正常运行。在导线截面积相同的条件下，与单回路配线比较，其带负载能力提高 1 倍。闭合型电路灵活方便，可以在任一方位的接线盒内装入单相负载，不仅可以延长电路使用寿命，而且可以防止发生电气火灾。

（6）二居家装配电设计实例

配电箱 ALC2 位于楼层配电小间内，楼层配电小间在楼梯对面墙上。从配电箱 ALC2 至室内配电箱共有八条输出回路，具体如图 2-13 所示。

① WL1 回路为室内照明回路，导线的敷设方式标注为 BV-3×2.5-SC15-WC.CC，采用三根规格是 $2.5 mm^2$ 的铜导线，穿直径为 15mm 的钢管，暗敷设在墙内和楼板内（WC.CC）。为了用电安全，照明线路中加上了保护线 PE。如果安装铁外壳的灯具，应对铁外壳做接零保护。

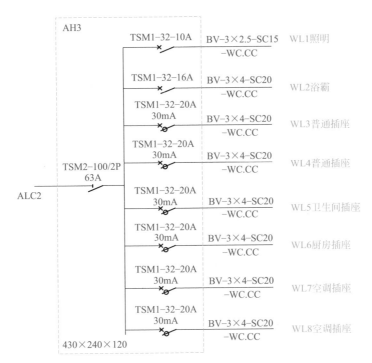

图 2-13　室内配电箱电气系统图

如图 2-14 所示，WL1 回路在配电箱右上角向下数第二根线，线末端是门厅的灯，室内的灯全部采用 12W 吸顶安装（S）。门厅灯的开关在配电箱上方门旁，是单控单联开关。配电箱到灯的线上有一条小斜线标着"3"，表示这段线路有三根导线。灯到开关的线上没有标记，表示是两根导线，一根是相线，另一根是通过开关返回灯的线（俗称开关回相线）。图 2-14 中所有灯与灯之间的线路都标着三根导线，灯到单控单联开关线路都是两根导线。

从门厅灯引出两根线，一根到起居室灯，另一根到前室灯。第一根线到起居室灯的开关在灯右上方前室门外侧，是单控单联开关。从起居室灯向下在阳台上有一盏灯，开关在灯左上方起居室门内侧，是单控单联开关。起居室到阳台的门为推拉门。这段线路到达终点，回到起居室灯，从起居室灯向右为卧室灯，开关在灯上方卧室门右内侧，是单控单联开关。

门厅灯向右是第二根线到前室灯，开关在灯左面前室门内侧，是单控单联开关。从前室灯向上为卧室灯，开关在灯下方卧室右内侧，是单控单联开关。从卧室灯向左为厨房灯，开关在灯右下方，是单控双联开关。灯到单控双联开关的线路是三根导线，一根是相线，另两根是通过开关返回的开关回相线。双联开关中一个开关是厨房灯开关，另一个开关是厨房外阳台灯的开关。厨房灯的符号含义是防潮灯。

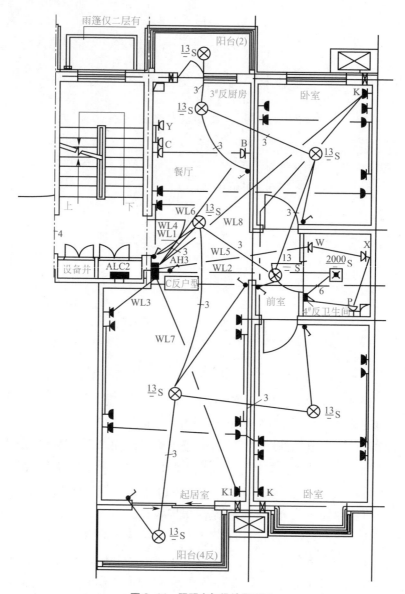

图 2-14 照明电气设计平面图

② WL2 回路为浴霸电源回路，导线的敷设方式标注为 BV-3×4-SC20-WC.CC，采用三根规格为 4mm² 的铜芯线，穿直径为 20mm 的钢管，暗敷设在墙内和楼板内（WC.CC）。

WL2 回路在配电箱中间向右到卫生间，接卫生间内的浴霸，2000W 吸顶安装（S）。浴霸的开关是单控五联开关，灯到开关是六根导线，浴霸上有四个取暖灯泡和一个照明灯泡，各用一个开关控制。

③ WL3 回路为普通插座回路，导线的敷设方式标注为 BV-3×4-SC20-WC. CC，采用三根规格为 4mm² 的铜芯线，穿直径为 20mm 的钢管，暗敷设在墙内和楼板内（WC.CC）。

WL3 回路从配电箱左下角向下，接起居室和卧室的七个插座，均为单相双联插座。起居室有四个插座，穿过墙到卧室，卧室内有三个插座。

④ WL4 回路为另一个普通插座回路，线路敷设情况与 WL3 回路相同。

⑤ WL5 回路为卫生间插座回路，线路敷设情况与 WL3 回路相同。

WL5 回路在 WL3 回路上边，接卫生间内的三个插座，均为单相单联三孔插座（此处插座符号没有涂黑，表示为防水插座）。其中第二个插座为带开关的插座，第三个插座也由开关控制（开关装在浴霸开关的下面，是一个单控单联开关）。

⑥ WL6 回路为厨房插座回路，线路敷设情况与 WL3 回路相同。

WL6 回路从配电箱右上角向上，厨房内有三个插座，其中第一个插座和第三个插座为单相单联三孔插座，第二个插座为单相双联插座，均使用防水插座。

⑦ WL7 回路为空调插座回路，线路敷设情况与 WL3 回路相同。

WL7 回路从配电箱右下角向下，接起居室右下角的单相单联三孔插座。

⑧ WL8 回路为另一个空调插座回路，线路敷设情况与 WL3 回路相同。

WL8 回路从配电箱右侧中间向右上，接上面卧室右上角的单相单联三孔插座，然后返回卧室左面墙，沿墙向下到下面卧室左下角的单相单联三孔插座。

2.3.8　家装配电图绘制

配电电路图用于详细表示电路、设备或成套装置的组成以及连接关系和作用原理，为调整、安装和维修提供依据，为编制接线图和接线表等接线文件提供信息，如图 2-15 所示。这种配线原理接线图按用电设备的实际连接次序画图，

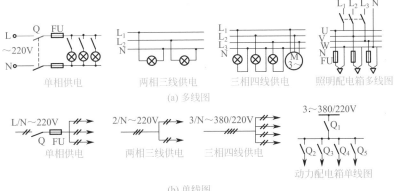

（a）多线图

（b）单线图

图 2-15　动力与照明配电电路图的画法

不反映平面布置，通常有两种画法，一种画法是多线图，例如电路若为4根线就画4根线；另一种画法是单线图，例如单相、三相都用单线表示，一个回路的线若用单线表示，则在线上加短斜线表示线数，加3条短斜线就表示3根线，加2条短斜线就表示2根线，对线数多的也可画1条短线加注几根线的数字来表示。

第3章 家装线路安装与改电操作

3.1 常用材料

3.1.1 导线

3.1.1.1 导线的类型

导电材料大部分是金属，其特点是导电性好，有一定的机械强度，不易氧化和腐蚀，容易加工焊接。各种导线如图 3-1 所示。

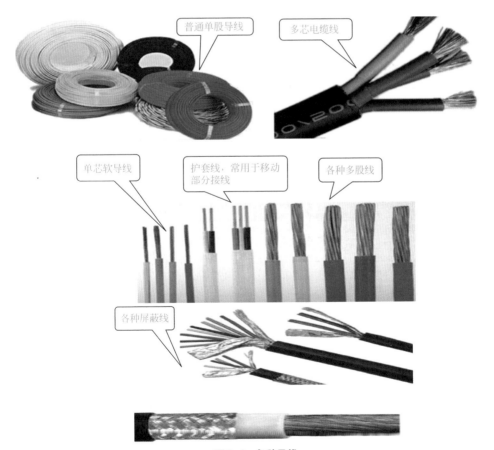

图 3-1 各种导线

绝缘导线一般由导线芯和绝缘层两部分构成。

导线的型号如图 3-2 所示。绝缘导线类型如表 3-1 所示。

表 3-1　绝缘导线类型

类型	导体材料	绝缘材料	标称截面积
B：布线用导线 R：软导线 A：安装用导线	L：铝芯 （无）：铜芯	X：橡胶 V：聚氯乙烯塑料	单位：mm^2

例如，"RV-1.0"表示标称截面积为 1.0mm^2 的铜芯聚氯乙烯塑料软导线。

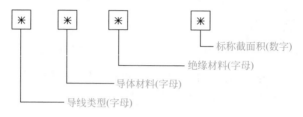

图 3-2　绝缘导线的型号表示法

（1）塑料绝缘硬线

塑料绝缘硬线的线芯数较少，通常不超过 5 芯，在其规格型号标注时，首字母通常为"B"。

常见塑料绝缘硬线的规格型号、性能参数及应用如表 3-2。

表 3-2　常见塑料绝缘硬线的规格型号、性能参数及应用

型号	名称	截面积/mm^2	应用
BV	铜芯塑料绝缘导线	0.8～95	常用于家装电工中的明敷和暗敷，最低敷设温度不低于-15℃
BLV	铝芯塑料绝缘导线	0.8～95	
BVV	铜芯塑料绝缘护套圆形导线	1～10	固定敷设于潮湿的室内和机械防护要求高的场合，可用于明敷和暗敷
BLVV	铝芯塑料绝缘护套圆形导线	1～10	
BV-105	铜芯耐热150℃塑料绝缘导线	0.8～95	固定敷设于高温环境的场所，可明敷和暗敷，最低敷设温度不低于-15℃
BVVB	铜芯塑料绝缘护套平行线	1～10	适用于照明线路敷设
BLVVB	铝芯塑料绝缘护套平行线		

（2）绝缘软导线

塑料绝缘软线的型号多是以"R"字母开头的导线，导线本身较柔软，耐弯

曲性较强，多作为电源软接线使用。

常见塑料绝缘软线的规格型号、性能参数及应用如表3-3所示。

表3-3　常见塑料绝缘软线的规格型号、性能参数及应用

型号	名称	截面积/mm²	应用
RV	铜芯塑料绝缘软线	0.2～2.5	可供各种交流、直流移动电器、仪表等设备接线用，也可用于照明设置的连接，安装环境温度不低于-15℃
RVB	铜芯塑料绝缘平行软线		
RVS	铜芯塑料绝缘绞形软线		
RV-105	铜芯耐热105℃塑料绝缘软线		该导线用途与RV等导线相同，不过该导线可应用于45℃以上的高温环境
RVV	铜芯塑料绝缘护套圆形软线		该导线用途与RV等导线相同，还可以用于潮湿和机械防护要求较高，以及经常移动和弯曲的场合
RVVB	铜芯塑料绝缘护套平行软线		该导线用途与RV等导线相同

（3）橡胶绝缘导线

橡胶绝缘导线主要是由天然丁苯橡胶绝缘层和导线线芯构成的。常见的电工用橡胶绝缘导线多为黑色、较粗（成品线径为4.0～39mm）的导线，在家装电工中常用于照明装置的固定敷设、移动电气设备的连接等。

常见橡胶绝缘导线的规格型号、性能参数及其应用如表3-4。

表3-4　常见橡胶绝缘导线的规格型号、性能参数及其应用

型号	名称	截面积/mm²	应用
BX	铜芯橡胶绝缘导线	2.5～10	适用于交流、照明装置的固定敷设
BLX	铝芯橡胶绝缘导线		
BXR	铜芯橡胶绝缘软线		适用于室内安装及要求柔软的场合
BXF	铜芯氯丁橡胶导线		适用于交流电气设备及照明装置用
BLXF	铝芯氯丁橡胶导线		
BXHF	铜芯橡胶绝缘护套导线		适用于敷设在较潮湿的场合，可用于明敷和暗敷
BLXHF	铝芯橡胶绝缘护套导线		

3.1.1.2　导线的选用

导线的选用要从电路条件、环境条件和机械强度等多方面综合考虑。

（1）电路条件

① 允许电流。允许电流也称安全电流或安全载流量，是指导线长期安全运行所能够承受的最大电流。

a. 选择导线时，必须保证其允许载流量大于或等于线路的最大电流值。

b. 允许载流量与导线的材料和截面积有关。导线的截面积越小，其允许载流量越小；导线的截面积越大，其允许载流量越大。截面积相同的铜芯线比铝芯线的允许载流量要大。

c. 允许载流量与使用环境和敷设方式有关。导线具有电阻，在通过持续负荷电流时会使导线发热，从而使导线的温度升高，一般来说，导线的最高允许工作温度为65℃，若超过这个温度，导线的绝缘层将加速老化，甚至变质损坏而引起火灾。因敷设方式的不同，工作时导线的温升会有所不同。

② 导线电阻的压降。导线很长时，要考虑导线电阻对电压的影响。

③ 额定电压与绝缘性。使用时，电路的最大电压应小于额定电压，以保证安全。所谓额定电压是指绝缘导线长期安全运行所能够承受的最高工作电压。在低压电路中，常用绝缘导线的额定电压有250V、500V、1000V等，家装电路一般选用耐压为500V的导线。

（2）环境条件

① 温度。温度会使导线的绝缘层变软或变硬，以至于变形而造成短路。因此，所选导线应能适应环境温度的要求。

② 日光。一般情况下线材不要与日光直接接触。

（3）机械强度

机械强度是指导线承受重力、拉力和扭折的能力。

在选择导线时，应该充分考虑其机械强度，尤其是电力架空线路。只有足够的机械强度，才能满足使用环境对导线强度的要求。为此，要求居室内固定敷设的铜芯导线截面积不应小于 $2.5mm^2$，移动用电器具的软铜芯导线截面积不应小于 $1mm^2$。

此外，导线选材还要考虑安全性，防止火灾和人身事故的发生。易燃材料不能作为导线的敷层。具体的使用条件可查阅有关手册。

（4）导线截面积选择

在不需要考虑导线机械强度的一般情况下，可只按导线的允许载流量来选择导线的截面积。

在电路设计时，常用导线的允许载流量可通过查阅电工手册得知。500V护套线（BW、BLW）在空气中敷设、长期连续负荷的允许载流量如表3-5。

表3-5　500V护套线（BW、BLW）允许载流量　　　　　　　A

截面积/mm²	一芯	二芯	三芯
1.0	19	15	11
1.5	24	19	14

续表

截面积/mm²	一芯	二芯	三芯
2.5	32	26	20
4.0	42	36	26
6.0	55	49	32
10.0	75	65	52

目前在户内常用的有 2.5mm²、4mm²、6mm²、10mm² 四种截面积的铜线。进户线采用的铜芯导线，普通住宅的截面积不应少于 10mm²，中档住宅的截面积为 16mm²，高档住宅的截面积为 25mm²。分支回路采用铜芯导线，截面积不应小于 2.5mm²。铜芯线的使用寿命一般为 15 年。

大功率电器如果使用截面积偏小的导线，往往会造成导线过热、发烫，甚至烧熔绝缘层，引发电气火灾或漏电事故，因此，在电气安装中，选择合格、适宜的导线截面积非常重要，家装中常用线材选用见表 3-6。

表 3-6　家装中常用线材选用表

截面积/mm²	名称	用途
1.4～2	单芯线	用于灯具照明
1.4～2	二芯护套线	用于工地上明线
1.4～2	三芯护套线	
1.4～2	双色单芯线	用于开关接地线
10	七芯线	用于总进线
10	双色七芯线	用于总进线地线
2～4	单芯线	用于插座
1～4	二芯护套线	用于工地上明线
1～4	三芯护套线	用于柜式空调
1～4	双色单芯线	用于照明接地线
4～6	单芯线	用于3匹以上空调
3～6	双色单芯线	用于3匹空调接地线
5～10	单芯线	用于总进线
5～10	双色单芯线	用于总进线地线

3.1.2　绝缘材料

由电阻系数大于 $10^9 \Omega \cdot cm$ 的物质所构成的材料在电工技术上叫作绝缘材料，在修理电机和电器时必须合理地选用。

（1）固体绝缘材料的主要性能指标

① 击穿强度。

② 绝缘电阻。

③ 耐热性。固体绝缘材料的耐热性见表3-7。

表3-7　固体绝缘材料的耐热性

等级代号	耐热等级	允许最高温度/℃	等级代号	耐热等级	允许最高温度/℃
0	Y	90	4	F	155
1	A	105	5	H	180
2	E	120	6	C	＞180
3	B	130			

④ 黏度、固体含量、酸值、干燥时间及胶化时间。

⑤ 机械强度。

⑥ 绝缘材料的分类和名称。固体绝缘材料的分类及名称见表3-8。

表3-8　固体绝缘材料的分类及名称

分类代号	分类名称	分类代号	分类名称
1	绝缘漆、树脂和胶类	4	压塑料类
2	浸渍材料制品	5	云母制品类
3	层压制品类	6	薄膜、粘带和复合制品类

（2）绝缘漆

① 浸渍漆。浸渍漆主要用来浸渍电机、电器的线圈和绝缘漆零件，以填充其间膜和微孔，提高它们的电气及力学性能。

② 覆盖漆。覆盖漆有清漆和瓷漆两种，用于涂覆经浸渍处理后的线圈和绝缘零部件，使其表面形成连续而均匀的漆膜，作为绝缘保护层。

③ 硅钢片漆。硅钢片漆用于覆盖硅钢片表面，以降低铁芯的涡流损耗，增强防锈及耐腐蚀的能力。

（3）电工绝缘胶带

电工绝缘胶带即电气绝缘胶粘带，是以软质聚氯乙烯（PVC）薄膜为基材，涂橡胶型压敏胶制造而成的，具有良好的绝缘、耐燃、耐电压、耐寒等特性，适用于电线接驳、电气绝缘防护等绝缘保护，如电线缠绕，变压器、马达、电容器、稳压器等的绝缘保护。

电工绝缘胶带主要分为三种，如图3-2所示。第一种是绝缘黑胶带，只有绝缘功能，不阻燃也不防水，现在已经逐渐淘汰了，只是在一些民用建筑电气上还有人在用。

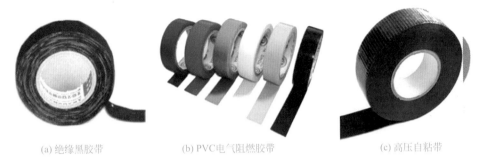

(a) 绝缘黑胶带　　　　　　(b) PVC电气阻燃胶带　　　　　　(c) 高压自粘带

图 3-3　常用电工绝缘胶带

第二种是 PVC 电气阻燃胶带，具有绝缘、阻燃和防水三种功能，但由于它是 PVC 材质，所以延展性较差，不能把接头包裹得很严密，防水性不是很理想，不过现在已经被广泛应用。

第三种是高压自粘带，一般用在等级较高的电压上，由于它的延展性好，在防水上要比第二种更出色，所以人们也把它应用在低压领域，但由于它的强度不如 PVC 电气阻燃胶带，通常这两种胶带配合使用。

3.1.3　保护材料

电工常用保护材料为熔丝，常用的是铝锡合金线。合理地选择熔丝，有利于设备安全可靠运行，现简单介绍如下。

（1）照明及电热设备线路

① 装在线路上的总熔丝额定电流，等于电能表额定电流的 0.9 ～ 1 倍。

② 装在支线上的熔丝额定电流，等于支线上所有电气设备额定电流总和的 1 ～ 1.1 倍。

（2）交流电动机线路

① 单台交流电动机线路上的熔丝额定电流，等于该电动机额定电流的 1.4 ～ 2.5 倍。

② 多台交流电动机线路的总熔丝额定电流，等于线路上功率最大一台电动机额定电流的 1.4 ～ 2.5 倍，再加上其他电动机额定电流的总和。

3.1.4　布线材料

家装中的布线材料一般包括电磁线、PVC（聚氯乙烯硬质塑料管）线管、线面配件、开关等材料，每一种材料都有很多品种，每一种品种又有很多规格。其中 PVC 管在连接时应注意规格型号，如表 3-9 所示。

表 3-9　PVC 管及配件规格说明

PVC 管	规格/mm	厚/mm	PVC 管	规格/mm	厚/mm
	16	0.8		16	1
	20	1		20	1.2
	25	1.3		25	1.5
	32	1.5		32	1.8
	40	1.5		40	1.8
	50	1.8		50	2.1
PVC 管	**规格/mm**	**厚/mm**	**PVC 管**	**规格/mm**	**厚/mm**
	16	1.2		16	1.5
	20	1.5		20	1.8
	25	1.8		25	2.1
	32	2.1		32	
	40	2.1		40	
弯头	**规格**	**单位**	**罗接**	**规格**	**单位**
	16	mm		16	mm
	20	mm		20	mm
	25	mm		25	mm
	32	mm		32	mm
	40	mm		40	mm
	50	mm		50	mm
三通（丁字通）	**规格**	**单位**	**管卡**	**规格**	**单位**
	16	mm		16	mm
	20	mm		20	mm
	25	mm		25	mm
	32	mm		32	mm
	40	mm		40	mm
	50	mm		50	mm
三通盒	**规格**	**单位**	**直接**	**规格**	**单位**
	16	mm		16	mm
	20	mm		20	mm
	25	mm		25	mm
	32	mm		32	mm
				40	mm
				50	mm

续表

一通盒	规格	单位	明装盒	规格	单位
	16	mm			
	20	mm		33	mm
	25	mm			
	32	mm			
过路盒	规格	单位	弯管器	规格	单位
	100 × 100	mm		16	mm
	150 × 150	mm		20	mm
	200 × 200	mm		25	mm
	250 × 250	mm			

3.1.5 辅助材料

（1）钉子的种类

钉子的种类见表3-10。

表3-10 钉子的种类

类型	说明
钢钉	钢钉一般用于水泥墙地面与面层材料的连接以及基层结构固定，具有不用钻孔打眼、不易生锈等特点，在安装水电工程中应用较少，但钢钉夹线器应用较广泛
圆钉	圆钉主要用于基层结构的固定，具有易生锈、强度小、价格低、型号全等特点，在安装水电工程中应用较少
直钉	直钉主要用于表层板材的固定，在安装水电工程中应用较少
纹钉	纹钉主要用于基层饰面板的固定，在安装水电工程中应用较少
膨胀螺钉/螺栓	在安装水电工程中应用较多，主要起固定导线槽等作用

（2）小螺钉头型以及代号

小螺钉头型以及代号见表3-11。

表3-11 小螺钉头型以及代号

代号	小螺钉头型	代号	小螺钉头型
B	球面圆柱头	P	平圆头
C	圆柱头	PW	平圆头带垫圈
F（K）	沉头	R	半圆头
H	六角头	T	大扁头
HW	六角头带垫圈	V	蘑菇头
O	半沉头		

（3）小螺钉牙型以及代号

小螺钉牙型以及代号见表 3-12。

表 3-12　小螺钉牙型以及代号

代号	小螺钉牙型	代号	小螺钉牙型
A	自攻尖尾，疏	HL	高低牙
AB	自攻尖尾，密	M	机械牙
AT	自攻螺纹尖尾切脚	P	双丝牙
B	自攻平尾，疏	PTT	P型三角牙
BTT	B型三角牙	STT	S型三角牙
C	自攻平尾，密	T	自攻平尾切脚
CCT	C型三角	U	菠萝牙纹

（4）小螺钉表面处理以及代号

小螺钉表面处理以及代号见表 3-13。

表 3-13　小螺钉表面处理以及代号

代号	小螺钉表面处理	代号	小螺钉表面处理
Zn	白锌	C	彩锌
B	蓝锌	F	黑锌
O	氧化黑	Ni	镍
Cu	青铜	Br	红铜
P	磷		

（5）小螺钉槽型以及代号

小螺钉槽型以及代号见表 3-14。

表 3-14　小螺钉槽型以及代号

代号	小螺钉槽型	代号	小螺钉槽型
+	十字槽	—	一字槽
T	菊花槽	H	内六角
PZ	米字槽	十一	十一槽
Y	Y形槽	H	H形槽

（6）自攻螺钉规格

自攻螺钉规格见表 3-15。

表3-15　自攻螺钉规格

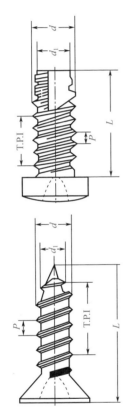

公称尺寸	T1.2	T1.4	T1.6	T1.7	T2.0	T2.3	T2.5	T2.6		T3.0		T3.5		T4.0		T4.5		T5.0	
螺纹尾形	AB B	AB B	AB B	AB B	AB B.BT	AB B.BT	AB B.BT	A	AB B BT	A	AB B BT	A	AB B BT	A	AB B BT	A	AB B BT	A	AB B BT
每寸牙数 T.P.I	64	56	48	48	40	32	28	28	28	24	24	20	20	16	18	14	16	12	16
外径 最大/mm	1.2	1.4	1.6	1.7	2	2.3	2.5	2.7	2.7	3.1	3	3.65	3.5	4.15	4	4.65	4.5	5.2	5
外径 最小/mm	1.15	1.35	1.52	1.62	1.9	2.2	2.4	2.6	2.6	3	2.9	3.5	3.4	4	3.85	4.5	4.35	5	4.85
内径 最大/mm	1	1.1	1.3	1.4	1.5	1.7	1.9	1.9	1.9	2.2	2.3	2.6	2.7	3	3	3.3	3.4	3.7	3.8
内径 最小/mm	0.95	1.05	1.2	1.3	1.4	1.6	1.8	1.8	1.8	2.1	2.2	2.5	2.6	2.9	2.9	3.2	3.3	3.5	3.6
长度 最小/mm	2.5	2.5	2.5	2.5	3	4	4	4	4	4	4	6	6	8	8	8	8	10	10
长度 最大/mm	6	6	8	8	15	18	20	25	25	40	40	50	50	50	50	50	50	50	50

（7）自攻螺钉推荐钻孔尺寸

自攻螺钉推荐钻孔尺寸见表3-16。

表 3-16　自攻螺钉推荐钻孔尺寸

C、F型自攻螺钉在热塑性塑料中		
螺钉规格	钻孔直径/mm	螺钉最小插入深度/mm
ST2.2	1.8	6.5
ST2.9	2.35	6.5
ST3.4	2.9	6.5
ST3.9	3.4	8
ST4.6	3.9	8
ST5.5	4.6	9.5
ST6.3	5.3	9.5

C、F型自攻螺钉在中碳钢、黄铜、铝合金、不锈钢板中					
螺钉规格	材料厚度/mm	钻孔直径/mm	螺钉规格	材料厚度/mm	钻孔直径/mm
ST2.2	0.45	1.6	ST4.8	0.71	3.4
	0.91	1.85		1.22	3.6
	1.62	1.95		1.62	3.8
ST2.9	0.45	2.05		2.64	4.1
	0.91	2.3		3.18	4.3
	1.62	2.4		4.75	4.5
	2.03	2.6	ST5.5	0.71	4.1
ST3.5	0.45	2.35		1.22	4.3
	0.91	2.8		1.62	4.5
	1.62	2.95		2.64	4.8
	2.03	3.1		3.18	4.9
	2.64	3.2		4.75	5.1
ST4.2	0.71	2.9	ST6.3	1.22	4.8
	0.91	3.1		1.62	5.2
	1.22	3.2		2.03	5.4
	1.62	3.4		3.18	5.7
	2.64	3.7		4.75	5.9
	3.18	3.8		6.35	6

续表

F型自攻螺钉在有色金属、铝、锌、黄铜、青铜中				
螺钉规格	最小/mm		最大/mm	
	孔径	孔深	孔径	孔深
ST2.2	1.8	3.1	2	6.5
ST2.9	2.45	4	2.65	8
ST3.5	3.3	4.5	3.3	9.5
ST4.2	3.9	5.5	3.9	11
ST4.8	4.5	6.5	4.5	13
ST5.5	5.1	7	5.1	14
ST6.3	6	8	6	16
ST8.0	7.5	11	7.5	22
ST9.5	9.1	14	9.1	25

（8）膨胀螺栓（钉）的种类

膨胀螺栓（钉）的种类见表 3-17。

表 3-17　膨胀螺栓（钉）的种类

类型	螺钉或者螺栓	胀管
塑料膨胀螺栓（钉）一式	圆头木螺钉、垫圈	塑料胀管1
塑料膨胀螺栓（钉）二式	圆头螺钉、垫圈	塑料胀管2
沉头膨胀螺栓（钉）	螺母、弹簧垫圈、垫圈、沉头螺栓	金属胀管
裙尾膨胀螺栓（钉）	螺栓、垫圈、金属螺母	铅制胀管
箭尾膨胀螺栓（钉）	圆头螺钉、垫圈	金属胀管
橡胶膨胀螺栓（钉）	圆头螺钉、垫圈	橡胶胀管
金属膨胀螺栓（钉）	圆头木螺钉、垫圈	金属胀管

（9）钢钉线卡

钢钉线卡主要起固定线路的作用，因其螺钉采用优质钢钉而得名。钉钢线卡具有圆形、扁形，不同形状具有不同的规格，即大小尺寸不同。

（10）胀塞

使用时将胀塞塞入墙壁中，利用胀形结构稳固在墙壁中，然后可供螺钉固定等。它的种类有塑料八角形胀塞、塑料多角形胀塞、尼龙加长胀塞等，每个种类具有不同的规格，其外形如图 3-4（a）所示。各种胀塞栓规格及选用见表 3-18。

表3-18 胀塞栓规格及选用

类型	实物	规格及应用
鱼形		常用规格尺寸主要为宽度×长度，如4mm×20mm、5mm×25mm、6mm×30mm、7mm×35mm、8mm×40mm、10mm×50mm、12mm×60mm、14mm×70mm、14mm×75mm、16mm×80mm等
膨胀管		
直通式膨胀管		常用的颜色主要为白色、红色、绿色、蓝色、橙色
宝塔型		
开口型		公制螺纹以mm（毫米）为单位，它的牙尖角为60°。美制螺纹和英制螺纹都是以in（英寸）为单位的。美制螺纹的牙尖角也是60°，而英制螺纹的牙尖角为55°。由于计量单位的不同，导致了各种螺纹的表示方法也不尽相同。例如像M16-2×60表示的就是公制螺纹。其具体意思是该螺栓的公称直径为16mm，牙距为2mm，长度为60mm。又如1/4-20×3/4表示的就是英制螺纹，其具体意思是该螺栓的公称直径为1/4in（1in=25.4mm），每英寸有20个牙，长度为3/4in。另外要表示美制螺纹的话一般会在表示英制螺纹的后面加上UNC以及UNF，以此来区别是美制粗牙或是美制细牙。再如螺钉M8×55，表示六角螺钉的螺纹外径是8mm。螺钉的长度是55mm。长度55mm不包括螺钉头部的高度（沉头除外）
打结式		
打入式		
拧入式		
快速式		
锥形式		尼龙膨胀管螺钉是相对尼龙膨胀管的尺寸进行配套的，M6的尼龙塑料膨胀管配套M4的自攻螺钉，M8的尼龙膨胀管配套M5的自攻螺钉，M10的膨胀管配套M7的自攻螺钉，这类常规产品的尼龙膨胀管以其内径尺寸数配套相对应的自攻螺钉就可以了。一般，螺钉的长度比膨胀管长5mm就好
蓝花夹		
特殊型		

(a)　　　　　　　　　　　　(b)

图 3-4　胀塞与双钉管卡的外形

（11）双钉管卡

双钉管卡就是需要两颗钉子才能固定管子的卡子。有时采用一颗钉子，这是不规范的操作，其外形如图 3-4（b）所示。

（12）压线帽的种类

压线帽的种类见表 3-19。

表 3-19　压线帽的种类

种类	说明
螺旋式压线帽	用于连接电磁线，其内具有螺纹，使用时先剥去电磁线外皮，然后插入接头内，再旋转即可
弹簧螺旋式压线帽	用于连接电磁线，其内具有弹簧，使用时旋转弹簧夹紧电磁线，具有不易脱落的优点
双翼螺旋式压线帽	双翼螺旋式压线帽内部一般也具有弹簧
安全型压线帽	使用时先剥去电磁线外皮，然后插入接头内，再用工具压着即可

（13）端头的种类

端头的种类见表 3-20。

表 3-20　端头的种类

种类	图例	种类	图例
Ⅰ形裸端头		扁平形绝缘端子	

种类	图例	种类	图例
圆形预绝缘端头		平插式全绝缘母端子	
叉形冷压端头		钩形绝缘母端子	
叉形绝缘端子		子弹形绝缘公端子	
针形绝缘端子		欧式端子	
针形冷压端头		公预绝缘端头	
片式插接件		母预绝缘端头	

（14）束带与扎带的种类

束带与扎带的种类见表3-21。

表 3-21　束带与扎带的种类

种类	图例
束带	尼龙、耐燃材料，有各种颜色
圆头束带	尼龙、耐燃材料，有各种颜色
双扣式尼龙扎带	束紧后将尾端插入扣带孔，可增加拉力、防滑脱等
尼龙固定扣环	
双孔束带	可以固定捆绑两束电线，具有集中固定等特点
粘扣式束带	一般适用于网络线、信号线、电源线的扎绑
插鞘式束带	
特氟龙束带	

续表

种类	图例
可退式束带	
重拉力束带	 宽度较大，承受力较强，适合大电缆线捆绑使用
固定头式扎带	 使用束线捆绑电线后，可以用螺钉固定在基板上
可退式不锈钢束带	
反穿式束带	 束紧时光滑面向内，齿列状向外，不会伤及被扎物表面

各种扎带参数见表 3-22。

表 3-22　扎带参数

型号	长度		宽度		捆扎范围		拉力范围		包装
mm	mm	in	mm	in	mm	in	lbs	kg	数量
3×60	60	2.4	1.9	0.08	2.0～11	0.08～0.43	18	8	1000
3×60	60	2.4	1.9	0.08	2.0～12	0.08～0.43	18	8	900
3×80	80	3.2	1.8	0.08	2.0～16	0.08～.063	18	8.1	1000
3×80	80	3.2	1.8	0.08	2.0～16	0.08～0.63	18	8.1	900
2.5×100	100	4	2.5	0.1	22	0.6	18	8	1000
2.5×100	100	4	2.5	0.1	22	0.6	18	8	900
3×100	100	4	2	0.08	2.0～22	0.08～0.87	18	8	1000
3×100	100	4	2	0.08	2.0～22	0.08～0.87	18	8	900
3×100	100	4	2	0.08	2.0～22	0.08～0.87	18	8	850
3×100	100	4	2	0.08	2.0～22	0.08～0.87	18	8	800
3×120	116	4.8	2	0.08	2.0～22	0.08～0.87	18	8	1000
3×120	116	4.8	2	0.08	2.0～22	0.08～0.87	18	8	900

续表

型号	长度		宽度		捆扎范围		拉力范围		包装
mm	mm	in	mm	in	mm	in	lbs	kg	数量
3×150	150	6	2	0.09	2～35	0.08～1.38	18	8	1000
3×150	150	6	2	0.09	2～35	0.08～1.38	18	8	800
3×200	196	8	2.2	0.1	2～40	0.08～1.57	18	8	1000
3×200	196	8	2.2	0.1	2～40	0.08～1.57	18	8	480
4×150	150	6	2.7	0.14	3～35	0.12～1.38	40	18	500
4×200	200	8	2.8	0.2	3～42	0.12～1.65	40	18	500
4×250	250	10	2.9	0.14	3～65	0.12～2.56	40	18	500
4×300	300	12	3.1	0.14	3～70	0.12～2.76	40	18	500
5×200	200	8	3.6	0.14	3～50	0.12～1.97	50	22	500
5×250	250	10	3.6	0.17	3～65	0.12～2.56	50	22	500
5×300	297	12	3.7	0.19	8～76	0.31～2.99	50	22	500
5×350	346	13	3.9	0.18	3～90	0.12～3.54	50	22	500
5×400	397	16	4.1	0.18	3～105	0.12～4.13	50	22	500
5×500	496	20	4.4	0.19	3～140	0.12～5.51	50	22	500

注：冬季在使用扎带时需对其进行预热，否则易断。

3.2　家装电线管的选用

目前，常用的塑料管材有PVC（聚氯乙烯硬质塑料管）、FPG（聚氯乙烯半硬质塑料管）和KPC（聚氯乙烯塑料波纹管）。

阻燃PVC电线管的主要成分为聚氯乙烯，另外加入其他成分来增强其耐热性、韧性、延展性等，具有抗压力强、防潮、耐酸碱、防鼠咬、阻燃、绝缘等优点。它适用于公用建筑、住宅等建筑物的电气配管，可浇筑于混凝土内，也可明装于室内及吊顶等场所。

为保证电气线路符合防火规范要求，在施工中所采用的塑料管均为阻燃型材质，凡敷设在现浇混凝土墙内的塑料电线管，其抗压强度应大于750N/mm^2。

常用阻燃PVC电线管管径有ϕ16mm、ϕ20mm、ϕ25mm、ϕ32mm、ϕ40mm、ϕ50mm、ϕ63mm、ϕ75mm和ϕ110mm等规格。ϕ16mm、ϕ20mm一般用于室内照明线路，ϕ25mm常用于插座或室内主线管，ϕ32mm常用于进户线的线管（有时也用于弱电线管），ϕ40mm、ϕ50mm、ϕ63mm、ϕ75mm常用于室外配电箱至室内的线管，ϕ110mm可用于每栋楼或者每单元的主线管（主线管常用的都是铁管或者镀锌管）。

家装电路常用电线管的种类及选用见表 3-23。

表 3-23　家装电路常用电线管的种类及选用

种类	选用	图示
圆管	主要用于暗装布线，家庭施工中用得最多，规格按照管径来区分	
槽管	一般用于临时性明装布线或不便于暗装布线的场所，家装用得较少，规格按槽宽来分	
波形管	也叫波纹软管，常用于天花板吊顶布线	
黄蜡管	较细的绝缘软管，常用于电器设备接线处，也可在管上做线路序号及标记	

PVC 管质量检查注意以下几点：

① 检查 PVC 管外壁是否有生产厂标记和阻燃标记，无这两种标记的 PVC 管不能采用。

② 用火使 PVC 管燃烧，PVC 管撤离火源后在 30s 内自熄的为阻燃测试合格。

③ 弯曲时，管内应穿入专用弹簧。试验时，把管子弯成 90°，弯曲半径为 3 倍管径，弯曲后外观应光滑。

④ 用榔头敲击至 PVC 管变形，无裂缝的为冲击测试合格。

现代家庭装修的室内线路包括强电线路和弱电线路，一般都采用 PVC 电线管暗敷设。室内配线应按图施工，并严格执行《建筑电气施工质量验收规范》（GB 50302—2015）及有关规定。主要工艺要求有：配线管路的布置及其导线型号、规格应符合设计规定；室内导线不应有裸露部分；管内配线导线的总截面积（包括外绝缘层）不应超过管子内径总截面积的 40%；室内电气线路与其他管道间的最小距离应符合相关规定；导线接头及其绝缘层恢复应达到相关的技术要求；导线绝缘层颜色选择应一致且符合相关规定。

3.3　导线质量鉴别

（1）外观检查

质量好的铜芯线的铜芯外表光亮且稍软，质地均匀且有很好的韧性。

劣质铜芯线是用再生铜制造的，由于制造工艺不过关，所以杂质多，铜芯表面有些发黑。用铜丝在白纸上擦一下，如果有黑色痕迹，说明杂质比较多，不是好铜。

（2）绝缘检查

质量好的铜芯线，其绝缘层柔软、色泽鲜亮、表面圆整。

劣质铜芯线外面的绝缘材料是回收的再生塑料，颜色暗淡，厚薄不匀，容易老化或被电压击穿引起短路。

（3）铜芯截面积与长度检查

正规厂家的铜芯线，铜芯截面积和长度与包装合格证上的标注完全吻合。

3.4　弱电线材选用

家装弱电线路主要有音频/视频线、电话线、电视信号线和网线等。家装中主要以电视信号线为主。

音频/视频线的选用，电话线、网线的安装可扫二维码学习。

弱电线材选用

3.5　导线连接

导线连接过程大致可分为三个步骤，即导线绝缘层的剖削、导线线头的连接和导线连接处绝缘层的恢复。

导线与导线的连接处一般被称为接头。导线接头的技术要求是：导线接触紧密，不得增加电阻；接头处的绝缘强度不应低于导线原有的绝缘强度，接头处的机械强度不应小于导线原有的机械强度的80%。

导线剖削与
连接

3.5.1　导线的剖削

连接导线前，应先对导线的绝缘层进行剖削。电工作业人员必须学会用电工刀或钢丝钳来剖削导线的绝缘层。对于芯线截面积在 $4mm^2$ 及以下的导线，常采用剥线钳或钢丝钳来完成剖削；而对于芯线截面积在 $4mm^2$ 以上的导线，多采用电工刀来完成剖削。剖削导线的方法见表3-24。

表 3-24　常用剖削导线的方法及示意图

导线分类	操作示意图	操作要点说明
塑料绝缘小截面硬铜芯线或铝芯线 塑料绝缘软铜芯线	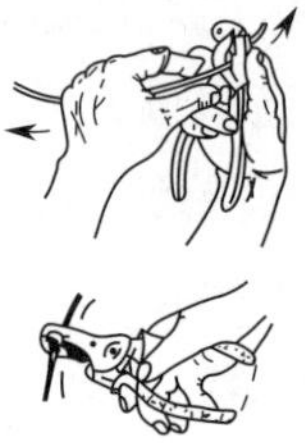	（1）用钢丝钳剖削的方法 ①在需要剖削的线头根部，用钢丝钳的钳口适当用力（以不损伤芯线为度）钳住绝缘层 ②左手拉紧导线，右手握紧钢丝钳头部，用力将绝缘层强行拉脱 （2）用剥线钳剖削的方法 ①把导线放入相应的刃口中（刃口比导线直径稍大） ②用手将钳柄一握，导线的绝缘层即被割断自动弹出
塑料绝缘大截面硬铜芯线或铝芯线	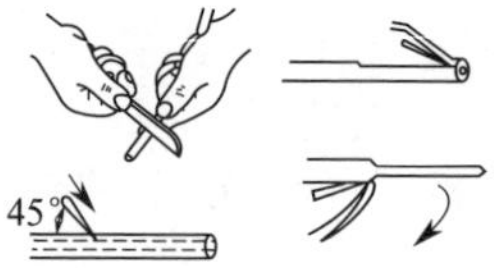	①电工刀与导线成45°，用刀口切破绝缘层 ②将电工刀倒成15°～25°倾斜角向前推进，削去上面一侧的绝缘层 ③将未削去的部分扳翻，齐根削去
塑料护套线 橡套电缆	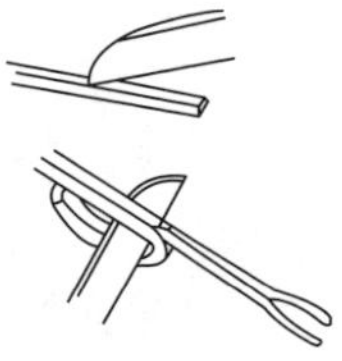	①按照所需剖削长度，用电工刀刀尖对准两股芯线中间，划开护套层 ②扳翻护套层，齐根切去 ③按照塑料绝缘小截面硬铜芯线绝缘层的剖削方法用钢丝钳或剥线钳去除每根芯线绝缘层
橡胶线		①用剖削塑料护套线的方法去除外层公共橡胶绝缘层 ②用钢丝钳或剥线钳剖削每股芯线的绝缘层
花线	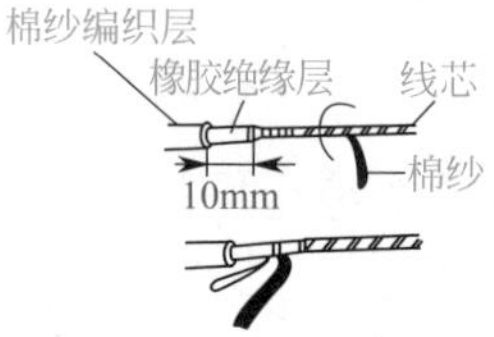	①在剖削处用电工刀将棉纱编织层周围切断并拉去 ②参照上面方法用钢丝钳或剥线钳剖削芯线外的橡胶层
铅包线	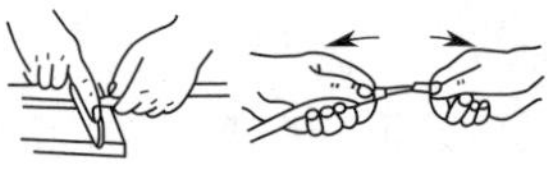	①在剖削处用电工刀将铅包层横着切断一圈后拉去 ②用剖削塑料护套线绝缘层的方法去除公共绝缘层和每股芯线的绝缘层

剖削导线注意要领如下：

① 在导线连接前，必须把导线端部的绝缘层削去。操作时，应根据各种导线的特点选择恰当的工具，剖削绝缘层的操作方法一定要正确。

② 不论采用哪种剖削方法，剖削时千万不可损伤线芯。否则，会降低导线

的机械强度，且会因为导线截面积减小而增加导线的电阻值，在使用过程中容易发热；此外，在损伤线芯处缠绝缘带时容易产生空气间隙，增加线芯氧化的概率。

③ 绝缘层剖削的长度，依接头方式和导线截面积的不同而不同。

3.5.2　导线的连接

连接导线时应根据导线的材料、规格、种类等采用不同的连接方法。连接导线的基本要求：电气接触好，即接触电阻要小；要有足够的机械强度。

（1）铜芯导线连接

常用的导线有单股、多股等多种线芯结构形式，其连接方法也有所不同，具体见表3-25。

表3-25　铜芯导线的连接方法

名称		连接步骤	图示
单股铜芯导线	直接连接	①将两线头的芯线成X形交叉后，互相绞绕2～3圈并扳直两线头 ②将两个线头在各侧芯线上紧绕6～8圈，钳去余下的芯线，并钳平芯线的末端	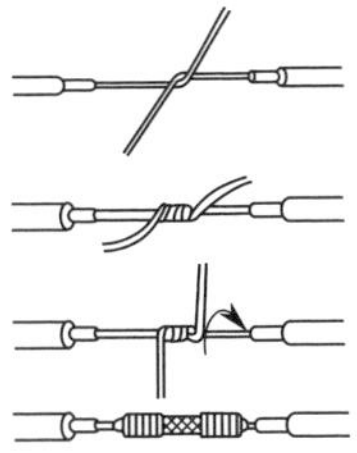
	T字分支连接	①将支路芯线的线头与干线芯线"-+-"形相交后按顺时针方向缠绕支路芯线 ②缠绕6～8圈后，钳去余下的芯线，并钳平芯线末端 ③对于较小截面的芯线，应先环绕结扣，再把支路线头扳直，紧密缠绕8圈，随后剪去多余芯线，钳平切口毛刺	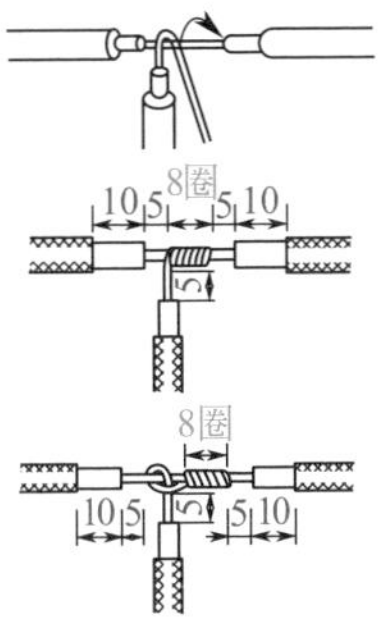
单股铜导线与多股铜导线	T字分支连接	①在距多股导线的左端绝缘层切口3～5mm处的芯线上，用螺丝刀把多股线芯均分两组 ②勒直芯线，把单股芯线插入多股芯线的两组芯线中间，但不可到底，应使绝缘层切口离多股芯线5mm左右 ③用钢丝钳把多股芯线的插缝钳平钳紧 ④把单股芯线按顺时针方向紧绕在多股芯线上，缠绕10圈，钳断余端，并钳平切口毛刺	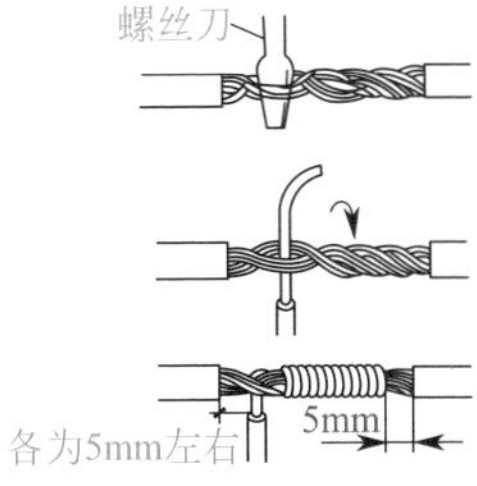

续表

名称		连接步骤	图示
七股铜芯（或铝芯）导线	直接连接	①将两芯线头绝缘层剖削（长度为l）后，散开并拉直，把靠近绝缘层根部1/3线段的芯线绞紧 ②将余下的2/3芯线按右图分散成伞状，并拉直每根芯线 ③把两组伞状芯线线头隔根对插，并捏平两端芯线，选择右侧1根芯线扳起垂直于其他芯线，并按顺时针方向缠绕3圈 ④将余下的芯线向右扳直，再把第2根芯线扳起垂直于其他芯线，仍按顺时针方向紧紧压住前1根扳直的芯线缠绕3圈 ⑤将余下的芯线向右扳直，再把剩余的5根芯线依次按上述步骤操作后，切去多余的芯线，并钳平线端 ⑥用同样的方法缠绕另一侧芯线	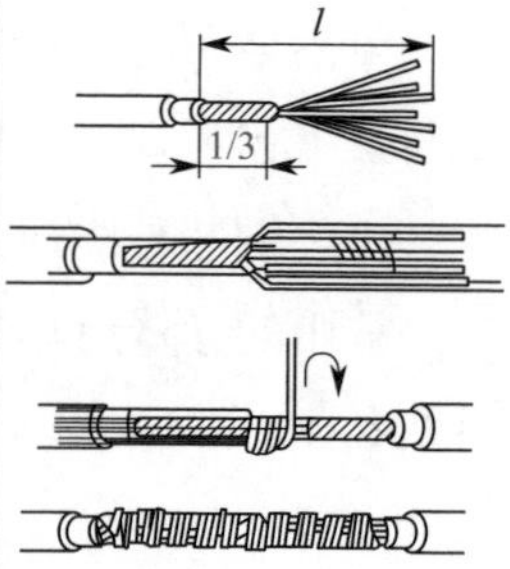
	T字分支连接	①将分支芯线散开钳直，接着把靠近绝缘层1/8线段的芯线绞紧 ②将其余线头7/8的芯线分成4、3两组并排齐，用一字螺丝刀把干线的芯线撬分两组，将支线中4根芯线的一组插入两组芯线干线中间，而把3根芯线的一组支线放在干线芯线的前面 ③把右边3根芯线的一组在干线一边按顺时针方向紧紧缠绕3～4圈，并钳平线端；再把左边4根芯线的一组芯线按逆时针方向缠绕，缠绕4～5圈后钳平线端	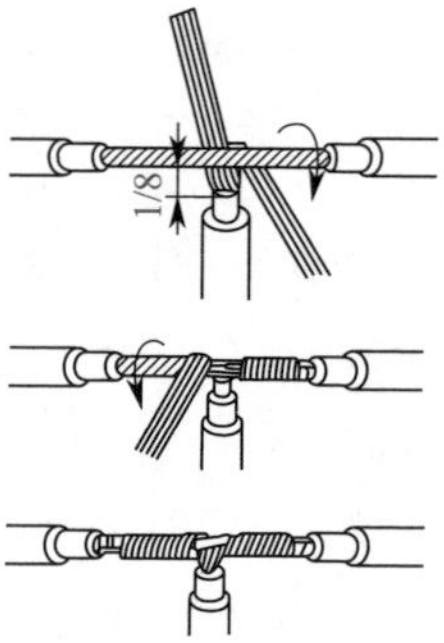

（2）线头与接线桩连接

在电工工作中，许多电器与导线的连接采用接线桩或螺钉压接的连接，见表3-26。

表3-26　线头与接线桩连接示意图

方式	连接步骤	图示
线头与针孔式接线桩	①若单股芯线与接线桩插线孔大小适宜，则将芯线插入针孔，旋紧螺钉即可，若单股芯线较细，则要把芯线折成双根，再插入针孔 ②若是多股细丝的软芯线，应先绞紧线芯，再插入针孔，绝不允许有细丝露在外面，以免发生短路	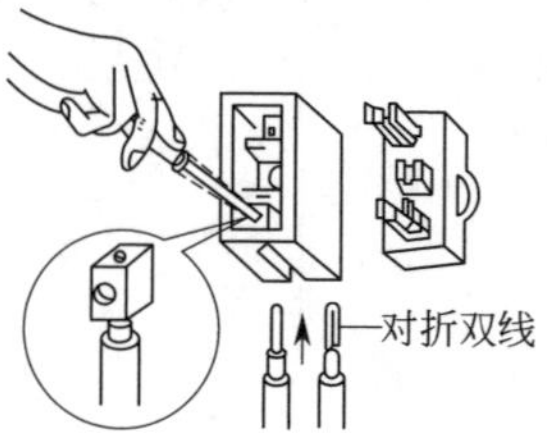

续表

方式	连接步骤	图示
线头与螺钉平压式接线桩	①若是较小截面单股芯线，则应把线头弯成接线圈（俗称羊眼圈），弯成的方向应与螺钉拧紧的方向一致 ②较大截面单股芯线连接时，线头应装配套的接线耳，由接线耳再与接线桩连接在一起 ③采用多股软线压接前，按图中所示步骤将导线线头弯成接线圈	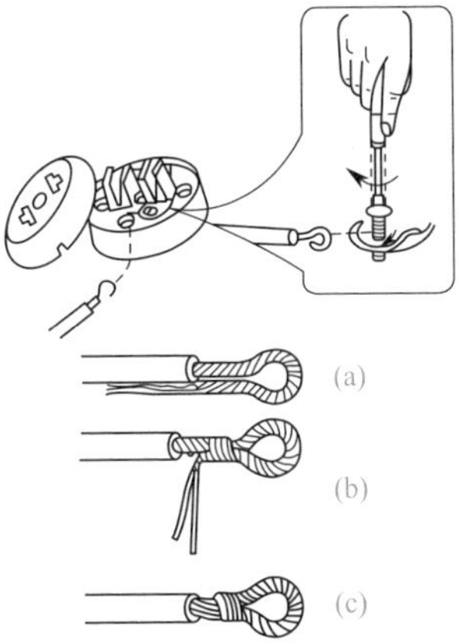 (a) (b) (c)
线头与瓦形接线桩	①若是较小截面单股芯线，则应把线头卡入瓦形接线桩内进行压接 ②对于较大截面芯线，可直接将线芯塞入瓦形接线桩下压接，但压接后要拽拉接头检查接线紧固情况	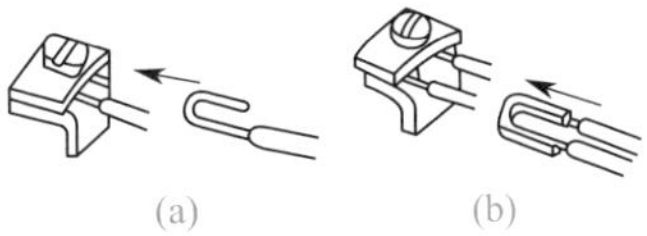 (a) (b)

（3）铝芯与铜芯导线连接

铜芯导线通常可以直接连接，而铝芯导线由于常温下易氧化且氧化铝的电阻率较高，故一般采用压接的方式。注意：铜芯导线与铝芯导线不能直接连接，因为：

① 铜、铝的热膨胀率不同，连接处容易产生松动。

② 铜、铝直接连接会产生电化腐蚀现象。

通常铜、铝导线之间的连接要采用专用的铜铝过渡接头，连接方法见表3-27。

表3-27 铝芯与铜芯导线连接方法

名称		连接步骤	图示
铝芯导线与铜芯导线的压接	压接连接	①将导线连接处表面清理干净，不应存在氧化层或杂质尘土 ②清理表面后，将中性凡士林加热，熔成液体油脂，涂在铝筒内壁上，并保持清洁，然后使用压线钳和压接管连接	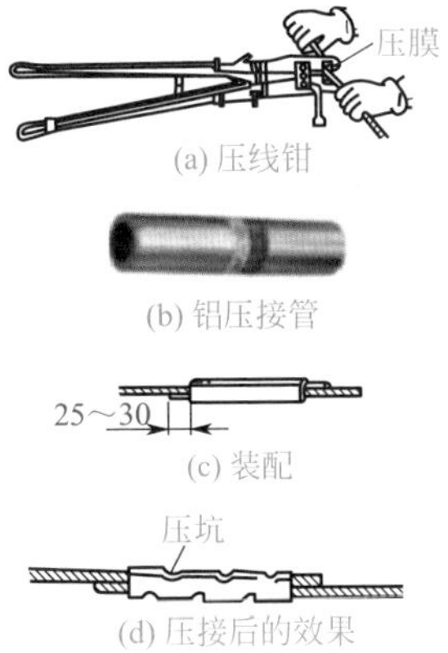 压膜 (a) 压线钳 (b) 铝压接管 25～30 (c) 装配 压坑 (d) 压接后的效果

续表

名称		连接步骤	图示
铝芯导线与铜芯导线的压接	压接或熔焊连接	①若是铝导线与电气设备连接，应采用铜铝过渡接线端子。铜铝接线端子适用于配电装置中各种圆形、半圆扇形铝线电力电缆与电气设备铜端的过渡连接 ②铜铝接线夹适用于户内配电装置中电气设备与各种电线、电缆的过渡连接 ③若是铝导线与铜导线连接，应采用铜铝过渡连接管，把铜导线插入连接管的铜端，把铝导线插入连接管的铝端，使用压线钳压接。连接管适用于配电装置中各种圆形、半圆扇形电线和电缆之间的连接 ④JB-TL系列铜铝过渡并沟线夹适用于电力线路铝导线与铜导线的过渡连接	铜铝接线端子 铜铝接线夹 铜铝过渡连接管 铜铝过渡并沟线夹

（4）铜芯导线端子压接

对于导线端头与各种电器螺钉之间的连接，目前还广泛采用一种快捷而优质的连接方法，即用压线钳（见图3-5）和冷压接线端头来完成。压接工作非常简单，只要遵从正确的工作顺序并配备合适的压接工具即可。

图3-5　压线钳

使用压线钳不需要丰富的经验和现场条件，操作简便，接头工艺美观，因而使用广泛。

冷压接线端头（简称铜接头），亦称配线器材和线鼻子、接线耳等，其材质多为优质红铜、青铜，以确保导电性能。端头表面一般镀锡，防氧化，抗腐蚀，品种较多，以适应不同设备的装配需要。

新型冷压接线端头适用于工业（如机床、电器）、仪器、仪表以及汽车、空调等行业，更为国内电气连接技术达到国际标准搭起了一座桥梁。常用冷压接线端头的外形见表3-20。

（5）截面积较大导线端子压接

对于截面积较大（6mm² 以上）的导线使用压线钳时应配备可互换的压接模

套，采用专用压接钳来完成，有手动、液压、电动等多种方式。如图 3-6 所示为新型液压快速压接钳和压接好的导线。

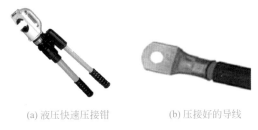

(a) 液压快速压接钳　　　　(b) 压接好的导线

图 3-6　新型液压快速压接钳和压接好的导线

（6）压线帽的使用

在现代电气照明用具的安装及接线工作中，使用专用压线帽来完成导线线头的绝缘恢复工作已成为快捷的工艺，它通常是借助于压线钳来完成的，如图 3-7 所示。

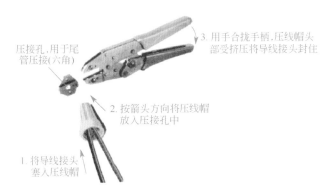

压接孔,用于尾管压接(六角)

3. 用手合拢手柄.压线帽头部受挤压将导线接头封住

2. 按箭头方向将压线帽放入压接孔中

1. 将导线接头塞入压线帽

图 3-7　压线帽的使用方法

（7）导线绝缘处理

在线头连接完工后，必须恢复连接前被破坏的绝缘层，要求恢复后的绝缘强度不得低于剖削以前的绝缘强度，所以必须选择绝缘性能好、机械强度高的绝缘材料。

在电工技术上，用于包缠线头的绝缘材料有黄蜡带、涤纶薄膜带、黑胶带等。家居线路绝缘处理一般选用宽度为 20mm 的电工专用绝缘带比较合适。

3.5.3　直连线绝缘恢复处理

对于照明线路，电气设备导线的接头及破损的导线绝缘多是使用黑胶布直接包缠来完成导线绝缘恢复的，除此之外还有绝缘胶带、黄蜡带、涤纶薄膜带等材料。

导线切削和
绝缘恢复

① 包缠时，从导线左边完整的绝缘层上开始包缠，包缠 2 倍带宽后方可进入无绝缘层的芯线部分，如图 3-8（a）所示。

② 包缠时，黄蜡带与导线保持约 55° 的倾斜角，每圈压叠带宽的 1/2，如图 3-8（b）所示。

③ 包缠一层黄蜡带后，将黑胶带接在黄蜡带的尾端，按另一斜叠方向包缠一层黑胶带，也应每圈叠压前面带宽的 1/2，如图 3-8（c）、图 3-8（d）所示。

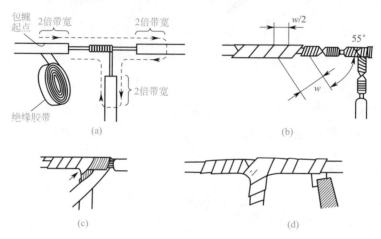

图 3-8　导线绝缘层的包缠

对于压接后的导线端头通常采用 PVC 电气绝缘胶带或黑胶带包缠绝缘，具体方法如图 3-9 所示。

(a) PVC电气绝缘胶带　　(b) 使用黑胶带包缠　　(c) 包缠后的导线端头

图 3-9　胶带包缠

电线绝缘恢复时注意事项如下：

① 在 380V 线路上恢复导线绝缘时，首先包缠 1 ～ 2 层黄蜡带，然后包缠 1 层黑胶带。

② 在 220V 线路上恢复导线绝缘时，先包缠 1 层黄蜡带，再包缠 1 层黑胶带，或只包缠 2 层黑胶带。

③ 绝缘带存放时要避免高温，也不可接触油类物质。

3.5.4　热缩管绝缘处理

用 $\phi 2.2 \sim 8$mm 热缩管来替代电工绝缘胶带，外观干净、整洁，非常适合家庭装修应用，如图 3-10 所示。例如，在导线焊接后可用热缩管做多层绝缘，其方法是：在接线前先将大于裸线段 4cm 的热缩管穿在各端，接线后先移套在裸线段，用家用热吹风机（或打火机）热缩，冷却后再将另一段穿覆上去热缩。若是接线头，头部热缩后可用尖嘴钳钳压封口。

各种热缩管

封接多芯线

封接不同形式的线材

图 3-10　热缩管

3.5.5　家庭线路保护要求

① 线路应采用适当的短路保护、过载保护及接地（零）措施。

② 应严格按照设计图中所标示用户设备的位置，确定管线走向、标高及开关、插座的位置。强弱电应分管分槽铺设，强弱电间距应大于或等于 150mm。

③ 导线穿墙的应穿管保护，两端伸出墙面不小于 10mm。导线间和线路对地的绝缘电阻不应小于 0.5MΩ。

④ 导线应尽量减少接头。导线在连接和分支处不应受机械的作用，大截面积导线连接应使用与导线同种金属的接线端子。

⑤ 导线耐压等级应高于线路工作电压，截面积的安全电流应大于负荷电流和满足机械强度要求，绝缘层应符合线路安装方式和环境条件。

⑥ 家庭用电应按照明回路、电源插座回路、空调回路分开布线。这样，当其中一个回路出现故障时，其他回路仍可正常供电，不会给正常生活带来过多影响。插座上须安装漏电开关，防止因家用电器漏电造成人身电击事故。

3.6 室内配电装置安装

家庭室内配电装置包括配电箱及其控制保护电器、各种照明开关和用电器插座。这些配电装置一般采用暗装方式安装，安装时对工艺要求比较高，既要美观，更要符合安全用电规定。

3.6.1 室内断路器的安装

断路器又称为低压空气开关，简称空开。它是一种既有开关作用，又能进行自动保护的低压电器。它操作方便，既可以手动合闸、拉闸，也可以在流过电路的电流超过额定电流之后自动跳闸。这不仅仅是指短路电流，当用电器过多、电流过大时一样会跳闸。

3.6.1.1 小型断路器的选用与安装

家庭用断路器可分为双极（2P）和单级（1P）两种类型。一般用双极（2P）断路器作为电源保护，用单极（1P）断路器作为分支回路保护，如图 3-11 所示。

单极（1P）断路器用于切断 220V 相线，双极（2P）断路器用于 220V 相线与零线同时切断。

图 3-11　小型断路器

目前家庭使用 DZ 系列的断路器，常见的型号 / 规格有 C16、C25、C32、C40、C60、C80、C10、C120 等，其中 C 表示脱扣电流，即额定启跳电流，如 C32 表示启跳电流为 32A。

断路器的额定启跳电流如果选择偏小，则易频繁跳闸，引起不必要的停电；如果选择过大，则达不到预期的保护效果。因此正确选择家装断路器额定电流大小很重要。那么，一般家庭如何选择或验算总负荷电流呢？

① 电风扇、电熨斗、电热毯、电热水器、电暖器、电饭锅、电炒锅等电器设备属于电阻性负载，可用额定功率直接除以电压进行计算，即

$$I = \frac{P}{U} = \frac{总功率}{220V}$$

② 吸尘器、空调、荧光灯、洗衣机等电器设备属于感性负载，具体计算时还要考虑功率因数问题。为便于估算，根据其额定功率计算出来的结果再翻一倍即可。例如，额定功率 20W 的荧光灯的分支电流为

$$I = \frac{P}{U} \times 2 = \frac{20W}{220V} \times 2 = 0.18A$$

电路总负荷电流等于各分支电流之和。知道了分支电流和总电流，就可以选

择分支断路器及总断路器、总熔断器、电能表以及各支路电线的规格，或者验算已设计的电气部件规格是否符合安全要求。

在设计、选择断路器时，要考虑到以后用电负荷增加的可能性，为以后需求留有余量。为了确保安全可靠，作为总闸的断路器的额定工作电流一般应大于2倍所需的最大负荷电流。

例如，空调功率计算：

1P = 735W，一般可视为 750W。

1.5P = 1.5 × 735W，一般可视为 1125W。

2P = 2 × 735W，一般可视为 1500W。

2.5P = 2.5 × 735W = 1837.5W，一般可视为 1900W。

以此类推，可计算出家用空调的功率。

3.6.1.2　总断路器与分断路器的选择

现代家庭用电一般按照明回路、电源插座回路、空调回路等进行分开布线，其好处是当其中一个回路（如插座回路）出现故障时，其他回路仍可以正常供电，如图 3-12 所示。插座回路必须安装漏电保护装置，防止家用电器漏电造成人身电击事故。

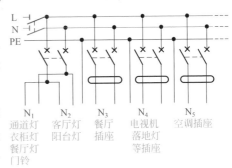

图 3-12　家庭配电回路示例

① 住户配电箱总开关一般选择双极 32 ～ 63A 小型断路器。

② 照明回路一般选择 10 ～ 16A 小型断路器。

③ 插座回路一般选择 13 ～ 20A 小型断路器。

④ 空调回路一般选择 13 ～ 25A 小型断路器。

以上选择仅供参考，每户的实际用电器功率不一样，具体选择要按设计为准。

也可采用双极或 1P+N（相线 + 中性线）小型断路器，当线路出现短路或漏电故障时，立即切断电源的相线和中性线，确保人身安全及用电设备的安全。

家庭选配断路器的基本原则是"照明小，插座中，空调大"。应根据用户的要求和装修个性的差异性，并结合实际情况进行灵活的配电方案选择。

3.6.1.3　断路器的安装

断路器一般应垂直安装在配电箱中，其操作手柄及传动杠杆的开、合位置应正确，如图 3-13 所示。

单极组合式断路器的底部有一个燕尾槽，安装时把靠上边的槽勾入导轨边，再用力压断路器的下边，下边有一个活动的卡扣，就会牢牢卡在导轨上，卡住后断路器可以沿导轨横向移动调整位置。拆卸断路器时，找一活动的卡扣另一端的拉环，用螺丝刀撬动拉环，把卡扣拉出向斜上方扳动，断路器就可以取下来。

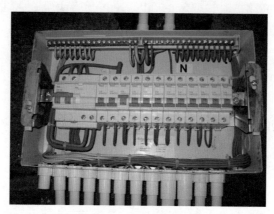

图 3-13　断路器安装实图

断路器安装前检测：

① 用万用表电阻挡测量各触点间的接触电阻。万用表置于 $R \times 100$ 挡或 $R \times 1k$ 挡，两表笔不分正负，分别接低压断路器进、出线相对应的两个接线端，测量主触点的通断是否良好。当接通按钮被按下时，其对应的两个接线端之间的阻值应为零；当切断按钮被按下时，各触点间的接触阻值应为无穷大，表明低压断路器各触点间通断情况良好，否则说明该低压断路器已损坏。

有些型号的低压断路器除主触点外还有辅助触点，可用同样方法对辅助触点进行检测。

② 用兆欧表测量两极触点间的绝缘电阻。用 500V 兆欧表测量不同极的任意两个接线端间的绝缘电阻（接通状态和切断状态分别测量），阻值均应为无穷大。如果被测低压断路器是金属外壳或外壳上有金属部分，还应测量每个接线端与外壳之间的绝缘电阻，阻值也均应为无穷大，否则说明该低压断路器绝缘性能太差，不能使用。

3.6.1.4　家用漏电断路器

顾名思义，家用漏电断路器具有漏电保护功能，即当发生人身触电或设备漏电时，能迅速切断电源，保障人身安全，防止触电事故；同时，还可用来防止由于设备绝缘损坏产生接地故障电流而引起的电气火灾危险。

为了用电安全，在配电箱中应安装漏电断路器，可以安装一个总漏电断路器，也可以在每一个带保护线的三线支路上安装漏电断路器，一般插座支路安装漏电断路器。家庭常用的是单相组合式漏电断路器，如图 3-14 所示。

漏电断路器实质上是加装了检测漏电元件的塑壳式断路器，主要由塑料外壳、操作机构、触点系统、灭弧室、脱扣器、零序电流互感器及试验装置等组成。

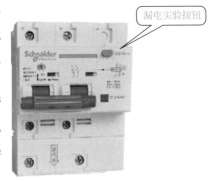
漏电实验按钮

漏电断路器有电磁式电流动作型、晶体管（或集成电路）式电流动作型两种。电磁式电流动作型漏电断路器是直接动作，晶体管或集成电路式电流动作型漏电断路器是间接动作，即在零序电流互感器和漏电脱扣器之间增加一

图 3-14 漏电断路器

个电子放大电路，因而使零序电流互感器的体积大大缩小，也缩小了漏电断路器的体积。

电磁式电流动作型漏电断路器的工作原理如图 3-15 所示。

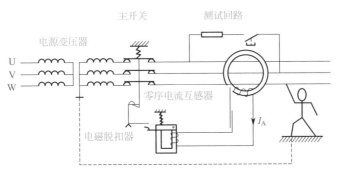

断路器的检测 1

断路器的检测 2

图 3-15 电磁式电流动作型漏电断路器的工作原理

漏电断路器上除了开关扳手外，还有一个试验按钮，用来试验断路器的漏电动作是否正常。断路器安好后通电合闸，按一下试验按钮，断路器应自动跳闸。当断路器漏电动作跳闸时，应及时排除故障后再重新合闸。

注意：不要认为家庭安装了漏电断路器，用电就平安无事了。漏电断路器必须定期检查，否则即使安装了漏电断路器也不能确保用电安全。

3.6.1.5 漏电断路器的选择
（1）漏电动作电流及动作时间的选择

额定漏电动作电流是指在制造厂规定的条件下，保证漏电断路器必须动作的额定动作电流值。漏电断路器的额定漏电动作电流主要有 5mA、10mA、20mA、30mA、50mA、75mA、100mA、300mA 等几种。家用漏电断路器漏电动作电流一般选用 30mA 及以下额定动作电流，如在潮湿区域（如浴室、卫生间等）最好选用额定动作电流为 10mA 的漏电断路器。

额定漏电动作时间是指在制造厂规定的条件下，对应额定漏电动作电流的最大漏电分断时间。单相漏电断路器的额定漏电动作时间主要有小于或等于 0.1s、小于 0.15s、小于 0.2s 等几种。小于或等于 0.1s 的为快速型漏电断路器，在防止人身触电的场合应选用此类漏电断路器，如家庭中。

（2）额定电流的选择

目前市场上适合家庭生活用电的单相漏电断路器，从保护功能来说，大致有漏电保护专用，漏电保护和过电流保护兼用，漏电、过电流、短路保护兼用等三种产品。漏电断路器的额定电流主要有 6A、10A、16A、20A、40A、63A、100A、160A、200A 等多种规格。对带过电流保护的漏电断路器，同一等级额定电流下会有几种过电流脱扣器额定电流值。例如，DZL15-20/2 型漏电断路器具有漏电保护与过电流保护功能，其额定电流为 20A，但其过电流脱扣器额定电流有 10A、16A、20A 三种，因此过电流脱扣器额定电流的选择应尽量接近家庭用电的实际电流。

（3）额定电压、频率的选择

漏电断路器的额定电压有交流 220V 和交流 380V 两种，家庭生活用电一般为单相电，故应选用额定电压为交流 220V/50Hz 的产品。

3.6.1.6　漏电断路器的安装

漏电断路器的安装方法与前面介绍的断路器的安装方法基本相同，下面介绍安装漏电断路器应注意的几个问题：

① 漏电断路器在安装之前要确定各项使用参数，也就是检查漏电断路器的铭牌上所标注的数据，是否确实达到了使用者的要求。

② 安装具有短路保护的漏电断路器，必须保证有足够的飞弧距离。

③ 安装组合式漏电断路器时，应使用铜质导线连接控制回路。

④ 要严格区分中性线（N）和接地保护线（PE），中性线和接地保护线不能混用。N 线要通过漏电断路器，PE 线不通过漏电断路器，如图 3-16（a）所示。如果供电系统中只有 N 线，可以从漏电断路器上口接线端分成 N 线和 PE 线，如图 3-16（b）所示。

> 注意：漏电断路器后面的零线不能接地，也不能接设备外壳，否则会合不上闸。

⑤ 漏电断路器在安装完毕后要进行测试，确定漏电断路器在线路短路时能可靠动作。一般来说，漏电断路器安装完毕后至少要进行 3 次测试并通过后，才能开始正常运行。

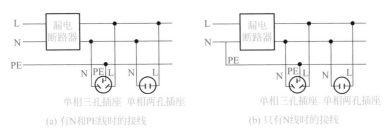

(a) 有N和PE线时的接线　　　　　　　　(b) 只有N线时的接线

图 3-16　单相 2 极式漏电断路器的接线

3.6.1.7　漏电断路器与空气断路器的区别

空气断路器仅有开关闭合器的作用，没有漏电自动跳闸的保护功能；漏电断路器不仅有开关闭合器的作用，还具有漏电自动跳闸的保护功能。漏电断路器保护的主要是人身，一般动作值是毫安级；而空气断路器就是纯粹的过电流跳闸，一般动作值是安级。

3.6.2　室内配电箱的安装与配线

暗配电箱配电

室外配电箱
安装

为了安全供电，每个家庭都要安装一个配电箱。楼宇住宅家庭通常有两个配电箱，一个是统一安装在楼层总配电间的配电箱，主要安装的是家庭的电能表和配电总开关；另一个则是安装在居室内的配电箱，主要安装的是分别控制房间各条线路的断路器。许多家庭在室内配电箱中还安装有一个总开关。

（1）配电箱的结构

家庭室内配电箱担负着住宅内的供电与配电任务，并具有过载保护和漏电保护功能。配电箱内的电气设备可分为控制电器和保护电器两大类：控制电器是指各种配电开关；保护电器是指在电路某一电器发生故障时，能够自动切断供电电路的电器，以防止出现严重后果。

家庭常用配电箱有金属外壳和塑料外壳两种，主要由箱体、盖板、上盖和装饰片等组成。对配电箱的制造材料要求较高，上盖应选用耐火阻燃 PS 塑料，盖板应选用透明 PMMA，内盒一般选用 1.00mm 厚度的冷轧板并表面喷塑。

（2）配电箱内部分配

家庭室内配电箱一般嵌装在墙体内，外面仅可见其面板。室内配电箱一般由电源总闸单元、漏电保护单元和回路控制单元构成。

① 电源总闸单元一般位于配电箱的最左边，采用电源总闸（隔离开关）作为控制元件，控制着入户总电源。拉下电源总闸，即可同时切断入户的交流 220V 电源的相线和零线。

② 漏电保护单元一般设置在电源总闸的右边，采用漏电断路器（漏电保护

器）作为控制与保护元件。漏电断路器的开关扳手平时朝上处于"合"位置；在漏电断路器面板上有一试验按钮，供平时检验漏电断路器用。当室内线路或电器发生漏电或有人触电时，漏电断路器会迅速动作切断电源（这时可见开关扳手已朝下处于"分"位置）。

③ 回路控制单元一般设置在配电箱的右边，采用断路器作为控制元件，将电源分若干路向室内供电。对于小户型住宅（如一室一厅），可分为照明回路、插座回路和空调回路。各个回路单独设置各自的断路器和熔断器。对于中等户型、大户型住宅（如两室一厅一厨一卫、三室一厅一厨一卫等），在小户型住宅回路的基础上可以考虑增设一些控制回路，如客厅回路、主卧室回路、次卧室回路、厨房回路、空调1回路、空调2回路等，一般可设置8个以上的回路，居室数量越多，设置回路就越多，其目的是使居民用电安全方便。图3-17所示为建筑面积在 $90m^2$ 左右的普通两居室配电箱控制回路设计实例。

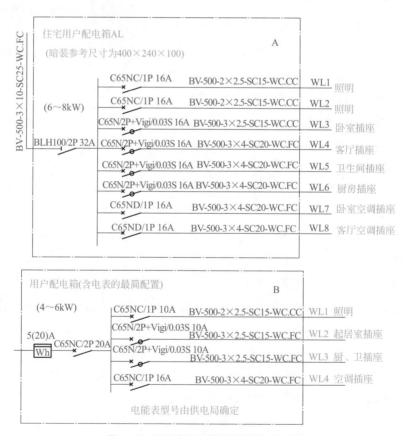

图3-17 两居室配电箱控制回路设计实例

室内配电箱在电气上，电源总闸、漏电断路器、回路控制3个功能单元是顺序连接的，即交流 220V 电源首先接入电源总闸，通过电源总闸后进入漏电断路器，通过漏电断路器后分几个回路输出。

3.6.3 配电箱的安装

配电箱是单元住户用于控制住宅中各个支路的，将住宅中的用电分配成不同的支路，主要目的是便于用电管理、日常使用和电力维护。

家庭室内配电箱的安装可分为明装、暗装和半露式三种。明装通常采用悬挂式，可以用金属膨胀螺栓等将箱体固定在墙上；暗装为嵌入式，应随土建施工预埋，也可在土建施工时预留孔然后预埋。现代家庭装修一般采用暗装配电箱。

对于楼宇住宅新房，房地产开发商一般在进门处靠近天花板的适当位置留有室内配电箱的安装位置，许多开发商已经将室内配电箱预埋安装，装修时应尽量保持原来的位置。

配电箱多位于门厅、玄关、餐厅和客厅，有时被装在走廊。如果需要改变安装位置，则在墙上选定的位置上开一个孔洞，孔洞应比配电箱的长和宽各大20mm 左右，预留的深度为配电箱厚度加上洞内壁抹灰的厚度。在预埋配电箱时，箱体与墙之间填以混凝土即可把箱体固定住，如图 3-18 所示。

总之，室内配电箱应安装在干燥、通风部位，且无妨碍物，方便使用，绝不能将配电箱安装在箱体内，以防火灾。同时，配电箱不宜安装过高，一般安装标准高为 1.8m，以便操作。

3.6.3.1 配电箱安装要点

① 家庭配电箱的外壳分金属和塑料两种，配电箱有明装式和暗装式两类，其箱体必须完好无缺。

② 家庭配电箱的箱体内接线汇流排应分别设立零线、保护接地线、相线，且要完好无损，具有良好绝缘。

③ 空气开关的安装座架应光洁无阻并有足够的空间，如图 3-19 所示。

图 3-18 配电箱安装示意图

图 3-19 空气开关安装示意图

④ 进配电箱的电管必须用锁紧螺母固定。

⑤ 若家庭配电箱需开孔，孔的边缘必须平滑、光洁，如图 3-20 所示。

⑥ 配电箱埋入墙体时应垂直、水平，边缘留 5 ～ 6mm 的缝隙。

⑦ 配电箱内的接线应规则、整齐，端子螺钉必须紧固，如图 3-21 所示。

⑧ 各回路进线必须有足够长度，不得有接头。

⑨ 安装后标明各回路使用名称。

⑩ 家庭配电箱安装完成后必须清理配电箱内的残留物。

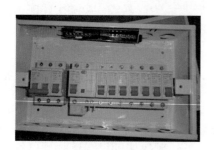 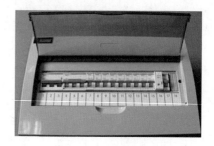

图 3-20　开孔的实物图　　　　　　　　图 3-21　紧固端子螺钉

3.6.3.2　配电箱接线

（1）各类型配电箱接线

① 明装配电箱，配电箱安装在墙上时，应采用开脚螺栓（胀管螺栓）固定，螺栓长度一般为埋入深度（75 ～ 150mm）、箱底板厚度、螺母和垫圈的厚度之和，再加上 5mm 左右的出头余量。对于较小的配电箱，也可在安装处预埋好木砖（按配电箱或配电板四角安装孔的位置埋设），然后用木螺钉在木砖处固定配电箱或配电板。

② 暗装配电箱，配电箱嵌入墙内安装，在砌墙时预留孔洞应比配电箱的长和宽各大 20mm 左右，预留的深度为配电箱厚度加上洞内壁抹灰的厚度。在填埋配电箱时，箱体与墙之间填以混凝土即可把箱体固定住。

③ 配电箱应安装牢固，横平竖直，垂直偏差不应大于 3mm；暗装时，配电箱四周应无空隙，其面板四周边缘应紧贴墙面，箱体与建筑物、构筑物接触部分应涂防腐漆。

④ 配电箱内装设的螺旋式熔断器，其电源线应接在中间触点的端子上，负荷线应接在螺纹的端子上。这样，在装卸熔芯时不会触电。瓷插式熔断器应垂直安装。

⑤ 配电箱内的交流、直流或不同电压等级的电源，应具有明显的标志。照明配电箱内，应分别设置零线（N 线）和保护零线（PE 线）汇流排，零线和保

护零线应在汇流排上连接，不得绞接，应有编号。

⑥ 导线引出面板时，面板线孔应光滑无毛刺，金属面板应装设绝缘保护套。金属壳配电箱外壳必须可靠接地（接零）。

（2）配电箱接线过程

① 箱体安装完毕。

② 箱内空开、配线导线、配线扎带等已经准备完毕，并且符合设计图纸、配电箱安装要求。

③ 导轨安装。箱体内导轨安装：导轨安装要水平，并与盖板空开操作孔相匹配。如图 3-22 所示。

（3）箱体内空开安装

① 空开安装时首先要注意箱盖上空开安装孔位置，保证空开位置在箱盖预留位置。其次开关安装时要从左向右排列，开关预留位应为一个整位。

② 预留位一般放在配电箱右侧。第一排总空开与分空开之间应预留完整的整位，用于第一排空开配线。如图 3-23 所示。

图 3-22　导轨安装

图 3-23　空开安装

（4）空开零线配线

① 零线颜色要采用蓝色。

② 照明及插座回路一般采用 2.5mm² 导线，每根导线所串联空开数量不得大于 3 个。空调回路一般采用 2.5mm² 或 4.0mm² 导线，一根导线配一个空开。

③ 不同相之间零线不得共用，如由 A 相配出的第一根黄色导线连接了两个 16A 的照明开空，那么 A 相所配空开零线也只能配这两个空开，配完后直接连接到零线接线端子上。

④ 箱体内总空开与各分空开之间配线一般走左边，配电箱出线一般走右边。

⑤ 箱内配线要顺直不得有绞接现象，导线要用塑料扎带绑扎，扎带大小要合适，间距要均匀。

⑥ 导线弯曲应一致，且不得有死弯，防止损坏导线绝缘皮及内部铜芯。如图 3-24 所示。

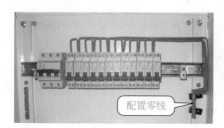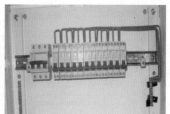

图 3-24　空开零线的配置

（5）相线配线一

第一排空开配线：

① A 相线为黄，B 相线为绿，C 相线为红。

② 照明及插座回路一般采用 2.5mm² 导线，每根导线所串联空开数量不得大于 3 个。空调回路一般采用 2.5mm² 或 4.0mm² 导线，一根导线配一个空开。

③ 由总开关每相所配出的每根导线之间零线不得共用，如由 A 相配出的第一根黄色导线连接了两个 16A 的照明开空，那么这两个照明空开一次侧零线也只能从这两个空开一次侧配出直接连接到零线接线端子。

④ 箱体内总空开与各分空开之间配线一般走左边，配电箱出线一般走右边。

⑤ 箱内配线要顺直不得有纹接现象，导线要用塑料扎带绑扎，扎带大小要合适，间距要均匀。

⑥ 导线弯曲应一致，且不得有死弯，防止损坏导线绝缘皮及内部铜芯。如图 3-25 所示。

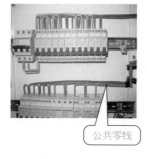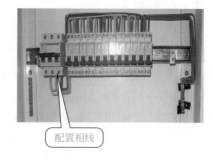

图 3-25　相线配线接线图（一）

（6）相线配线二

第二排空开配线注意事项与第一排相同。接线图如图 3-26 所示。

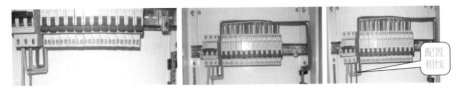

图 3-26　相线配线接线图（二）

（7）导线绑扎

① 导线要用塑料扎带绑扎，扎带大小要合适，间距要均匀，一般为 100mm。

② 扎带扎好后，不用的部分要用钳子剪掉。如图 3-27 所示。

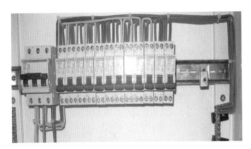
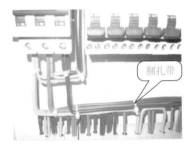

图 3-27　导线的绑扎

（8）配电箱安装注意事项

① 配电箱规格型号必须符合国家现行统一标准的规定；箱体材质为铁质时，应有一定的机械强度，周边平整无损伤，涂膜无脱落，厚度不小于 1.0mm；进出线孔应为标准的机制孔，大小相适配，通常将进线孔靠箱左边，出线孔安排在中间，管间距在 10～20mm 之间，并根据不同的材质加设锁扣或护圈等，工作零线汇流排与箱体绝缘，汇流排材质为铜质；箱底边距地面不小于 1.5m。

② 箱内断路器和漏电断路器安装牢固；质量应合格，开关动作灵活可靠，漏电装置动作电流不大于 30mA，动作时间不大于 0.1s；其规格型号和回路数量应符合设计要求。

③ 箱内的导线截面积应符合设计要求，材质合格。

④ 箱内进户线应留有一定余量，一般为箱周边的一半。走线规矩、整齐，无绞接现象，相线、工作零线、保护地线的颜色应严格区分。

⑤ 工作零线、保护地线应经汇流排配出，室内配电箱电源总断路器（总开关）的出线截面积不应小于进线截面积，必要时应设相线汇流排。10mm² 及以下

单股铜芯线可直接与设备器具的端子连接，小于或等于 2.5mm^2 多股铜芯线应先拧紧搪锡或压接端子后与设备器具的端子连接，大于 2.5mm^2 多股铜芯线除设备自带插接式端子外，应接续端子后与设备器具的端子连接，但不得采用开口端子，多股铜芯线与插接式端子连接前端部拧紧搪锡；对可同时断开相线、零线的断路器的进出导线应左边端子孔接零线，右边端子孔接相线。箱体应有可靠的接地措施。

⑥ 导线与端子连接紧密，不伤芯，不断股；插接式端子线芯不应过长，应为插接端子深度的 1/2；同一端子上导线连接不多于 2 根，且截面积相同；防松垫圈等零件应齐全。

⑦ 配电箱的金属外壳应可靠接地，接地螺栓必须加弹簧垫圈进行防松处理。

⑧ 配电箱内回路编号应齐全，标识正确。

⑨ 若设计与国家有关规范相违背，应及时与设计师沟通，经修改后再进行安装。

3.7 家庭电源插座选用与安装

3.7.1 家庭电源插座的选用

插座用于电器插头与电源的连接。家庭居室使用的插座均为单相插座。按照国家标准规定，单相插座可分为两孔插座、三孔插座及多联插座，86 型及 118 型面板插座见表 3-28。

表 3-28 86 型和 118 型面板插座图示及说明

插座型号	图示	说明
86型	 	外形尺寸86mm×86mm，安装孔中心距为60.3mm，外观是正方形。86型为国际标准，是目前我国大多数地区工程和家装中最常用的插座
118型	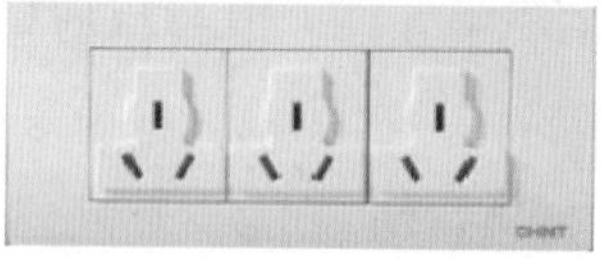 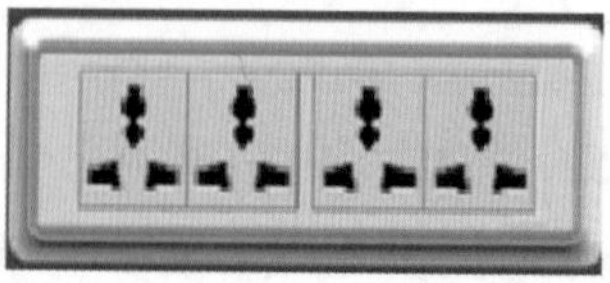	面板尺寸一般为70mm×118mm或类似尺寸，是一种横装的长条插座分为大、中、小三种型号，其功能件与面板可以随意组合，如长三位、长四位、方四位，主要有日本、韩国等国家采用该形式产品，我国也有部分区域采用该形式产品。118型插座的优势在于风格比较灵活，可以根据自己的需要和喜好调换颜色，拆装方便，风格自由

单相插座常用的规格为：250V/10A 的普通照明插座，250V/16A 以上的空调、热水器用三孔插座。家庭常用的电源插座面板有 86 型、120 型、118 型和 146 型。

提示：目前各国插座的标准有所不同，如图 3-28 所示。选用插座时一定要看清楚，否则与家庭所用电器的插头不匹配，则安装的插座就成了摆设。同样，选用插头时也应注意与插座匹配（图 3-29）。

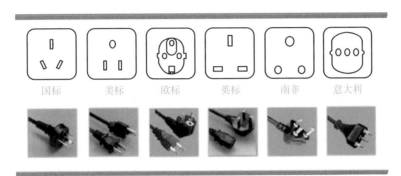

图 3-28　各国插座的标准

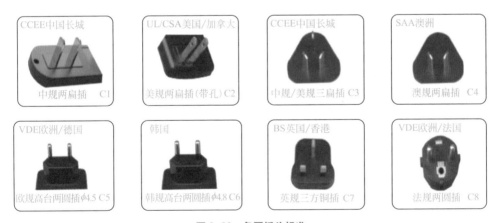

图 3-29　各国插头标准

3.7.2　电源插座的安装

（1）电源插座的安装位置

电源插座的安装位置必须符合安全用电的规定，同时要考虑将来用电器的安放位置和家具的摆放位置。为了插头插拔方便，室内插座的安装高度为 0.3 ～ 1.8m。安装高度为 0.3m 的称为低位插座，安装高度为 1.8m 的称为高位插座。按使用需要，插座可以安装在设计要求的任何高度。

单联插座安装　　多联插座安装

① 厨房插座可装在橱柜以上吊柜以下，为 0.82 ～ 1.4m，一般的安装高度为

1.2m 左右。抽油烟机插座应根据橱柜设计，安装在距地面 1.8m 处，最好能被排烟管道所遮蔽。近灶台上方处不得安装插座。

②洗衣机插座距地面 1.2 ～ 1.5m 之间，最好选择开关三孔插座。

③电冰箱插座距地面 0.3m 或 1.5m（根据电冰箱位置而定），且宜选择单三孔插座。

④分体式、壁挂式空调插座宜根据出线管预留洞位置距地面 1.8m 处设置，窗式空调插座可在窗口旁距地面 1.4m 处设置，柜式空调电源插座宜在相应位置距地面 0.3m 处设置。

⑤电热水器插座应在电热水器右侧距地面 1.4 ～ 1.5m，注意不要将插座设在电热水器上方。

⑥厨房、卫生间的插座安装应尽可能远离用水区域。如靠近，应加配插座防溅盒。台盆镜旁可设置电吹风和剃须用电源插座，以离地 1.2 ～ 1.6m 为宜。

⑦露台插座距地面应在 1.4m 以上，且尽可能避开阳光、雨水所及范围。

⑧客厅、卧室的插座应根据家具（如沙发、电视柜、床）的尺寸来确定。一般来说，每个墙面的两个插座间距离应不大于 2.5m，在墙角 0.6m 范围内至少安装一个备用插座。

（2）插座的接线

①单相两孔插座有横装和竖装两种。横装时，面对插座的右极接相线（L），左极接零线（中性线 N），即"左零右相"；竖装时，面对插座的上极接相线，下极接中性线，即"上相下零"。

②单相三孔插座接线时，保护接地线（PE）应接在上方，下方的右极接相线，左极接中性线，即"左零右相中 PE"。单相插座的接线方法如图 3-30、图 3-31 所示。

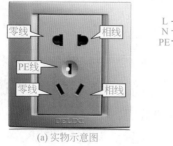

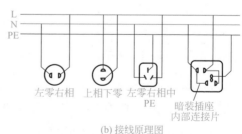

(a) 实物示意图　　　　　　　　　(b) 接线原理图

图 3-30　单相插座接线正视图

③多个插座导线连接时，不允许拱头连接，应采用 LC 型压接帽压接总头后，再进行分支线连接。

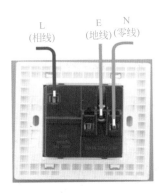

图 3-31 单相插座接线后视图

④ 暗装电源插座安装如图 3-32 所示。

首先要把墙壁开关插座安装工具准备好，开关插座安装工具：测量要用的卷尺（水平尺也可以进行测量）、线坠、电钻、绝缘手套和剥线钳等。

墙壁开关插座安装准备：在电路电线、底盒安装以及封面装修完成后安装。

墙壁开关插座的安装需要满足重要作业条件：安装的墙面要刷白，油漆和壁纸在装修工

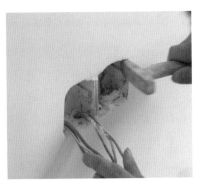

图 3-32 插座安装

作完成后才可开始操作。一些电路管道和盒子需铺设完毕，要完成绝缘遥测。

动手安装时天气要晴朗，房屋要通风干燥，要切断开关闸刀电箱电源。

（3）插座安装过程

第一次安装电源墙壁开关插座要保证它的安全性和耐用性，建议咨询一下专业装修工人如何安装。

安装及更换开关盒前先用手机拍几张开关内部接线图，在拆卸时对开关插座盒中的接线要必须认清楚。安装工作要仔细进行，不允许出现接错线和漏接线的情况。

开关安装流程主要按清洁→接线→固定来进行。

第一步，墙壁开关插座底盒拆卸好后，对底盒墙内部进行清洁。

开关插座安装于木工工作和油漆工工作等之后进行，对于长期用的底盒会在所难免堆积灰尘。开关插座底盒存在的灰尘杂质应清理干净，并用抹布把盒内残存灰尘擦净，这样做防止杂质影响电路工作。

第二步，电源线处理如图 3-33 所示。

将盒内甩出的导线留出一段将来要维修的长度，然后把线削出一些线芯，注意削线芯时不要碰伤线芯。

　　将导线按顺时针方向缠绕在开关插座对应的接线柱上，然后旋紧压头，这一步骤要求线芯不得外露。

　　第三步，插座三线接线方法如图3-34所示。

图3-33　电源线处理

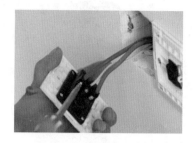
图3-34　插座三线接线方法

　　相线、零线和地线需要与插座的接口连接正确：按接线图把相线接入开关两个孔中的一个A标记内，另外一个孔中留出绝缘线接入下面的插座三个孔中的L孔内。零线接入插座三个孔中的N孔内接牢。地线接入插座三个孔中的E孔内接牢。若零线与地线错接，使用电器时会出现黑灯及开关跳闸现象。

　　第四步，开关插座固定安装如图3-35所示。

　　将盒内留出的导线由塑料台的出线孔中穿出来，将塑料台紧紧贴在墙面中，再用螺钉把它固定在底盒上。固定好后，将导线按刚刚打开盒时的接线方式，按各自的位置从开关插座的线孔中穿出来，并把导线压紧压牢。

　　第五步，将墙壁开关插座紧贴于塑料台上，方向位置摆正，然后用工具把螺钉固定牢，最后盖上装饰板（图3-36）。

图3-35　开关插座固定安装

图3-36　螺钉固定与盖上装饰板

　　对于多联插座的安装，可以按照下面的步骤进行。

　　将单座安装在支架上　如图3-37所示。

　　制作连接线与安装连接线如图3-38所示。

　　将四联座装入墙壁暗盒，如图3-39所示。

图3-37　安装单座

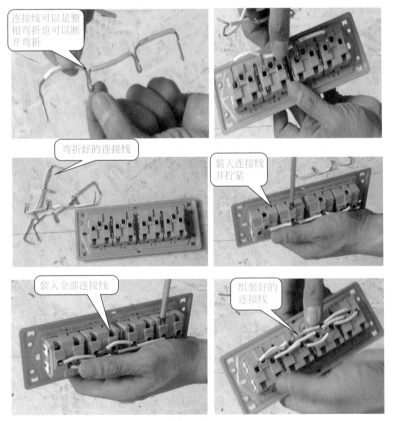

图3-38　连接线的制作与安装

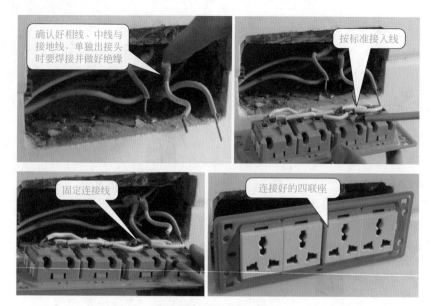

图 3-39　四联座装入暗盒

固定四联座并安装面板如图 3-40 所示。

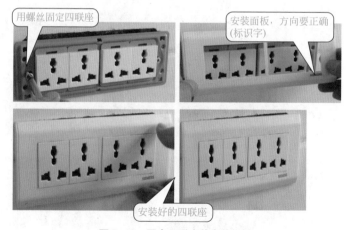

图 3-40　固定四联座并安装面板

3.7.3　电源插座安装注意事项

① 插座必须按照规定接线，对照导线的颜色对号入座，相线要接在规定的接线柱上（标注有 "L" 字母），220V 电源进入插座的规定是 "左零右相"。

② 单相三孔插座最上端的接地孔一定要与接地线接牢、接实、接对，绝不能不接。零线与保护接地线切不可错接或接为一体。

③ 接线一定要牢靠，相邻接线柱上的电线要保持一定的距离，接头处不能

有毛刺，以防短路。

④ 安装单相三孔插座时，必须是接地线孔在上方，相线零线孔在下方，单相三孔插座不得倒装。

⑤ 插座的额定电流应大于所接用电器负载的额定电流。

⑥ 在卫生间等潮湿场所不宜安装普通型插座，应安装防溅型插座。

3.7.4　插头的安装

（1）二脚插头的安装

将两根导线端部的绝缘层剥去，在导线端部附近打一个电工扣；拆开端头盖，将剥好的多股线芯拧成一股，固定在接线端子上。注意不要露铜丝毛刷，以免短路。盖好插头盖，拧上螺钉即可。如图3-41所示。

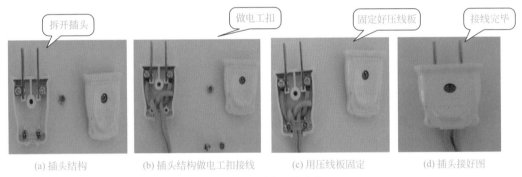

(a) 插头结构　　　(b) 插头结构做电工扣接线　　　(c) 用压线板固定　　　(d) 插头接好图

图3-41　二脚插头的安装

（2）三脚插头的安装

三脚插头的安装与两脚插头的安装类似，不同的是导线一般选用三芯护套软线。其中一根带有黄绿双色绝缘层的芯线接地线。其余两根一根接零线，一根接火线。如图3-42所示。

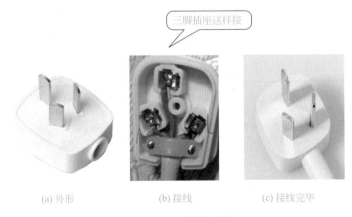

(a) 外形　　　　　(b) 接线　　　　　(c) 接线完毕

图3-42　三脚插头安装

3.8 家装电工改电的操作过程

3.8.1 电路定位

电工首先要根据业主对电的用途进行电路定位，如图 3-43 所示，最好画出施工图。

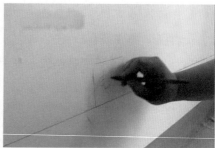

图 3-43 定位过程

3.8.2 开槽

定位完成后，电工根据定位和电路走向，分别用云石机、电锤、电镐等工具开布线槽。开线槽很有讲究，严格要求横平竖直，尽量不要开横槽，因为会影响墙的承受力。开槽过程如图 3-44 所示。

图 3-44 开槽过程

3.8.3　布管、布线

布线一般采用线管暗埋的方式。线管有冷弯管和 PVC 管两种，冷弯管可以弯曲而不断裂，是布线的最好选择（因为它的转角是有弧度的，线管可以随时更换，而不用开墙）。布线应遵循的原则如下：

① 如图 3-45 所示，强弱电的间距要在 30 ～ 50cm 之间，以免出现干扰。

② 强弱电更不能同穿一根管内，如图 3-46 所示。

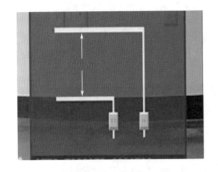

图 3-45　强弱电的间距

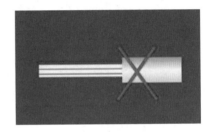

图 3-46　强弱电错误穿法

③ 管内导线总截面面积要小于电线保护管截面面积的 40%，比如 ϕ20mm 管内最多穿 4 根 2.5mm^2 的线，如图 3-47 所示。

④ 长距离的线管尽量用整管，如图 3-48 所示。

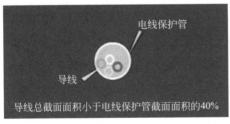

图 3-47　截面积比例

图 3-48　管子选择

线管布线

⑤ 线管如果需要接头连接时，接头和线管要用胶粘好，如图 3-49、图 3-50 所示。

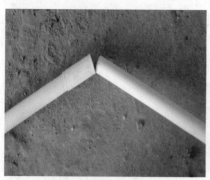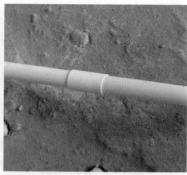

图 3-49　直管的连接

图 3-50　转角的连接

图 3-51　地面固定

⑥ 如果有线管在地面上，应立即保护起来，防止踩裂，影响以后的检修。如果线管和电盒在墙上，要用快粘粉进行固定，如图 3-51、图 3-52 所示。

⑦ 当布线长度超过 15m 或中间有 3 个弯曲时，在中间应该加装一个接线盒（因为拆装电线时太长或弯曲多了，电线从穿线管过不去），如图 3-53 所示。

快粘粉固定管路

快粘粉固定管路

快粘粉固定暗盒

图 3-52　墙面固定

⑧空调插座安装应离地面2m以上，电线线路要和煤气管道相距40cm以上，如图3-54所示。

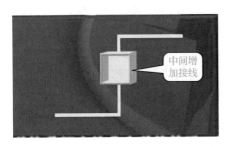

图3-53　中间加接线盒

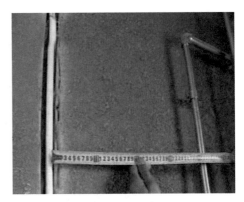

图3-54　电气距离

⑨插座安装应离地面30cm高度，如图3-55所示。

图3-55　墙壁插座

⑩开关、插座面对面板应左零右相，绿黄双色线或黑线为地线。红线、黄线多用于相线，蓝线、绿线多为零线。在装修过程中，如果确定了相线、零线、地线的颜色，那么任何时候颜色都不能用混了，如图3-56所示。

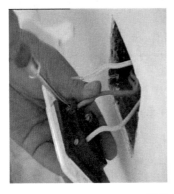

图3-56　线的分类安装

⑪ 在家庭装修中，电线接法应为并头连接，接头处采用按压接线法，必须要结实牢固，接好的线要立即用绝缘胶布包好，如图 3-57 所示。

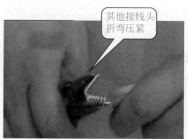
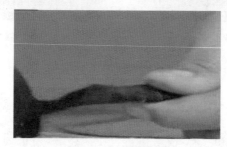

图 3-57 包裹绝缘胶布

⑫ 配电箱分组布线，每一路单独控制，接好面板后做好标记，如图 3-58、图 3-59 所示。

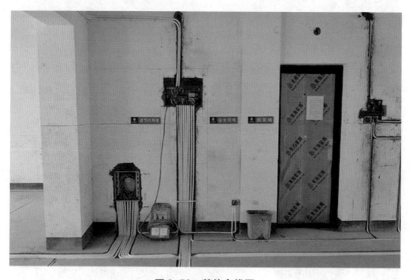

图 3-58 整体布线图

图 3-59　配电箱分组连接

3.8.4　弯管

冷弯管要用弯管工具，弧度应该是线管直径的 10 倍，这样穿线或拆线时才能顺利，如图 3-60 所示。

图 3-60　弯管

3.8.5　穿线

建筑施工中留有预埋管路，在改造过程中可以直接穿线。有的预埋管路中有拉线，可以直接带线拉线，如图 3-61 所示。

图 3-61　预埋管尼龙拉线

有的管路没有拉线或者拉线被拉断，此时应用钢丝穿入管内进行拉线，如图 3-62 所示。

(a) 一端窗入钢丝　　　　(b) 从另一端穿出的钢丝　　　　(c) 钢丝与带线的连接方法

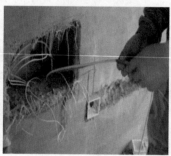
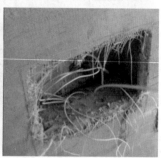

(d) 送线　　　　　　　　(e) 钢丝拉线　　　　　　　　(f) 拽出后线

图 3-62　穿线过程图

① 木隔断处预留的电源插座要另外加固，如图 3-63 所示。

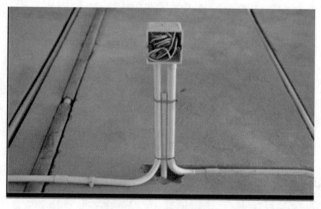

图 3-63　预留电源插座

② 根据线管尺寸开槽，不要开太宽，也不要开太窄。拐弯时要切割好 45° 的槽，如图 3-64 所示。

③ 十字交叉管勿高于地面，强弱电分管穿线，一般保持间距 50cm 以上，如图 3-65 所示。强弱电如果仅仅有交叉，基本不会有影响。

图 3-64 45°的槽

图 3-65 十字交叉管

④ 如果客厅铺地板，隔断处线管可以不用开槽。线管如果只有 1 ～ 2 根沿着墙角走也可以不开槽，如图 3-66 所示。

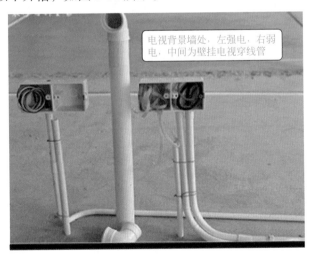

图 3-66 线管不开槽

⑤壁灯处用黄蜡管进行出线保护，如图3-67所示。

⑥客卫的镜前灯出口要固定，如图3-68所示。

多加一层绝缘套管

图3-67 壁灯处出线保护

图3-68 客卫的镜前灯出口

⑦墙边可走线1～2根，其他地方不能这样走线。因为此处装修过程有踢脚线，可以遮盖线管，如图3-69所示。

墙边不开槽可走线1～2根，其他地方可不行

图3-69 墙边的走线

⑧房间主灯位置要调整，开槽不可太深，如图3-70所示。

图3-70 房间主灯位置调整

3.8.6　房间配电设置参考实例

① 书房和卧房要根据实际家具尺寸准确放样。床和床头柜都放样好了，插头和插座的位置就很好安排了，如图 3-71 所示。

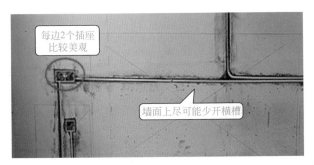

图 3-71　卧房插座

② 书房除桌下安装电源插座外，桌面上也应考虑安装电源插座，便于手机充电和使用台灯，如图 3-72 所示。

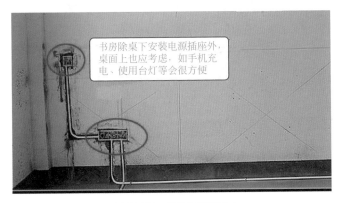

图 3-72　书房电源插座

③ 房间的壁挂电视机底盒，如无其他电器配置要求，采用一个双盒或四盒就可以。小孩子的房间插座要距离地面 1.3m 以上，如图 3-73 所示。

④ 房间电话插座高度 30cm，床头柜可以挡住，如图 3-74 所示。

⑤ 等电位连接。等电位对用电安全、防雷以及电子信息设备的正常工作和安全使用都是十分必要的。根据理论分析，等电位连接作用范围越小，电气上越安全。等电位连接主要起以下各种防护作用：雷击保护、静电保护、电磁干扰保护、触电保护、接地故障保护，现已列入国家建筑强制标准。通俗地说，在民宅建筑多用于潮湿区，如卫生间等，淋浴时更安全。要是装修时没有封闭等电

位端子，则完全可以避免雷击卫生间事件，当然低空雷击事件概率是极低的。等电位移位必须使用 6mm^2 以上电线，可不套 PVC 线管。等电位改造连接如图 3-75 所示。

当移动等电位后，原来的等电位可以用瓷砖封死，移位后可以加一个盖子。

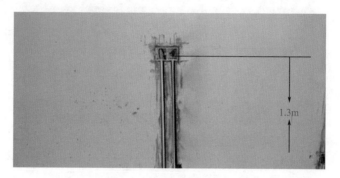

图 3-73 小孩子的房间插座

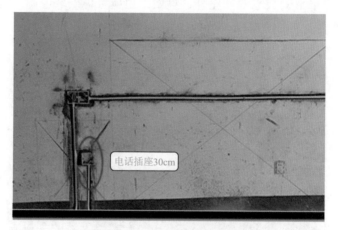

图 3-74 房间电话插座高度

图 3-75 等电位连接

3.9　照明开关安装

3.9.1　照明开关的种类与选用

（1）照明开关的种类

照明开关是用来接通和断开照明线路电源的一种低压电器。开关、插座不仅是一种家居装饰功能用品，更是照明用电安全的主要零部件，其产品质量、性能材质对于预防火灾、降低损耗都有至关重要的作用。

照明开关的种类很多，下面介绍几种家庭照明电路比较常用的照明开关。

① 按面板型分，有 86 型、120 型、118 型、146 型和 75 型，目前家庭装修应用最多的有 86 型和 118 型，见表 3-29。

表 3-29　86 型和 118 型面板开关图示及说明

开关型号	图示	说明
86型	 	外形尺寸86mm×86mm，安装孔中心距为60.3mm，外观是正方形。86型为国际标准，是目前我国大多数地区工程和家装中最常用的开关
118型	 	面板尺寸一般为70mm×118mm或类似尺寸，是一种横装的长条开关，分为大、中、小三种型号，其功能件（开关件、插座件、电话件、电视件、电脑件）与面板可以随意组合，如长三位、长四位、方四位，主要有日本、韩国等国家采用该形式产品，我国也有部分区域采用该形式产品。118型开关的优势在于风格比较灵活，可以根据自己的需要和喜好调换颜色，拆装方便，风格自由

② 按开关连接方式分，有单极开关、两极开关、三极开关、三极加中线开关、有公共进入线的双路开关、有一个断开位置的双路开关、两极双路开关、双路换向开关（或中向开关）。

③ 按开关触点的断开情况分，有：正常间隙结构开关，其触点分断间隙大于或等于3mm；小间隙结构开关，其触点分断间隙小于3mm但必须大于1.2mm。

④ 按启动方式分，有旋转开关、跷板开关、按钮开关、声控开关、触屏开

关、拉线开关等。部分开关的外形如图 3-76 所示。

⑤ 按有害进水的防护等级分，有普通防护等级 IPX0 或 IPX1 开关（插座）、防溅型防护等级 IPX4 开关（插座）、防喷型防护等级 IPXe 开关（插座）。

(a) 跷板开关　　(b) 旋转开关　　(c) 按钮开关　　(d) 触屏开关　　(e) 声控开关

图 3-76　部分开关的外形图

⑥ 按接线端子分，有端子外露开关和端子不外露开关两种，选择端子不外露开关更安全，如图 3-77 所示。

看不到接线端子

图 3-77　接线端子不外露的开关

⑦ 按安装方式分，有明装式开关和暗装式开关。

（2）照明开关的选用

① 照明开关的种类很多，选择时应从实用、质量、美观、价格、装修风格等几个方面加以综合考虑。选用时，每户的开关、插座应选用同一系列的产品，最好是同一厂家的产品。

② 一般进门开关建议使用带提示灯的，为夜间使用提供方便。否则时间久了开关边上的墙就会变脏。而且摸索着开灯，总是给胆小的人带来很大的心理压力。

③ 开关面板的尺寸应与预埋的开关接线盒的尺寸一致。

④ 安装于卫生间内的照明开关宜与排气扇共用，采用双联防溅带指示灯型，开关装于卫生间门外则选带指示灯型；过道及起居室的部分开关应选用带指示灯型的两地双控开关。

⑤ 楼梯间开关用节能延时开关，其种类较多。通过几年的使用，已不宜用声控开关，因为不管在室内或室外只要有声音达到其动作值时，就会灯亮，若这时楼梯间无人，则不需灯亮。现在大多采用的是"神箭牌"GYZ 系列产品，该产品是灯头内设有一特殊的开关装置，夜间有人走入其控制区（7m）内灯亮，经过延时 3min 灯自熄。比常规方式省掉了一个开关和灯至开关间电线及其布管，

经使用效果不错，作为楼梯间照明值得选用。

⑥ 跷板开关在家庭装修中用得很普遍。这种类型的开关由于受到用户的欢迎，故生产厂家极多，不同厂家的产品价格相差很大，质量也有很大的差别。质量的好坏可从开关活动是否轻巧、接触是否可靠、面板是否光洁等来衡量。

⑦ 家庭用防水开关是在跷板开关外加一个防水软塑料罩制成的。目前市场上还有一种结构新颖的防水开关，其触点全部密封在硬塑料罩内，在塑料罩外利用活动的两块磁铁来吸合罩内的磁铁，以带动触点的分合，操作十分灵活。

⑧ 开关的款式、颜色应该与室内的整体风格相吻合。例如，室内装修的整体色调是浅色，则不应该选用黑色、棕色等深色的开关。

⑨ 一般来说，轻按开关功能件，滑板式声音轻微、手感顺畅、节奏感强则质量较优；反之，启闭时声音不纯、动感涩滞且有中途间歇状态的声音则质量较差。

⑩ 根据所连接电器的数量，开关又分为一开、二开、三开、四开等多种形式。家庭中最常见的开关是一开单控，即一个开关控制一个或多个电器。双控开关也是较常见的，即两个开关同时控制一个或多个电器，根据所连电器的数量分为一开双控、二开双控等多种形式。双控开关用得恰当，会给家庭生活带来很多便利。例如，卧室的顶灯一般由进门处的开关控制，但如果床头再接一个开关同时控制这个灯，那么进门时可以用门开关打开灯，关灯时直接用床头开关就可以了，不必再下床去关灯。

⑪ 延时开关也很受欢迎（不过家装很少设计用延时开关，一般常用转换开关）。卫生间里经常让灯和排气扇合用一个开关，有时很不方便，关上灯则排气扇也跟着关上，以致污气还没有排完。除了装转换开关可以解决问题外，还可以装延时开关，即使关上灯，排气扇还会再转几分钟才会关闭，很实用。

⑫ 荧光开关也很方便，夜里可以根据它发出的荧光很容易地找到开关的位置。

⑬ 可以设置一些带开关的插座，这样不用拔插头并且可以切断电源，也不至于拔下来的电线吊着影响美观。例如，洗衣机插座不用时可以关上，空调插座在淡季关上不用拔掉。

3.9.2 单控开关的安装

单控开关如图 3-78 所示。

① 单控开关安装前，应首先对单控开关接线盒进行安装，然后将单控开关固定到单控开关接线盒上，完成单控开关的安装。

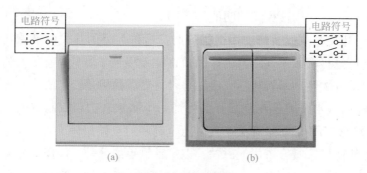

电路符号

电路符号

(a)   (b)

图 3-78　单控开关

② 单控开关接线盒的安装如图 3-79 所示。

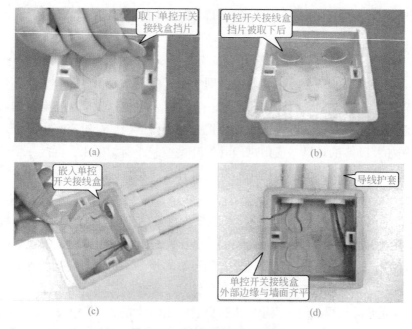

取下单控开关
接线盒挡片

单控开关接线盒
挡片被取下后

(a)   (b)

嵌入单控
开关接线盒

导线护套

单控开关接线盒
外部边缘与墙面齐平

(c)   (d)

图 3-79　单控开关接线盒的安装

a. 开关在安装接线前，应清理接线盒内的污物，检查盒体有无变形、破裂、水渍等易引起安装困难及事故的遗留物。

b. 先把接线盒中留好的导线理好，留出足够操作的长度，长出盒沿 10 ～ 15cm。注意不要留得过短，否则很难接线；也不要留得过长，否则很难将开关装进接线盒。

c. 用剥线钳把导线的绝缘层剥去 10mm，把线头插入接线孔，用小螺丝刀把压线螺钉旋紧。注意线头不得裸露。

③ 面板接线原理图如图 3-80 所示。

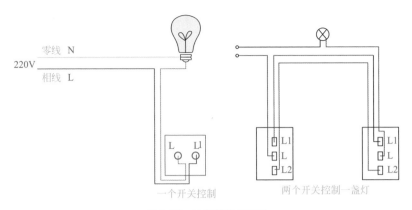

图 3-80 面板接线原理图

开关面板分为两种类型：一种是单层面板，面板两边有螺钉孔；另一种是双层面板，把下层面板固定好后，再盖上第二层面板。

a.单层开关面板安装的方法：先将开关面板后面固定好的导线理顺盘好，把开关面板压入接线盒。压入前要先检查跷板开关的操作方向，一般按跷板下部，跷板上部凸出时，为开关接通灯亮的状态；按跷板上部，跷板下部凸出时，为开关断开灯灭的状态。再把螺钉插入螺钉孔，对准接线盒上的螺母旋入。在螺钉旋紧前应注意面板是否平齐，后面板上边要水平，不能倾斜。

b.双层开关面板安装方法：双层开关面板的外边框是可以拆掉的，安装前用小螺丝刀把外边框撬下来，把底层面板先安装好，再把外边框卡上去，如图 3-81 所示。

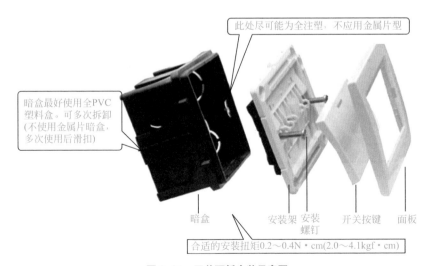

图 3-81 开关面板安装示意图

3.9.3 双控开关与多控开关

双控开关是指可以对照明灯具进行两地控制的开关，该开关主要使用于两个开关控制一盏灯的环境下。双控开关可分为单位双控开关、双位双控开关和多位双控开关等，单位双控开关的外形结构同单控开关，但背部的接线柱有所不同，线路的连接方式也有很大的区别，因此可以实现双控的功能。

图 3-82 是双控开关的设计规划图。根据设计要求，采用双控开关控制客厅内吊灯的启停工作。双控开关安装在客厅的两个进门处，安装位置同单控开关，距地面的高度应为 1.3m，距门框的距离应为 0.12 ～ 0.2m。从双控开关接线示意图可看出双控开关控制照明灯的线路是通过两个单刀双掷开关进行控制的。

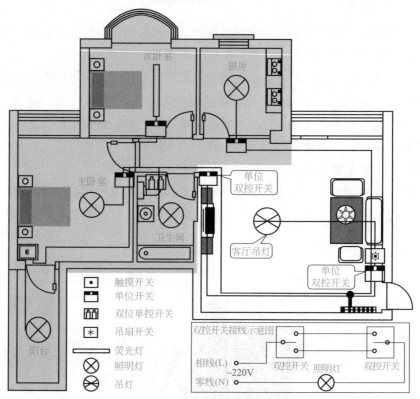

图 3-82 双控开关设计规划图

多控开关外形及接线示意图如图 3-83 所示。

3.9.4 双控开关的安装

双控开关控制照明线路时，按动任何一个双控开关面板上的开关按钮，都可控制照明灯的点亮和熄灭，也可按动其中一个双控开关面板上的按钮点亮照明灯，然后通过另一个双控开关面板上的按钮熄灭照明灯。

双控开关接线盒内预留导线及线路的敷设方式如图 3-84 所示。

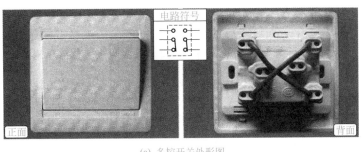

(a) 多控开关外形图

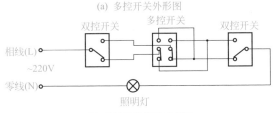

(b) 多控开关接线示意图

图 3-83 多控开关外形图及接线示意图

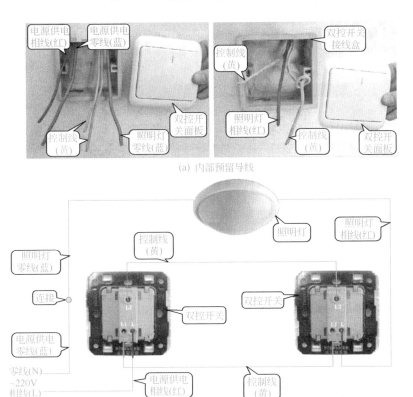

(a) 内部预留导线

(b) 线路连接方式

图 3-84 双控开关接线盒内预留导线及线路的敷设方式

进行双控开关的接线时，其中一个双控开关的接线盒内预留5根导线，而另一个双控开关接线盒内只需预留3根导线，即可实现双控。连接时，需根据接线盒内预留导线的颜色进行正确的连接。

双控开关的安装主要可以分为双控开关接线盒的安装、双控开关的接线、双控开关面板的安装三部分内容。

（1）双控开关接线盒的安装

双控开关接线盒的安装方法同单控开关接线盒的安装方法，在此不再表述。

（2）双控开关的接线

双控开关安装时也应做好安装前的准备工作，将其开关的护板取下，便于拧入固定螺钉将开关固定在墙面上，如图3-85所示。

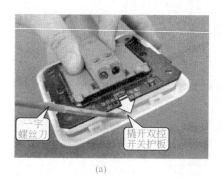

图 3-85　双控开关拆卸

使用一字螺丝刀插入双控开关护板和双控开关底座的缝隙中，撬动双控开关护板将其取下，取下后即可进行线路的连接了。

双控开关的接线操作需分别对两地的双控开关进行接线和安装操作。安装时，应严格按照开关接线图和开关上的标识进行连接，以免出现错误，不能实现双控功能。

① 双控开关与5根预留导线的连接如下：

由于双控开关接线盒内预留的导线接线端子长度不够，需使用尖嘴钳分别剥去预留5根导线一定长度的绝缘层，用于连接双控开关的接线柱。

剥线操作完成后，将双控开关接线盒中电源供电的零线（蓝）与照明灯的零线（蓝色）进行连接。由于预留的导线为硬铜线，因此在连接零线时需要借助尖嘴钳进行连接，并使用绝缘胶带对其进行绝缘处理，如图3-86所示。

将连接好的零线盘绕在接线盒内，然后进行双控开关的连接。由于与双控开关连接导线的接线端子过长，因此需要将多余的连接线剪断，如图3-87所示。

对双控开关进行连接时，使用合适的螺丝刀将三个接线柱上的固定螺钉分别拧松，以进行线路的连接，如图 3-88 所示。

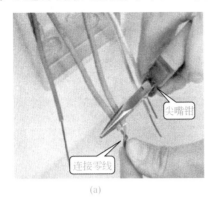
尖嘴钳
连接零线
(a)

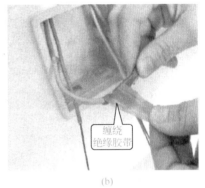
缠绕绝缘胶带
(b)

图 3-86　剥线接线

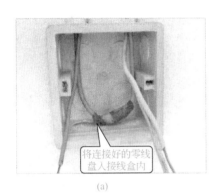
将连接好的零线盘入接线盒内
(a)

剪断多余的连接端子
(b)

图 3-87　接线后整理

拧松接线柱螺钉
(a)

拧松接线柱螺钉
(b)

拧松接线柱螺钉
(c)

图 3-88　拧松螺钉

　　将电源供电端相线（红色）的预留端子插入双控开关的接线柱 L 中，插入后选择合适的十字螺丝刀拧紧该接线柱的固定螺钉，固定电源供电端的相线，如图 3-89 所示。

　　将两根控制线（黄色）的预留端子分别插入双控开关的接线柱 L_1 和 L_2 中，插入后选择合适的十字螺丝刀拧紧该接线柱的固定螺钉，固定控制线，如图 3-90 所示。

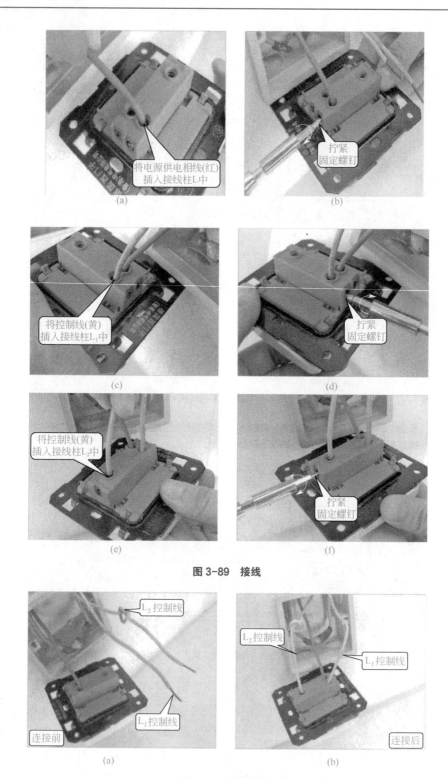

图 3-89 接线

图 3-90 接线完成

控制线包括 L_1 和 L_2，连接时应注意导线上的标记。该导线接线盒中，网扣的为 L_2 控制线，另一个则为 L_1 控制线，连接时应注意。到此，双控开关与 5 根预留导线的接线便完成了。

② 双控开关与 3 根预留导线的连接如下：

将两根控制线（黄色）的预留端子分别插入开关的接线柱 L_1 和 L_2 中，插入后选择合适的十字螺丝刀拧紧该接线柱的固定螺钉，固定控制线，如图 3-91 所示。连接时，需通过网扣辨别控制线 L_1 和 L_2。

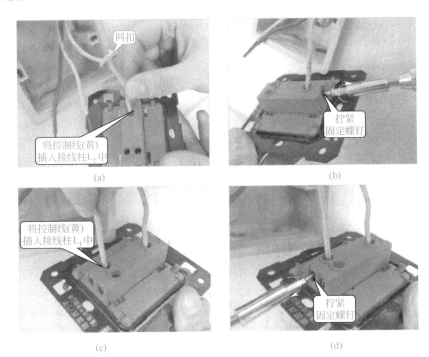

图 3-91　双控开关与 3 根预留导线的连接

将照明灯相线（红色）的预留端子插入双控开关的接线柱 L 中，插入后选择合适的十字螺丝刀拧紧该接线柱的固定螺钉，固定照明灯相线，如图 3-92 所示。到此，双控开关与 3 根预留导线的接线便完成了。

（3）双控开关面板的安装

两个双控开关接线完成后，即可使用固定螺钉将双控开关面板固定到双控开关接线盒上，完成双控开关的安装。

双控开关接线完成后，将多余的导线盘绕到双控开关接线盒内，并将双控开关面板放置到双控开关接线盒上，使其双控开关面板的固定点与双控开关接线盒两侧的固定点相对应，但发现双控开关的固定孔被双控开关的面板遮盖住，此时，需将双控开关面板取下，如图 3-93 所示。

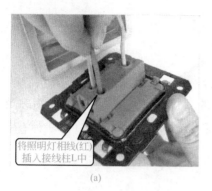

图 3-92　连接相线

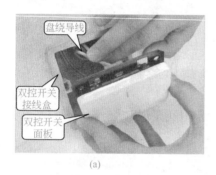
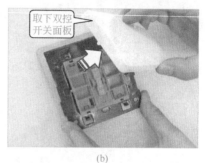

图 3-93　面板安装

如图 3-94 所示，取下双控开关面板后，在双控开关面板与双控开关接线盒的对应固定孔中拧入固定螺钉，固定双控开关，然后再将双控开关面板安装上。

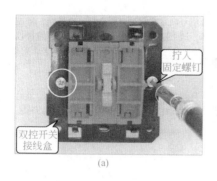
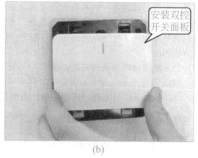

图 3-94　固定开关

将双控开关护板安装到双控开关面板上，使用同样方法将另一个双控开关面板安装上。至此，双控开关面板的安装便完成了，如图 3-95 所示。

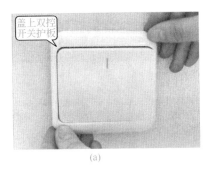
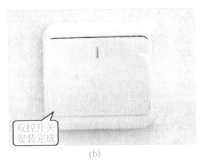

(a) (b)

图 3-95 安装完成

安装完成后，也要对安装后的双控开关进行检验操作。将室内的电源接通，按下其中一个双控开关，照明灯点亮，然后按下另一个双控开关，照明灯熄灭。因此，说明双控开关安装正确，可以使用。

3.9.5 智能开关的安装

智能控制开关是指通过各种方法控制电路通断的开关，也叫智能开关。如触摸控制、声控、光控等。智能开关都是通过感应和接收不同的介质实现控制的，根据其自身特点应用于不同的环境中，可代替传统开关，方便用户的使用。

例如，触摸延时开关是通过接收人体触摸信号来控制电路通断的，适用于安装在楼道、走廊等环境中；声控延时开关接收声音信号激发内部的拾音器进行声电转换，来控制电路的通断，适用于安装在楼道、走廊、车库、地下室等环境中；光控开关通过接收自然光的亮度大小来控制电路的接通与断开，适用于日熄夜亮的环境中，如接到宿舍走廊等，可节约用电。

触摸延时开关适用于不需要长时间照明的环境中，如楼道照明，它具有一定的延时功能，可以控制照明灯点亮一定时间后自动关闭，如图 3-96 所示。

(a) (b)

图 3-96 触摸延时开关

触摸延时开关安装前，也应根据应用环境且便于用户使用的原则对触摸延时开关的安装位置进行规划，规划后应进行合理的布线，并在开关安装处预留出足够长的导线，用于开关的连接。

图 3-97 是触摸延时开关的设计规划图。根据设计要求，采用触摸延时开关控制每个楼层楼道内照明灯的启停工作。触摸延时开关安装在楼梯口处，安装高度与单控开关的要求相同，即距地面的高度应为 1.3m，与墙或窗的距离应为 0.12～0.2m。

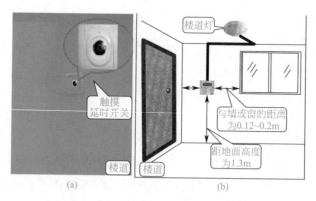

图 3-97　触摸延时开关的设计规划图

图 3-98 是触摸延时开关接线示意图。触摸延时开关与照明灯具串接在一起对灯具进行控制，在预留导线中的 4 根导线分别为电源供电端预留的相线（红色）、零线（蓝色）和灯具预留的相线（红色）、零线（蓝色）。

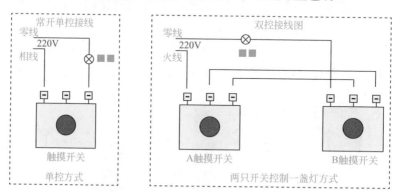

图 3-98　触摸延时开关接线示意图

选配触摸延时开关面板和触摸延时开关接线盒时，触摸延时开关接线盒要与触摸延时开关面板相匹配，且触摸延时开关接线盒应当与墙面中的凹槽相符。在固定触摸延时开关接线盒时，也要在触摸延时开关接线盒上安装与之相匹配的护套，以保护导线，防止穿过触摸延时开关接线盒时，出现磨损现象。

触摸延时开关的安装主要可以分为触摸延时开关接线盒的安装、触摸延时开关的接线、触摸延时开关面板的安装三部分内容。

（1）触摸延时开关接线盒的安装

触摸延时开关接线盒的安装方法同单控开关接线盒的安装方法，在此不再赘述。

（2）触摸延时开关的接线

触摸延时开关的接线操作也是将照明灯具的零线与电源供电的零线相连，其相线分别接在触摸延时开关的两个接线柱中。

检查触摸延时开关接线盒内预留的导线接线端子长度是否符合触摸延时开关的连接要求，若不符合连接要求，则需使用尖嘴钳对预留导线接线端子进行接线操作。

将电源供电端的零线（蓝色）与照明灯一端的零线（蓝色）进行连接。由于预留的导线为硬铜线，连接时需借助尖嘴钳，连接完成后最好用锡焊接后再使用绝缘胶带进行绝缘处理，图 3-99 所示。

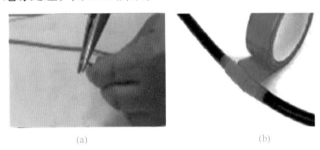

(a)　　　　　　　　　　　　　(b)

图 3-99　触摸延时开关接线

将电源供电端预留的相线（红色）和照明灯预留的相线（红色）连接到触摸延时开关上时应先使用十字螺丝刀分别将触摸延时开关接线柱处的固定螺钉拧松，如图 3-100 所示。

图 3-100　拧松螺钉

将电源供电端的相线（红色）连接端子插入触摸延时开关一端的接线柱中，选择合适的十字螺丝刀将该接线柱的固定螺钉拧紧，固定电源供电端的相线，如图 3-101 所示。

将照明灯一端的导线预留的相线（红色）端子插入触摸延时开关的另一个接线柱内，选择合适的十字螺丝刀将该接线柱的固定螺钉拧紧，固定照明灯相线，如图 3-102 所示。到此，触摸延时开关的接线就完成了。

图 3-101　开关接线

图 3-102　连接灯线

（3）触摸延时开关面板的安装

　　触摸延时开关接线完成后，即可将其触摸延时开关面板固定在触摸延时开关接线盒上，完成触摸延时开关的安装，如图 3-103 所示。

　　连接完成后，向外拉伸连接后的导线。确保导线端子连接牢固后，将剩余的导线盘绕在接线盒内。

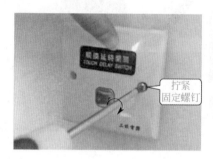

图 3-103　面板安装

灯座及声光控开关接线可扫二维码学习。

螺口灯座、声光控开关接线

第4章　常用照明设备的安装

4.1　照明线路部件的安装

4.1.1　圆木的安装

如图 4-1 所示，先在准备安装挂线盒的地方打孔，预埋木榫或膨胀螺栓。在圆木底面用电工刀刻两条槽；在圆木中间钻 3 个小孔。将两根导线嵌入圆木槽内，并将两根电源线端头分别从两个小孔中穿出，用木螺钉通过第三个小孔将圆木固定在木榫上。

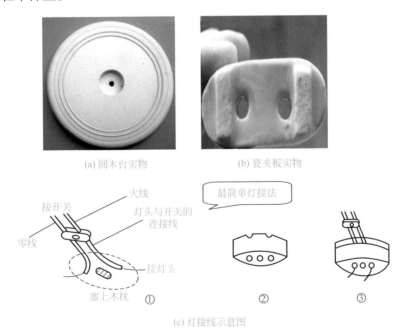

(a) 圆木台实物　　　　　　(b) 瓷夹板实物

(c) 灯接线示意图

图 4-1　普通式安装

若要在楼板上安装，首先在空心楼板上选好弓板位置，然后按图示方法制作弓板，最后将圆木安装在弓板上，如图 4-2 所示。

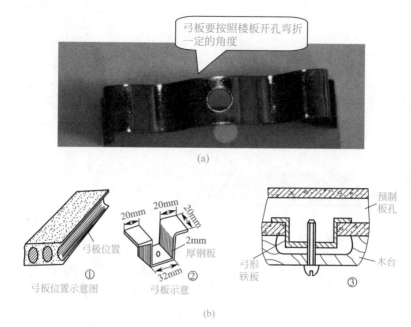

(a)

(b)

图 4-2　在楼板上安装

4.1.2　挂线盒的安装

　　如图 4-3 所示，将电源线从吊盒的引线孔穿出。确定好吊线盒在圆木上的位置后，用螺钉将其紧固在圆木上。一般为方便木螺钉旋入，可先用钢锥钻一个小孔。拧紧螺钉，将电源线接在吊线盒的接线柱上。按灯具的安装高度要求，取一段铜芯软线作挂线盒与灯头之间的连接线，上端接挂线盒内的接线柱，下端接灯头接线柱。为了不使接头处承受灯具重力，吊灯电源线在进入挂线盒盖后，在离接线端头 50mm 处打一个结（电工扣）。

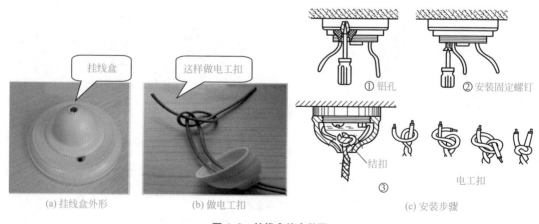

图 4-3　挂线盒的安装图

4.1.3　灯具

① 灯泡。灯泡由灯丝、玻璃壳和灯头三部分组成。灯头有螺口和插口两种。白炽灯按工作电压分有 6V、12V、24V、36V、110V 和 220V 六种，其中 36V 以下的灯泡为安全灯泡。在安装灯泡时，必须注意灯泡电压和线路电压一致。

② 灯座。灯座如图 4-4 所示。

(a) 平灯座　　　　　　(b) 灯头

图 4-4　常用灯座实物

③ 开关。开关如图 4-5 所示。

图 4-5　常用灯开关

4.1.4　白炽灯照明线路原理图

① 单联开关控制白炽灯接线原理图如图 4-6 所示。
② 双联开关控制白炽灯接线原理图如图 4-7 所示。

4.1.5　灯头的安装

（1）吊灯头的安装

如图 4-8 所示，把螺口灯头的胶木盖子卸下，将软吊灯线下端穿过灯头盖孔，在离导线下端约 30mm 处打一电工扣，把去除绝缘层的两根导线下端芯线分别压接在两个灯头接线端子上，旋上灯头盖。

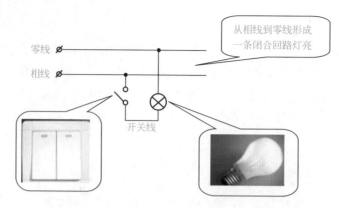

图 4-6　单联开关控制白炽灯接线原理图

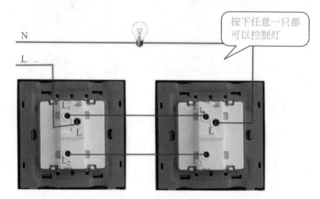

图 4-7　双联开关控制白炽灯接线原理图

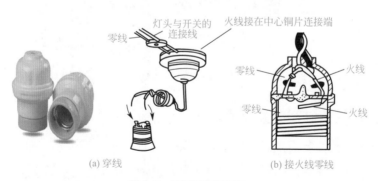

(a) 穿线　　　　　　　　　(b) 接火线零线

图 4-8　吊灯头的安装图

【注意】 火线应接在跟中心铜片相连的接线柱上，零线应接在与螺口相连的接线柱上。

（2）平灯头的安装

如图 4-9 所示，平灯头在圆木上的安装与挂线盒在圆木上的安装方法大体相同，只是穿出的电源线直接与平灯头两接线柱相接，而且现在多采用圆木与灯头一体结构的灯头。

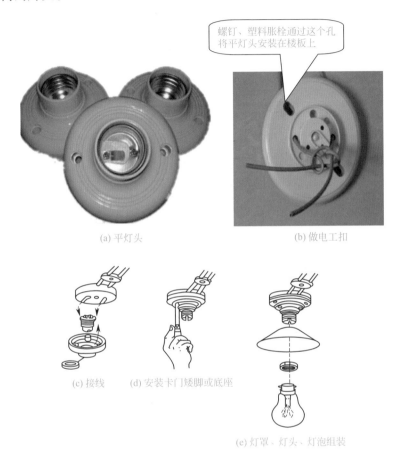

图 4-9　平灯头的安装图

4.1.6　吸顶式灯具的安装

（1）较轻灯具的安装

如图 4-10 所示，首先用膨胀螺栓或塑料胀管将过渡板固定在顶棚预定位置。在底盘元件安装完毕后，再将电源线由引线孔穿出，然后托着底盘穿过渡板上的安装螺栓，上好螺母。安装过程中因不便观察而不易对准位置时，可用十字螺丝刀（螺钉旋具）穿过底盘安装孔，顶在螺栓端部，使底盘轻轻靠近，沿铁丝顺利对准螺栓并安装到位。

安装家庭常用较轻灯具时，需要用膨胀螺栓或塑料胀管将灯底座直接固定在顶棚上，步骤如图 4-11 所示。固定完毕直接将装饰护罩卡扣卡好即可。

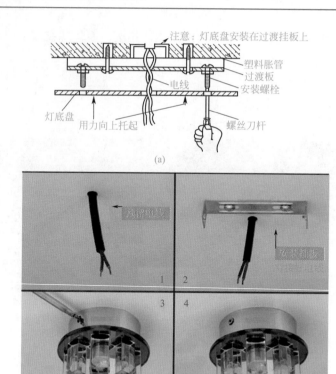

(a)

(b)

图 4-10　较轻灯具的安装

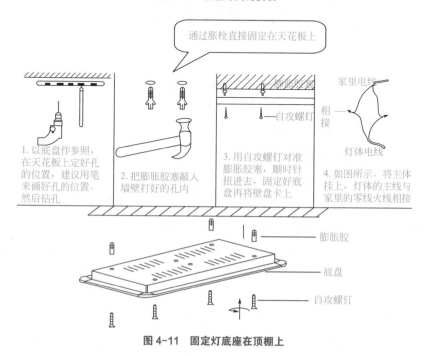

图 4-11　固定灯底座在顶棚上

（2）较重灯具的安装

如图 4-12 所示，用直径为 6mm、长约 8cm 的钢筋做成图示的形状，再做一个图示形状的钩子，钩子的下段铰 6mm 螺纹，将钩子勾住后再送入空心楼板内。做一块和吸顶灯座大小相似的木板，在中间打个孔，套在钩子的下段上并用螺母固定。在木板上另打一个孔，以穿电磁线用，然后用木螺钉将吸顶灯底座板固定在木板上，接着将灯座装在钢圈内木板

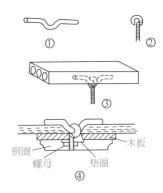

图 4-12　较重灯具的安装图

上，经通电试验合格后，最后将玻璃罩装入钢圈内，用螺栓固定。

4.1.7　嵌入式灯具的安装

嵌入式灯具（图 4-13）安装主要注意：制作吊顶时，应根据灯具的嵌入尺寸预留孔洞，安装灯具时，将其嵌在吊顶上。

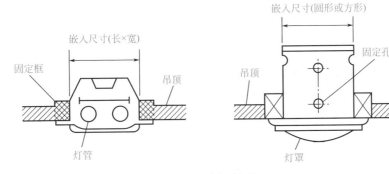

图 4-13　嵌入式灯具

4.2　日光灯的安装

（1）日光灯一般接法

日光灯接线

日光灯插座管
槽布线

普通日光灯接线如图 4-14 所示。安装时开关 S 应控制日光灯火线，并且应接在镇流器一端，零线直接接日光灯另一端，日光灯启辉器并接在灯管两端即可。

安装时，镇流器、启辉器必须与电源电压、灯管功率相配套。

双日光灯线路一般用于厂矿和户外要求照明度较高的场所，在接线时应尽可能减少外部接头，如图 4-15 所示。

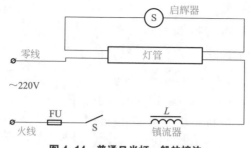

图 4-14 普通日光灯一般的接法

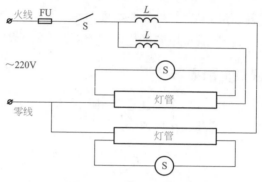

图 4-15 双日光灯的接法

（2）日光灯的安装步骤与方法

① 组装接线。如图 4-16 所示，启辉器座上的两个接线端分别与两个灯座中的一个接线端连接，余下的接线端，其中一个与电源的中性线相连，另一个与镇流器的一个出线头连接。镇流器的另一个出线头与开关的一个接线端连接，而开关的另一个接线端则与电源中的一根相线相连。与镇流器连接的导线既可通过瓷接线柱连接，也可直接连接。接线完毕，要对照电路图仔细检查，以免错接或漏接。

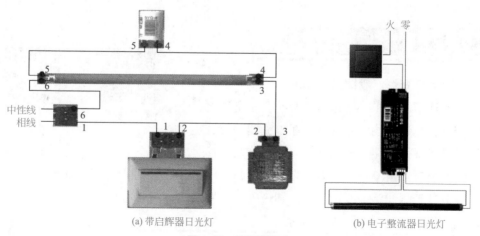

(a) 带启辉器日光灯　　　　　　　　　(b) 电子整流器日光灯

图 4-16 组装接线图

② 安装灯管。安装灯管时，对插入式灯座，先将灯管一端灯脚插入带弹簧的一个灯座，稍用力使弹簧灯座活动部分向外退出一小段距离，另一端趁势插入不带弹簧的灯座。对开启式灯座，先将灯管两端灯脚同时卡入灯座的开缝中，再用手握住灯管两端头旋转约 1/4 圈，灯管的两个引脚即被弹簧片卡紧使电路接通（图 4-17 ）。

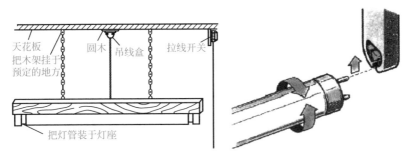

图 4-17　安装灯管图

③ 安装启辉器。开关、熔断器等按白炽灯安装方法进行接线，在检查无误后，即可通电试用（图 4-18 ）。

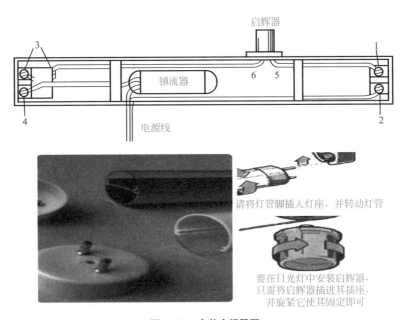

图 4-18　安装启辉器图

1 ～ 6—接线柱

电子式日光灯安装方法是用塑料胀栓直接固定在顶棚之上即可。

4.3 其他灯具的安装

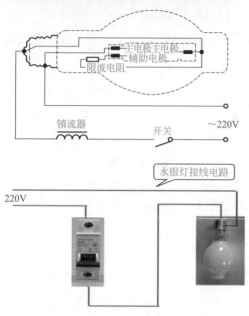

图 4-19 高压水银荧光灯的安装图

（1）高压水银荧光灯安装

高压水银荧光灯应配用瓷质灯座；镇流器的规格必须与荧光灯泡功率一致。灯泡应垂直安装。功率偏大的高压水银灯由于温度高，应装散热设备。对自镇流水银灯，没有外接镇流器，直接拧到相同规格的瓷灯口上即可，如图 4-19 所示。

（2）高压钠灯安装

高压钠灯必须配用镇流器，电源电压的变化不应该大于 ±5%。高压钠灯功率较大，灯泡发热厉害，因此电源线应足够粗。高压钠灯的安装图如图 4-20 所示。

（3）碘钨灯的安装

碘钨灯必须水平安装，水平线偏角应小于 4°。灯管必须装在专用的有隔热装置的金属灯架上，同时，不可在灯管周围放置易燃物品。在室外安装，要有防雨措施。功率在 1kW 以上的碘钨灯，不可安装一般电灯开关，而应安装漏电保护器。碘钨灯的安装图如图 4-21 所示。

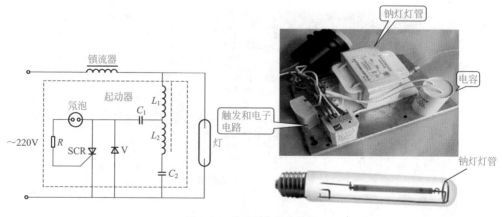

图 4-20 高压钠灯的安装图

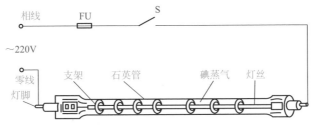

图 4-21　碘钨灯的安装图

（4）嵌入式筒灯安装

相对于普通明装的灯具，筒灯是一种更具有聚光性的灯具，一般都被安装在天花吊顶内（因为要有一定的顶部空间，一般吊顶需要在 150mm 以上才可以装）。嵌入式筒灯的最大特点就是能保持建筑装饰的整体统一与完美，不会因为灯具的设置而破坏吊顶艺术的完美统一。筒灯通常用于普通照明或辅助照明，在无顶灯或吊灯的区域安装筒灯，光线相对于射灯要柔和。一般来说，筒灯可以装白炽灯泡，也可以装节能灯。如图 4-22 所示。

图 4-22　筒灯

筒灯常见规格尺寸：

括号内为开孔尺寸，后面为最大开孔尺寸：

- 2 寸筒灯（ϕ70mm）——ϕ90mm×100H；
- 2.5 寸筒灯（ϕ80mm）——ϕ102mm×100H；
- 3 寸筒灯（ϕ90mm）——ϕ115mm×100H；
- 3.5 寸筒灯（ϕ100mm）——ϕ125mm×100H；
- 4 寸筒灯（ϕ125mm）——ϕ145mm×100H；
- 5 寸筒灯（ϕ140mm）——ϕ165mm×175H；
- 6 寸筒灯（ϕ170mm）——ϕ195mm×195H；
- 8 寸筒灯（ϕ210mm）——ϕ235mm×225H；
- 10 寸筒灯（ϕ260mm）——ϕ285mm×260H；

筒灯安装注意事项：筒灯的安装除了需要根据尺寸选择与之对应大小的安装孔之外，还需要注意一些事项才能保证其安装质量良好，一般安装筒灯过程中注意事项如图 4-23 所示。

① 装置筒灯前切忌堵截电源，关掉开关，还要避免触电，安装前请查看安装孔尺度能否符合要求，一起查看接线端和电源输入线衔接能否结实，如有松动

请锁紧后再进行操作，不然能够致使灯具不能正常点亮，查看灯具与装置面能否平坦贴合，如有缝隙请做恰当调整。

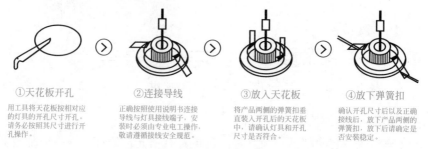

①天花板开孔

用工具将天花板按相对应的灯具的开孔尺寸开孔。请务必按照其尺寸进行开孔操作。

②连接导线

正确按照使用说明书连接导线与灯具接线端子，安装时必须由专业电工操作，敬请遵循接线安全规范。

③放入天花板

将产品两侧的弹簧扣垂直装入开孔后的天花板中，请确认灯具与开孔尺寸是否符合。

④放下弹簧扣

确认开孔尺寸后以及正确接线后，放下产品两侧的弹簧扣，放下后请确定是否安装稳定。

图4-23　筒灯安装注意事项

② 筒灯的储存要求：LED筒灯安装前为纸箱包装，在运输过程中不允许受剧烈机械冲击和暴晒雨淋，在安装时一定不要触摸灯泡表面，而且在安装筒灯时尽量不要安装在有热源和腐蚀性气体的地方。

③ 筒灯一般使用高压（110V/220V）电源的灯杯，不宜工作在频繁断电状态下。

④ 在安装商场天花板筒灯时，可以把商场上部的安装孔按所要求的尺寸事先开好，然后将电源线接在灯具的接线端子上，注意正负极，当接线完毕确认安装无误后，将弹簧扣竖起来，与灯体一起插入安装孔内，用力向上顶起，LED筒灯就可以自动进去，接通电源，灯具即可正常工作。见图4-24。

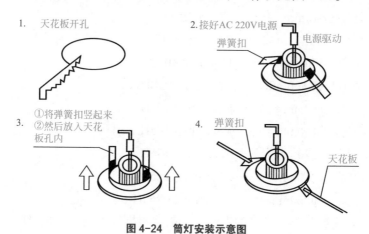

1.　天花板开孔

2.接好AC 220V电源　电源驱动　弹簧扣

3.　①将弹簧扣竖起来　②然后放入天花板孔内

4.　弹簧扣　天花板

图4-24　筒灯安装示意图

（5）水晶灯安装

水晶灯璀璨夺目，常常被当成复式等户型装饰挑空客厅的首选，但由于水晶灯本身重量较大，安装成为关键环节，如果安装不牢固，它就可能成为居室里的

"杀手"。

水晶灯一般分为吸顶灯、吊灯、壁灯和台灯几大类，需要电工安装的主要是吊灯和吸顶灯，虽然各个款式品种不同，但一般安装方法相似。

目前，水晶灯的电光源主要有节能灯、LED 或者是节能灯与 LED 的组合。

由于大多数水晶灯的配件都比较多，安装时一定要认真阅读说明书。

① 打开包装，检查各个配件是否齐全，有无破损。

② 检查配件后，接上主灯线通电检查，如果有通电不亮等情况，应及时检查线路（大部分是运输中线路松动）；如果不能检查出原因，应及时与商家联系。这个步骤很重要，否则配件全部挂上后才发现灯具部分不亮，又要拆下，徒劳无功。

如图 4-25 所示，有一个十字形的铁架，它叫作背条，背条上会有四个螺母，对准灯上的四个空，然后拧紧，如图 4-26 所示。

图 4-25　十字铁架及配件

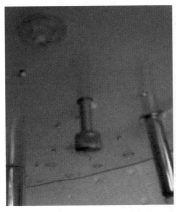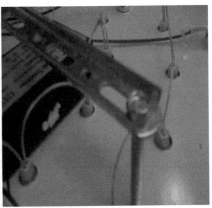

图 4-26　十字铁架的安装

③ 拧紧之后，再把背条固定在顶棚上，如图 4-27 所示。

④ 固定完后，再把灯上面的白色膜撕掉，如图 4-28 所示。

图 4-27 固定背条

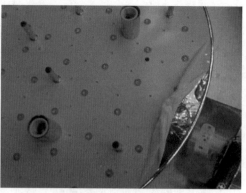

图 4-28 撕掉保护膜

⑤ 把灯的两个电线和顶棚的两根电源线连接，缠上胶带。把灯上面的四个眼，插入背条上面的螺栓上，然后用螺母紧固，这样就可以把灯固定上了，如图 4-29 所示。

图 4-29 固定灯体

⑥ 接着拿出灯里面的零件，如图 4-30 所示。并按照图纸组装装饰品（不同的灯具组装方式不同，必须按照说明书的步骤进行组装）。

图 4-30 各种附件

⑦全部挂完之后，打开的效果就会显得非常好了，如图 4-31 所示。

图 4-31　装好后效果图

⑧安装注意事项：

· 安装水晶灯之前一定要先把安装图认真看明白，安装顺序千万不要搞错。

· 安装灯具时，如果是装有遥控装置的灯具，必须分清火线与零线，否则不能通电或容易烧毁。

· 如果灯体比较大，比较难接线的话，可以把灯体的电源连接线加长，一般加长到能够接触到地上为宜，这样会容易安装，装上后可以把电源线收藏于灯体内部，不影响美观和正常使用。

· 为了避免水晶灯上印有指纹和汗渍，在安装时操作者应戴上白色手套。

（6）壁灯安装

壁灯可将照明灯具艺术化，达到亦灯亦饰的双重效果。壁灯能对建筑物起画龙点睛的作用。它能渲染气氛、调动情感，给人一种华丽高雅的感觉。一般来说，人们对壁灯亮度的要求不太高，但对造型与装饰效果要求较高。有的壁灯造型格调与吊灯是配套的，使室内达到协调统一的装饰效果。

壁灯常用的光源有白炽灯、日光灯和节能灯。常见的壁灯有床头壁灯、镜前壁灯、普通壁灯等。床头壁灯大多装在床头的左上方，灯头可万向转动，光束集中，便于阅读；镜前壁灯多装饰在盥洗间的镜子附近。

壁灯的安装高度一般为距离地面 2240 ～ 2650mm。卧室的壁灯距离地面可以近些，大约在 1400 ～ 1700mm 左右，安装的高度略超过视平线即可。壁灯挑出墙面的距离，大约为 95 ～ 400mm。

壁灯的安装方法比较简单，待位置确定好后，主要是固定壁灯灯座，一般采用打孔的方法，通过膨胀螺栓将壁灯固定在墙壁上。如图 4-32 所示。

（7）LED 灯带安装

LED 灯带因为轻、节能省电、柔软、寿命长、安全等特性，逐渐在装饰行业中崭露头角。如图 4-33 所示。但是由于 LED 灯带是新兴产品，很多客户还没有使用过，对于如何安装还不了解。安装效果也不太好，主要是光线不平，灯槽内光线明暗不均匀。

图 4-32　壁灯安装

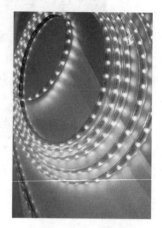

图 4-33　LED 灯带

① 首先确定一下要安装的长度，然后取整数截取。因为这种灯带是 1m 一个单元，只有从剪口截断，才不会影响电路，如果随意剪断，会造成一个单元不亮。

举例：如果需要 7.5m 的长度，灯带就要剪 8m，如图 4-34 所示。

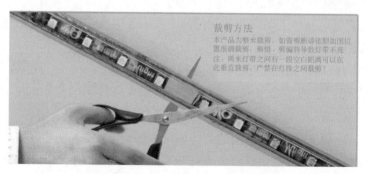

图 4-34　LED 灯带安装——确定长度

② 连接插头。LED 本身是二极管，直流电驱动，所以是有正负极的，如果正负极反接，就处于绝缘状态，灯带不亮。如果连接插头通电不亮，只需要拆开接灯带的另外一头就可以，如图 4-35 所示。

③ 灯带的摆放。灯带是盘装包装，新拆开的灯带会扭曲，不好安装，只要整理平整，再放进灯槽内即可。由于灯带是单面发光，如果摆放不平整就会出现明暗不均匀的现象，特别是拐角处一定注意，如图 4-36 所示。

现在有一种专门用于灯槽、灯带安装的卡子，叫灯带伴侣，使用之后会大大提高安装速度和效果，如图 4-37 所示。

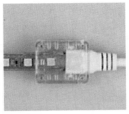

1.将插针对准导线　　2.向前推让插针与导线结合　　3.盖上尾塞防止漏电

图 4-35　拆开灯带头

由于LED灯带是单面发光灯带扭曲会造成发光不均匀

灯槽内空间狭小，无法用普通卡子进行固定。整理过程消耗大量时间精力，效果往往不好

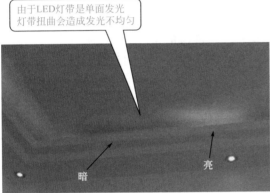

暗　　亮

(a)　　　　　　　　　(b)

图 4-36　灯带的摆放

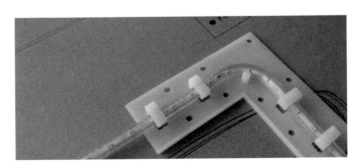

图 4-37　灯带伴侣

使用专用灯带卡子后的效果如图 4-38 所示。

LED 灯带使用注意事项：

• 电源线粗细应该根据实际可能出现的最大电流、产品功、率布线长度（建议不要超过 10m）以及低压传输线损而定。

• 灯带两端出线处应做好防水处理。

图 4-38　安装后效果图

- 严禁静电触摸、带电作业。
- 本灯带最多可以串接 10m，严禁超串接。
- 建议使用合格的开关电源（带短路保护、过低保护和超载保护）。
- 本产品只有在带有"剪刀口"符号的连接处剪开，才不影响其功能。

4.4　照明电路的故障检修

照明装置的电路分布面较广，而影响电路、电气设备正常工作的因素很多，因此，掌握供电系统图、安装接线图、电源进线、各闸箱、配电盘位置、闸箱内设备装置情况、线路分支、走向及负荷情况等，对分析故障、排除线路故障是很有必要的。

4.4.1　检查故障的方法

（1）观察法

观察采取以下方法：

问：在故障发生后，应首先进行调查，向出事故时在场者或操作者了解故障前后的情况，以便初步判断故障种类及发生的部位。

闻：有无因温度过高绝缘烧坏而发出的气味。

听：有无放电等异常响声。

看：沿线路巡视、检查有无明显问题，如导线破皮、相碰、断线、灯丝断、灯口进水、烧焦等，特别是大风天气中碰线、短路导致放电火花、起火冒烟等，然后，再进行重点部位检查。

① 熔断器熔丝：

- 熔丝一小段熔断：由于熔丝较软，安装过程中容易碰伤，同时熔丝本身也有可能粗细不均匀，较细处电阻较大，负荷过载时首先在这里熔断，熔丝刚熔断时，用手触摸保险盖，就会感觉出温度比较高。

·熔丝爆熔：整条熔丝均被烧断，一般是由线路上有短路故障造成的。

·断路：一般由熔丝的压接螺钉松动造成。

②熔断器、刀开关过热：

·螺钉孔上封的火漆熔化，有流淌痕迹。

·紫铜部分表面生成黑色氧化铜并退火变软，压接螺钉焊死无法松动。

·导线与刀开关、熔断器、接线端压接不实；导线表面氧化、接触不良；铝导线直接压接在铜接线端上，由于电化腐蚀作用，使铝导线被腐蚀，接触电阻变大，出现过热现象，严重时导致断路、短路。

（2）测试法

对电路、照明设备进行直观检查后，应充分利用试电笔、万用表、试灯等进行测试。但应注意当缺相时，只用试电笔检查是否有电是不够的，如线路上相线间接有负荷时，如变压器、电焊机等，测量断路相时，试电笔也会发光而误认为该相未断，这时应使用万用表交流电压挡测试，才能准确判断是否缺相。

（3）支路分段法

可按支路或用对比法分段进行检查，缩小故障范围，逐渐逼近故障点。即在检查有断路故障的线路时，大约在一半的部位找一个测试点，用试电笔、万用表、试灯等进行测试。如该点有电，说明断路点在测试点负荷一侧；如该点无电，说明断路点在测试点电源一侧。这时应在有问题的"半段"的中部再找一个测试点，依此类推，就能很快找出断路点。

4.4.2　照明电路断路检修

（1）断路现象

相线、零线断路后，负荷将不能正常工作，如三相四线制供电线路负荷不平衡时，若零线断线会造成三相电压不平衡，负荷大的一相电压低，负荷小的一相电压高，当负荷是白炽灯时，会出现一相灯光暗淡，而接在另一相上的灯又很亮的现象。

（2）断路原因

·负荷过大而使熔丝烧断。

·开关触头松动，接触不良。

·导线断线，接头处腐蚀严重（特别是铜、铝线未用铜铝过渡接头而直接连接）。

·安装时接头处压接不实，接触电阻过大，使接触处长期发热，造成导线、接线端子接触处氧化。

·大风恶劣天气使导线断线。

·人为因素，如搬运过高物品将电线碰断，因施工作业不注意将电线碰断及人为碰坏等。

（3）故障检查

可用试电笔、万用表、试灯等进行测试，分段查找与重点部位检查结合进行，若线路较长可采用分段法查找断路点。

① 如果户内的电灯都不亮，而邻居仍有电，应按下列步骤检查：

第一，检查用户保险盒里的熔丝是否烧断。如果烧断，可能是电路里的负载太大，也有可能是电路里发生短路事故，应做进一步的检查。

第二，如果熔丝未断，则要用试电笔试测一下保险盒的上接线桩头有没有电。如果没有电，应检查总开关里的熔丝是否烧断。

第三，如果总开关里的熔丝也未断，则要用试电笔试测一下总开关的上接线桩里有没有电。

第四，如果总开关的上接线桩头也没有电，则可能是进户线脱落了，也有可能是供电单位的总保险盒里的熔丝烧断，应通知供电单位检修。

② 如个别电灯不亮，应按下列步骤检查：

第一，检查灯泡里的灯丝是否烧断；

第二，如果灯丝未断，应检查分路保险盒里的熔丝是否烧断。

第三，如果熔丝未断，则要用试电笔试测一下开关的接线桩头有没有电。

第四，若开关的接线桩头有电，应检查灯头里的接线是否良好。如接线良好，则说明电路里某处的电线断了，应进一步检修。

4.4.3 照明电路短路检修

（1）短路现象

熔断器熔丝爆断，短路点处有明显烧痕，绝缘炭化，严重时会使导线绝缘层烧焦甚至引起火灾。

（2）短路原因

① 安装时多股导线未拧紧，压接不紧，有毛刺。

② 相线、零线压接松动、距离过近，当遇到某些外力时，使其相碰造成相对零短路或相间短路，若灯头、顶芯与螺纹部分松动，装灯泡时一扭动，就会使顶芯与螺纹部分相碰。

③ 恶劣天气，如大风使绝缘支持物损坏，导线相互碰撞、摩擦，使导线绝缘损坏，引起短路；雨天，电气设备防水设施损坏，使雨水进入电气设备造成

短路。

④ 电气设备所处环境中有大量导电尘埃，如防尘设施不当或损坏，使导电尘埃落入电气设备中引起短路。

⑤ 人为因素，如土建施工时将导线、闸箱、配电盘等临时移动位置，处理不当，施工时误碰架空线或挖土时挖伤土中电缆等。

（3）故障检查

查找短路故障时一般采用分支路与重点部位检查相结合的方法，可利用试灯进行检查。

短路也是电路常见的故障之一。电路发生短路时，电流就不通过用电器，而直接从一根线一通入另一根电线。在一般情况下，可根据以下几方面原因进行检查：

第一，用电器里的接线没有接好。

第二，未用插头，直接把两个线头插入插座。

第三，护套线受压后内部的绝缘层折破了。

第四，穿套电线的钢管装木圈，管口把电线的绝缘层磨破。

第五，建筑失修，漏水，或瓷夹脱落，绝缘不好的两根电线相碰。

第六，用电器内部线圈的绝缘层破损。

第七，用金属线绑扎两根电线，把电线的绝缘层勒破。

电路发生短路时，保险线会自动烧断，这时，不可马上装上熔丝继续使用，而必须查出发生短路的原因，并加以修理后，才可恢复用电。

短路故障在多层住宅与单独庭院用电事故中所占比例最大。排除短路故障，关键在于寻找短路点。短路点可能在线路上，也可能在连接线路中的某个用电器具上。寻找短路点方法一般有如下三种：

第一种，将有故障支路上所有灯开关都置于断开位置，并将插座熔断器的熔丝都取下，再将试灯接到该支路的总熔断器两端（熔丝应取下），串联到被测电路中。然后合闸，如试灯发光正常，说明短路故障在线路上，如试灯不发光，说明线路无问题，再对每盏灯、每个插座进行检查。

第二种，检查每盏灯时，可顺序将每盏灯的开关闭合，每合一个开关都要观察试灯发光是否正常，当合至某盏灯时，试灯发光正常，说明故障在此盏灯，应断电后进一步检查。若试灯不能正常发光，说明故障不在此灯，可断开该灯开关，再检查下一盏灯，直到找出故障点为止。

第三种，按第一种方法检查线路无问题后，换上熔丝并闭合通电，再用试灯顺次对每盏灯进行检查。将试灯接到被检查开关的两个接线端子上，若试灯发光正常，说明故障在该灯，如试灯发光不正常，说明该盏灯正常，再检查下一盏灯，直到找出故障点为止。

短路故障可带电或断电检查判断，常用有以下三种方法：

第一种，找一个200V、任意功率的白炽灯泡，断电将它串接于火线未接熔丝的熔断器盒两端桩头上。线路通电后，若灯泡发光正常，说明线路上存在短路点。

第二种，使故障线段断电，用万用表电阻挡（$R \times 10$）或500V摇表检查线间的电阻。若全部负载断开后表的电阻测量示值为零，说明线路中存在短路。

第三种，短路现象最初往往是从熔丝熔断而引起断电的现象中发现的。如重新装入熔丝，接通电源后熔丝立即熔断，说明短路存在。

在上述三个方法中，方法一、方法二比较安全可靠，建议采用。方法三尽管简单，但因为检查时既要再次危及线路安全，又要浪费熔丝，所以一般不提倡采用。

一旦确定某段线路有短路故障，则继而确定短路点位置的最简单常用的手段是借助以上所提方法一中的检查灯，采用两分法来寻找。即从故障线段的中间部分一分为二检查，判断故障点在线路的前一半还是后一半，缩小检查区域。然后将存在短路点的一半线路从中间再一分为二，如此逐步检查，逼近短路点。

两分检查法针对性较强。故障线路越长，其优越性越明显。

具体做法是：对于明布线，可找一个220V、330W以上的白炽灯泡作检查灯，断电后串入除去熔丝的控制火线的熔丝盒两端，另一只熔丝盒作正常连接，然后用钳型电流表按两分法测量线段各处有无电流（仅看有无电流；选钳型电流表量程要适当）。

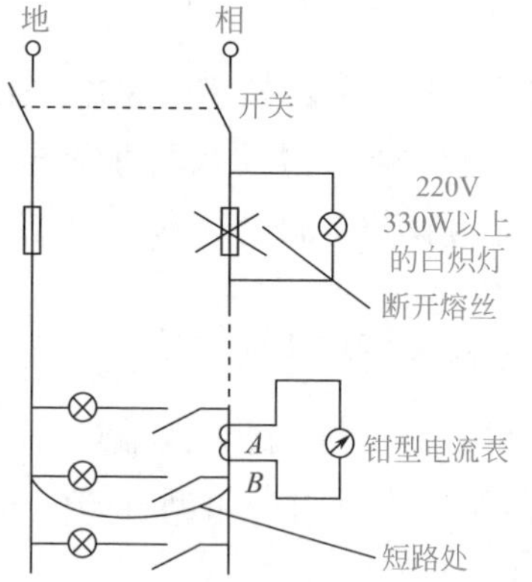

如图4-39所示，若钳流表在A点测量时有电流，到B点处又测不出电流，说明短路点在A点之后，B点之前。

对于暗布线，仍可按明布线处理，若线路中短路点仍在，则灯泡亮度正常，此时与线路中是否接入负载无关。若短路点不在所查线路之中，且负载全部断开，则检查灯不亮。如果负载部分接入，则检查灯会亮，但发光暗淡，线路的人为断开可利用暗布线中间的接线盒或

图4-39　利用钳流表寻找短路点示意图

插座的接头处来实现。检查时要注意安全，如先要拉下电源开关，再动手断开线路，包好断线接头，而后再送电等。

如用万用表的电压挡（如 250V 挡）代替接熔断器两端的灯泡作监视，则有可能因导线对地分布电容及漏电的影响（尤其对地埋管装线更明显），使电压挡在无论线路有无短路时，始终有相同读数，混淆真伪，不利于判断。

因此用检查灯比用万用表电压挡检查更稳妥可靠。

（4）用试灯检查时的注意事项

使用试灯检查短路故障，应注意试灯与被检测灯实为串联，且灯泡功率应相近，最好是一样，这样当该灯无短路故障时，试灯与被检测灯发光都暗。如试灯与被检测灯功率相差很大时，就容易出现错误判断。

4.4.4　照明电路漏电检修

电线、用电器和电器装置用久了，会绝缘老化，发生漏电事故。电线的绝缘层、用电器和电器装置的绝缘外壳破了，也会引起漏电。即使是很好的绝缘体，受到雨淋水浸，也是会漏电的。比较常见的漏电现象有：一是电线和建筑物之间漏电，这多半是由于受到雨淋水浸或者绝缘层破了的电线触及建筑物引起的，木台里的线包安装得不妥当，触及建筑物，也会引起类似的漏电现象；二是火线和地线之间漏电，引起这种漏电现象的原因有双根绞合电线的绝缘不好、电线和电器装置浸水受潮、电器装置两个接线桩头之间的胶木烧坏等。

（1）电路漏电现象

① 用电量比平时增加。

② 建筑物带电。

③ 电线发热。

这时，必须把电路里的灯泡和其他用电器全部卸下，合上总开关，观察电能表的铝盘是不是在转动。如果铝盘仍在转动（要观察一圈），这时可拉下总开关，观察铝盘是否继续转动。如果铝盘仍在转动，说明电能表有问题，应检修。铝盘不转动，则说明电路是漏电，铝盘转得越快，漏电越严重。

（2）漏电检查

电路漏电的原因很多，检查时应先从灯头、挂线盒、开关、插座等处着手，如果这几处都不漏电，再检查电线，并应着重检查以下几处：一是电线连接处；二是电线穿墙处；三是电线转弯处；四是电线脱落处；五是双根电线绞合处。如果只发现一两处漏电，只要把漏电的电线、用电器或电器装置修好或换上新的就可以了；如果发现多处漏电，并且电线绝缘全部变硬发脆，木台、木槽板多半绝缘不好，那就要全部换新的。

可以采用如下方法检查对地漏电，检查者可根据情况选用：

第一种，使用试电笔（或万用表交流电压挡）测试不该带电的部位（如导线的绝缘外层、电器的金属外壳等处），根据氖泡的亮度粗略估计漏电范围及程度。如用万用表测量对地电压结果更直观。

第二种，将待查漏电线路中的所有负载全部断开，即关断每个家用电器的开关，然后仔细观察电能表的铝盘是否转动。若铝盘转动说明在供电区域内确实存在漏电（注意电能表应无故障）。铝盘转得越快，说明漏电越严重。用这种方法检查简单可靠，但不能确定漏电是相线与零线间的，还是相线与大地间的，另外对于微弱漏电也检查不出。

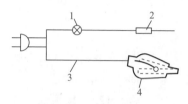

图 4-40　测试灯接线

1—测试用灯泡；2—带绝缘的测试棒子；

3—绝缘导线；4—带绝缘套的鱼嘴夹

第三种，根据非正常带电部位对地电压的高低，分别选用 200V 或 110V 或 36V 的白炽灯泡作试灯（图 4-40），并将试灯串接在测试点与大地之间。如试灯持续地亮，表示确实漏电，并不是静电引起的。实践表明，这一方法简单易行，检测可靠。

第四种，对于 500V 以下低压线路，可用摇表在断电情况下分别测量对地绝缘电阻。用 500V 摇表测量线路装置每一分路及总熔断器和分熔断器之间的线段、导线间和导线对大地间的绝缘电阻不应小于下列数值：相对地，$0.22M\Omega$；相对相，$0.38M\Omega$；对于 36V 安全低电压线路，绝缘电阻也不应小于 $0.22M\Omega$。在潮湿房屋内或带有腐蚀性气体或蒸气的房屋内，上述绝缘可以适当降低。

第五种，有条件的地方可用灵敏电流表测量泄漏电流，测定原理如图 4-41 所示。若选用 LSY-1 型多用钳型电流表测量就更直观和方便。

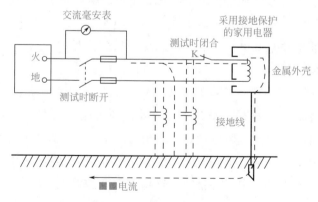

图 4-41　测量泄漏电流原理图

一般家庭用户泄漏电流如超过 15mA(最多 30mA)必须检查原因，为了安全，必须切断非正常漏电途径。确定对地漏电具体部位的方法，仍可采用前述检查短路故障的两分法。注意重点检查如下几方面：

第一，检查使用年限过久的导线绝缘层是否老化，尤其要注意各接头捆扎处。

第二，检查用电器具或电器装置件是否受潮或遭雨淋，注意检查厕所、浴间、厨房及靠墙、靠窗处。

第三，检查电线接线桩头或破损裸露的电器触头有无尘埃、油垢或污物积聚。

第四，检查穿墙进户电线或相交的电线是否因瓷套管破损（或根本未加隔离）使导线破损后直接与墙壁或树枝等接触而引起漏电。

第五，检查接线是否与固定电器的螺钉、铁钉相碰，而固定螺钉或铁钉又与墙壁甚至钢筋相碰。

第5章 家用电器的安装

5.1 电热水器的安装

5.1.1 储水式电热水器安装

储水式电热水器安装如图 5-1 所示。

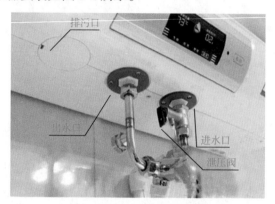

图 5-1 储水式电热水器安装指示图

（1）储水式电热水器安装步骤

安装位置：固定件安装应牢固，确保热水器有检修空间，如图 5-2 所示。

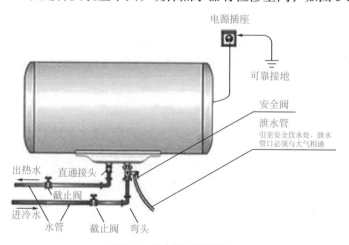

图 5-2 热水器安装平面图

水管连接：热水器进水口处（蓝色堵帽）连接一个泄压阀，热水管应从出水口（红色堵帽）连接。在管道接口处都要使用生料带，防止漏水，同时安全阀不能旋得太紧，以防损坏。如果进水管的水压与安全阀的泄压值相近时，应在远离热水器的进水管道上安装一个减压阀。

电源：确保热水器是可靠接地的。使用的插座必须可靠接地。

充水：所有管道连接好之后，打开水龙头或阀门，然后打开热水将热水器充水，排出空气直到热水龙头有水流流出，表明水已加满。关闭热水龙头，检查所有的连接处是否漏水。如果漏水，排空水箱，修好漏水连接处，然后重新给热水器充水。

（2）电热水器安装注意事项

① 家庭供电标准。按照国家标准，家用电力设备的电源应采用单相三线50Hz 220V 交流电。电源的三线——火线、零线、地线连接正确且与外标识相符合，接地良好，绝缘保护完好，电线线径粗细满足容量负荷要求。供电电压允许偏差 -10% ～ 7%，按照 220V 标准电压计算就是 198 ～ 235V 之间。对于电热水器产品，则偏差相应扩大到 -15% ～ 10%，即 187 ～ 242V 之间。在用电负荷相对集中的地区，应适当再做扩大。

② 保护要求。家庭总电表负荷不能超标，最好设有空气保护开关，至少有熔断式保护器，比如保险管（丝），保险管（丝）的标称值不能超过限定值。储水式电热水器应单独设置供电线路，不要再与其他大功率电器（如浴霸、暖风机、电暖器）共用一条电源线（注意是从电表处连接，而不是从墙上的插座处连接，更不能从中间处连接），单独设置漏电、过载、过流等保护装置，其保护的电流值水平不得大于单一电器额定电流的 2 倍。

③ 电源插座与延长线。电器所需要的电源插座应按要求配置。根据国家标准要求，单相三线（孔）插座，插座左端为 N 极，接零线；右端为 L 极，接相（火）线；上端有接地符号的应该接地线，不得互换。插座应与电热水器插头相配套，最好使用 16A 插座，尤其是电热水器额定功率超过 2000W 时。插座最好使用防水式，可防止水与蒸汽进入插头和插座的连接缝隙中。插座尽量垂直放置，如果安装在墙壁和其他物体上，应尽量远离水源或喷头处，最起码洗浴者及洗浴中的水流、水花不能直接接触。插座应易于牢固连接，防止电源引线拉动、触碰时，因连接不好产生电火花。电源引线较长时应进行捆绑、黏附并固定到不易移动的物体上。

电源配线不能过细，功率应比电器的额定最大用电功率大 50% 或以上，电流在 6 ～ 10A 的（功率 1320 ～ 2200W），选用电源线横截面积 ≥ 1mm²；电流在 10～16A 的（功率 2200～3520W），选用电源线横截面积 ≥ 1.5mm²；电流在 16～25A 的（功率 3520～5500W），选用电源线横截面积 ≥ 2.5mm²。电线外皮应防水、耐磨，线头与接头处有充分、良好的牢固连接。长期使用时，应手持无温感。

特别提醒：消费者一定不要自行配接电源引线，安装和维修专业人员也不能自行配接或改动电源引线。

④电热水器安装墙体要求。电热水器装满水后自身重量在 60～230kg 之间，对墙体要求较高，安装时应注意：热水器的安装面应可承载热水器装满水之后 4 倍重量。一般来说，厚度在 24cm 以上的混凝土墙、实心砖墙等墙体，以及钢制结构承重梁均可良好满足上述条件；当安装面为木质、空心砖、金属板、非金属板等低强度结构材质，或安装面的表面装饰层过厚，与膨胀螺钉的连接强度明显不足时，都应采取相应的加固措施和支撑措施。

⑤电热水器安装应由专业人员进行。专业安装人员经过企业上岗培训，了解产品性能，遵守安装规程，掌握安装技能，可以根据用户使用环境具体设计安装方案，完成安装工作。

电热水器安装的难点在于充分了解和掌握用户的使用环境，比如浴室的结构情况、安装面情况、电源情况。安装人员要根据不同的环境、产品和用户需求，在满足安装要求的基础上，使产品性能更好地发挥，并利于以后的维护保养和修理。电热水器在浴室的安装非常复杂，墙质为实心砖、水泥墙的比较方便安装打孔，墙质为不可承重或承重墙外有瓷砖等装饰材料时，需要采取特殊措施处理，所以对安装工的技能要求特别高。尤其是在浴室墙壁中可能预埋有电源线、水管等不能破损物且位置、深浅不明时，必须要用专业仪表进行预先探测、定位。

电热水器的安装从某种意义上讲比空调的安装还要复杂一点，因为涉及进水管、出水管、阀门、水路转换阀门等的连接。除了管线要求连接严密之外，还要考虑热水的保温、管路的长短和走线路径、外观的整齐、水管的接地等。

电热水器的安装，必须保证产品的各项保护功能正常、有效、及时工作。比如，水温的控制、缺水干烧的控制、电源的保护控制、漏电的控制、空气的流动等。

安装或维修人员必须向用户详细讲解注意事项，提示日常安全使用和维护保养的内容，介绍特殊情况处理方法和措施。

5.1.2　即热式电热水器安装

第一步：安装位置确定。

在安装前首先要打开 PPR 管的封盖，用扳手拧开即可，然后打开总开关水阀，将里面的杂质冲洗干净。冲干净以后关闭总水阀，然后用干净抹布将残留水滴擦净，装好角阀，一定要缠生料带，如图 5-3 所示。

第二步：安装挂板。

在即热式电热水器里面都有一个纸板，这个纸板上面有钻孔的位置，将纸板紧贴墙面，然后用记号笔画好对应位置，一般情况下即热式电热水器安装位置并无具体要求，不过最好在 1.5 ～ 1.8m 的位置安装，保持视线与显示屏平齐即可，也可以防止小孩子乱动，如图 5-4 所示。

图 5-3　安装生料带

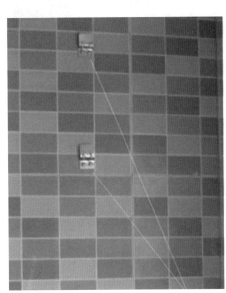

图 5-4　安装挂板

第三步：安装防电墙。

取出电热水器，将两个防电墙装在冷热水出水管处，拧好即可。有的即热式电热水器套装中并没有防电墙，那么说明已经内置防电墙了，或者有些根本就不需要防电墙，比如电磁热水器。如图 5-5 所示。

第四步：安装水流调节阀。在进水口处，即冷水管防电墙的下部安装水流调节阀，如图 5-6 所示。

第五步：挂装热水器。

将电热水器挂在背板上，将 4 分的软管连接到上冷水的角阀，另一头连接到水流调节阀上，如图 5-7 所示。

第六步：连接进水管。

将出水管道连接好，如果是只连接花洒，那么只需连接花洒的软管即可，如果需要给其他地方供水，那么需要 PPR 管热熔连接，并在旁开三通角阀连接花洒，如图 5-8 所示。

图 5-5　安装防电墙

图 5-6　安装水流调节阀

图 5-7　挂装热水器

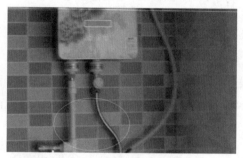

图 5-8　连接进水管

第七步：连接花洒。

连接软管和花洒头，如图 5-9 所示。

第八步：安装空气开关。

将空气开关装好，并且将即热式电热水器的裸露电源线接在空气开关上，如图 5-10 所示。

图 5-9　连接花洒

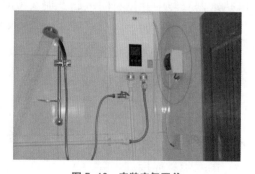

图 5-10　安装空气开关

第九步：测试。

先通水，测试无漏水后再通电，安装完毕，如图5-11所示。

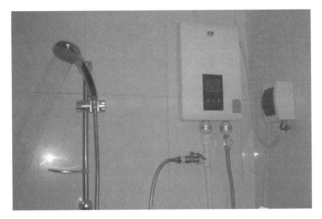

图5-11　测试

5.2　浴霸的安装

5.2.1　普通吊顶的浴霸安装

（1）安装位置

为了取得最佳的取暖效果及保证安全，浴霸应在浴室中央正上方吊顶安装。吊顶用天花板请使用强度较佳且不易共鸣的材料，安装完毕后，灯泡离地面的高度应在2.1～2.3m之间。过高或过低都会影响使用效果，如图5-12所示。

图5-12　安装位置示意图

（2）安装

浴霸安装流程：吊顶安装的准备—取下面罩（拧下灯泡，将弹簧从面罩的环上脱下面罩）—接线（用软线将浴霸以及开关面板连接好）—连接通风管—将箱体推进风孔—固定浴霸灯—安装面罩，如图 5-13 所示。

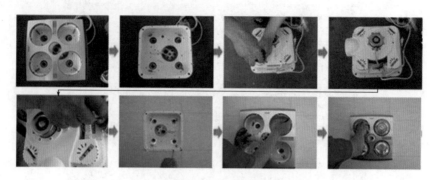

图 5-13 浴霸安装流程

（3）安装注意事项

① 浴霸电源配线系统要规范。浴霸的功率最高可达 1100W 以上，因此，安装浴霸的电源配线必须是防水线，最好是不低于 $1mm^2$ 的多丝铜芯电线，所有电源配线都要走塑料暗管镶在墙内，绝不允许明线敷置，浴霸电源控制开关必须是带防水的 10A 以上容量的合格产品。

② 浴霸的厚度不宜太大。在选择浴霸时，浴霸的厚度不能太大，一般在 20cm 左右即可。因为浴霸要吊顶安装在天花板上，如果浴霸太厚，必然吊顶高度要降低，整个室内的空间就小了。

③ 浴霸应装在浴室的中心部。很多家庭将其安装在浴缸或淋浴位置上方，这样表面看起来冬天升温很快，但有安全隐患。因为红外线辐射灯升温快，离得太近容易灼伤人体。正确的做法应该是将浴霸安装在浴室顶部的中心位置，或略造近浴缸的位置，这样既安全又能使功能最大程度地发挥。

④ 浴霸工作时禁止用水喷淋。虽然浴霸的灯泡具有防水性能，但机体中的金属配件却做不到这一点，也就是机体中的金属仍然是导电的，如果用水泼的话，会引发电源短路等危险。

⑤ 忌频繁开关和周围有振动。平时使用不可频繁开关浴霸，浴霸运行中切忌周围有较大的振动，否则会影响取暖灯泡的使用寿命。若运行中出现异常情况，应立即停止使用。

⑥ 要保持卫生间的清洁干燥。在洗浴完后，不要马上关掉浴霸，要等浴室内潮气排掉后再关闭；平时也要经常保持浴室通风、清洁和干燥，以延长浴霸的使用寿命。

5.2.2 集成吊顶的浴霸安装

集成吊顶浴霸在家庭装修浴室吊顶安装中是一个重要组成部分，它可以集照明、浴室取暖和装饰于一体。在集成吊顶浴霸安装时，要遵守正确的安装步骤。

（1）边角线的安装

收编条安装要平整、牢固，确定安装高度，并划出水平线。在贴好瓷砖后，水平的情况下，将集成吊顶的配套边角线，紧密固定在瓷砖上，要做到无明显缝隙。如图5-14所示。

图5-14 边角线安装

（2）主龙骨的安装

吊杆、龙骨间的距离要做到和面板大小一致。在顶部打膨胀眼并固定所有吊杆，吊杆下口与吊钩连接好，再把主龙骨架在吊钩中间予以固定，调节高度螺母使主龙骨底平面距收边条上平面线3cm并紧固。如图5-15所示。

（3）副龙骨的安装

根据实际的安装长度减5mm截取所需的副龙骨，套上三角吊件，按图纸要求把所有的副龙骨用三角吊件暂时挂靠在主龙骨上，如图5-16所示。

图5-15 主龙骨的安装

图5-16 副龙骨安装

（4）扣板的安装

戴好干净的手套，安装扣板要考虑整体美观度和两边对称性。

切割方法：将模板固定，用美工刀和直尺刻画三次以上，折边处用剪刀剪成90°角，用手折压2～3次即可。将模板切割口对应面卡在副龙骨内，切割口面架于收边条上，并拉出收边条卡位将模板卡紧，此时可将三角吊件用钢钳和主龙骨卡紧。

安装中间部分模板时，将模板的两个对应面分别卡在副龙骨内，控制好模板间的间隙，保持拼缝直线。注：完成每一排模板安装后，都要将三角吊件用钢钳和主龙骨卡紧。如图5-17所示。

（5）主机的安装

按照图纸设计遇到取暖类主机安装时，以主机面板代替模板，确认准确的主机安装位置；再把主机箱体放置于副龙骨上方固定好。安装（嵌入）电器，要做到面板和电器接口平整，无缝隙。如图5-18所示。

图 5-17　扣板的安装

图 5-18　主机的安装

（6）顶部走线和扣面板

顶部走线，确定哪些地方需要安装灯具，哪些地方需要安装厨卫电器，提前将线路布置好。扣面板，这个环节直接关系到吊顶的整体效果，不但要做到平整，而且要做到缝直。

5.2.3　浴霸的接线

所谓的五开浴霸，指的就是有五个开关的浴霸，主要有换气、照明、取暖三个方面，以灯泡浴霸系列为主，采用两盏或者是四盏灯泡，照明效果集中，一开灯泡就可以取暖，不需要提前进行预热，适合快节奏生活的人群；PTC系列的浴霸，也是现如今浴霸品种中的一个系列产品，主要以PTC陶瓷发热元件为主，热效率高，也很稳定，取暖效果也不错。另外还有不伤眼不爆炸的浴霸、双暖流浴霸系列等。五开浴霸开关如图 5-19～图 5-21 所示。

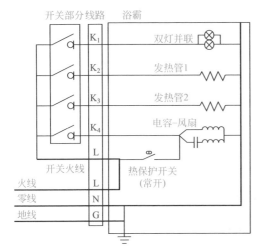

图 5-19 五开浴霸开关示意图

图 5-20 五开浴霸开关实物接线图

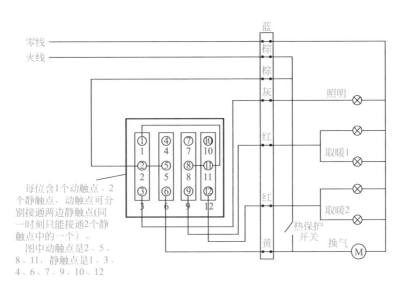

图 5-21 五开浴霸开关接线图

由于浴霸装置在卫生间中，使用的时候也难免会碰到水或者蒸汽。一般开关都很少安装在水或者是蒸汽的环境当中，但是又必须用到开关，所以从五开浴霸开关接线图上来看，安装位置和开关接法是有一定的讲究的，接得好能够在长时间使用之下，不会出现任何的安全事故。既然是五开浴霸开关接线图，其意思就是有五个开关，一般情况下，浴霸开关都是四开，最大的有六开，五开的当然也有。看着这个五开浴霸开关接线图，一般人还真是不知道怎么安装。

（1）开关按钮

既然是五开浴霸，那么就有灯泡、换气 1/ 换气 2、照明、转向等几个开关。要让总电源控制中心控制所有的开关按钮，其他的开关能够自主独立地运作，这种方式的浴霸开关接线图，背后操作起来非常困难和复杂。一般六开的浴霸，总共有 18 根接线头、16 个接线柱，全部要自己排列接线，可想而知五开的浴霸，也好不到哪里去。再看现在的浴霸开关接线图，生产厂家在浴霸接线方面，已经做了简化，相比以往，要简单不少。如图 5-22 所示。

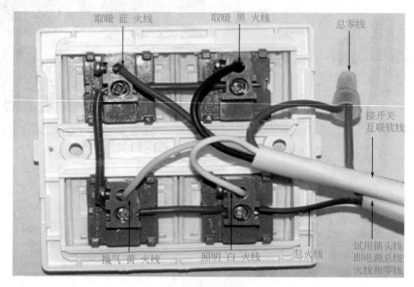

图 5-22　开关按钮

（2）接线原理

看着这个五开浴霸开关接线图，不了解的人，确实会被搞得晕头转向。其实懂得浴霸开关接线图其中原理之后，才觉得一切都那么简单。不同的线头要接在不同的接线柱上，刚开始安装的时候，也容易手忙脚乱，要先观察接线的位置，记住不同的颜色以及对应的接线柱颜色，以新换旧，在原来的位置上，把一个个对应颜色的线头接上，并固定在原来的位置，如图 5-23 所示。接线电线颜色及功能区分见表 5-1。

（3）接线位置

以上的接线方法，其实也不能适用于所有的浴霸开关的安装。看完以上浴霸开关接线图，确实有一个比较令人头痛的地方：安装在浴室内，又担心出现安全事故，而且大功率浴霸的功能有好几个，开关接线也不是那么容易的，稍有不慎，就会把浴霸烧坏，或者是出现漏电事故；安装在室外，虽然减少了一定的事故发生，但是又不方便在洗澡的时候开关浴霸，有经验的家居主人，一般都会购买防水罩来保护浴霸开关，或者是预留防水地方来安装浴霸，见图5-24。

图 5-23　接线原理

图 5-24　防水开关

表 5-1　浴霸常用的电线颜色与功能对照表

序号	芯线颜色	对应功能	线径要求/mm
1	蓝色	中性线	1.5
2	棕色	火线	1.5
3	白色	风暖1	1
4	红色	灯暖	1
5	黄色	换气	0.75
6	黑色	吹风	0.75
7	橙色	风暖2	0.75
8	绿色	负离子	0.5
9	绿色	低速	0.75
10	绿色	导风	0.5
11	灰色	照明	0.75
12	黄绿色	接地	1

注：本表线径以目前浴霸主机相同颜色中较粗的一款为准，不同品牌的颜色有所区别，应以浴霸上的接线图为准。

5.3　抽油烟机的安装

抽油烟机安装于炉灶上部，接通抽油烟机电源，驱动电机，使得风轮做高速旋转，使炉灶上方一定的空间范围内形成负压区，将室内的油烟气体吸入抽油烟机内部，油烟气体经过油网过滤，进行第一次油烟分离，然后进入烟机风道内部，通过叶轮的旋转对油烟气体进行第二次的油烟分离，风柜中的油烟受到离心力的作用，油雾凝集成油滴，通过油路收集到油杯，净化后的烟气最后沿固定的通路排出。

（1）安装高度确定

因为抽油烟机的安装最大极限高度（间隔）为距炉灶台面800mm，加上高为650mm的灶台及双眼燃气灶具，其安装距地面的高度小于1.60m。而不少人净身高为1.60m以上，因此会发生碰头现象。为解决这一懊恼，可先以人的身高定位抽油烟机的安装高度，再下量800mm定为炉具台面的高度（间隔勿过大，不然负压小，抽风效果差），而后减去灶具的高度（厚度），终极敲定炉灶工作台面的高度尺寸。

抽油烟机按照安装位置可分为顶吸式、侧吸式、下吸式三类，分别位于灶台的上方、侧方和下方。安装于下方的下吸式抽油烟机由于比较少见，且安装比较简单，我们这里就不多讲，主要讲顶吸式和侧吸式两种，它们相对于灶台的位置如图5-25、图5-26所示。

图5-25 顶吸式抽油烟机安装高度及位置

顶吸式抽油烟机考虑到操作方便性与吸烟效果，其距离灶台的高度一般在65～75cm，如图5-25所示；而侧吸式抽油烟机底部距离灶台可以更近，一般在35～45cm，如图5-26所示。

顶吸式和侧吸式抽油烟机都应水平安装于灶具正上方，抽油烟机的垂直中轴线应该与灶具中心线重叠。虽然抽油烟机的产品类型较多，但是安装方法基本一致。

（2）确定挂板安装位置

如图5-27所示为挂板安装位置。

前面已经讲过，抽油烟机的安装位置是在灶具正

图5-26 侧吸式抽油烟机安装高度及位置

上方与灶具在同一轴心线上，顶吸式抽油烟机底端高度距灶面为65～75cm，

侧吸式抽油烟机底端至灶面为 35 ～ 45cm。根据具体抽油烟机产品的尺寸，在背面找到挂板安装的位置，用铅笔画好线。

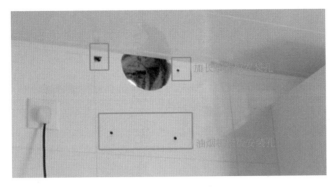

图 5-27　挂板安装位置

另外，如果抽油烟机产品安装位置距离顶部还有一段距离，为了将烟管隐藏，可以定制抽油烟机加长罩，在安装前，同样要确定好加长罩挂板的位置。

（3）钻孔安装挂板

确定挂板安装位置后，就用冲击钻在安装位置钻好深度为 5 ～ 6cm 的孔，将膨胀管压入孔内，再用螺钉将挂板可靠固定。如图 5-28 所示。

（4）将抽油烟机挂扣到挂板上

抽油烟机背后的样式正好与挂板可以相嵌，从而挂住抽油烟机。由于抽油烟机一般较重，在挂的时候，通常需要两个人合作。如图 5-29 所示。

图 5-28　安装挂板

注意保持水平：确任抽油烟机安装水平，无晃动或脱钩现象

图 5-29　抽油烟机挂扣

（5）安装排烟管

将排烟管一头插入止回阀出风口内外圈之间槽口，用螺钉紧固。另一头直接通过预留孔伸入室外。如排烟管是通入公用烟道，一定要用公用烟道防回烟止回阀连接，并密封好。若排烟到墙外，则建议在排烟管外装上百叶窗，避免回灌。如图 5-30 所示。

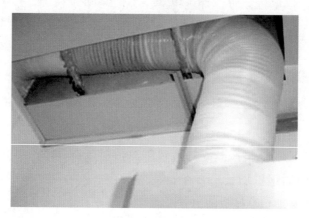

图 5-30　安装排烟管

（6）安装加长罩

此只针对需要安装加长罩的产品。前面已经提到，如需要安装加长罩，首先要安装好挂板。然后待油烟机和排烟管安装好之后，扣上加长罩。如图 5-31、图 5-32 所示。

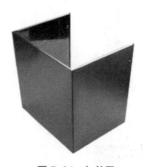

图 5-31　加长罩

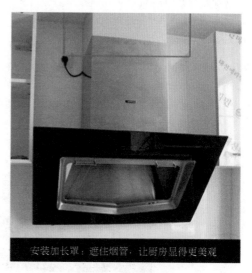

图 5-32　安装加长罩

（7）安装油杯等配件

接下来就只剩下安装抽油烟机的油杯、面罩等配件了。配件安装好之后，就基本安装完成。如图 5-33 所示。

图 5-33　安装油杯

（8）抽油烟机安装注意事项

前面了解到安装抽油烟机前要做的准备及安装时的一般流程。而为了确保抽油烟机安装万无一失，在安装时，还需要注意一些细节方面的知识。

① 钻孔注意事项。抽油烟机在安装前一定要确定打孔部位没有下水管、煤气管、电线经过，以免造成破坏，甚至引发触电危险等。

② 注意保持水平。抽油烟机在安装过程中一定要注意机体水平，安装完后观察其水平度，避免倾斜。确保抽油烟机无晃动或脱钩现象。

③ 安装排烟管注意事项。若排烟到共用烟道，勿将排烟管插入过深导致排烟阻力增大。若通向室外，则务必使排烟管口伸出 3cm。排烟管不宜太长，最好不要超过 2m，而且尽量减少折弯，避免多个 90° 折弯，否则会影响抽油烟效果。

④ 安装好后试机。抽油烟机安装完成后，一定要记得调试抽油烟机。一般是通过功能键的开关，看是否运作正常。

⑤ 做好保护。抽油烟机安装好之后，如果厨房还有其他的装修项目没有完成，就需要做好抽油烟机的保护工作。可以给抽油烟机套上塑料保护膜。

第6章　智能家居设备布线安装与应用

6.1.1　智能家居的组成

智能家居是在物联网的影响之下物联化的体现。智能家居通过物联网技术将家中的各种设备（如音视频设备、照明系统、窗帘控制、空调控制、安防系统、数字影院系统、网络家电以及三表抄送等）连接到一起，提供家电控制、照明控制、窗帘控制、电话远程控制、室内外遥控、防盗报警、环境监测、暖通控制、红外转发以及可编程定时控制等多种功能和手段。智能家居组成图如图6-1所示。

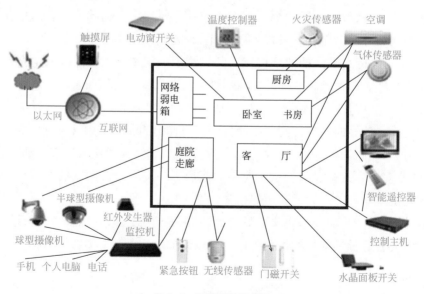

图6-1　智能家居组成图

6.1.2　控制方式

在日常家居生活中，为了使我们对家庭的控制系统能随时掌控、需要的信息随时获取，操作终端的形式非常重要，多种形式的智能操作终端是必不可少的，如智能遥控器、移动触摸屏、电脑、手机、PDA 等。

早期智能家居都会配有专用的控制终端，或采用带有网页的方式，随着移动技术和物联网的兴起，现在市面多为软件搭配现有的智能终端（智能手机、平板电脑）的控制方式。

早期的控制方式，局限性较大，客户后期维护和更改系统操作复杂，专业要求高，个人认为，这也是阻碍智能家居普及的因素之一。

而随着云技术的发展，市面上出现了将云语音控制融入到控制系统的智能家居控制软件，不需要专业的设备，任意一台智能手机或是平板电脑安装上软件即可，其兼容 Windows、iOS、Android 系统，开启手机软件，启用监听模式，在声场的覆盖范围内，即可与系统对话控制电气设备，更强大的是该系统还可以接入互联网系统，进行日常信息查询、网页浏览、音乐搜索等功能，整个交互过程，可以是全语音也可以是屏幕显示。

6.1.3 有线网络的安装

在家庭装修中，网络插座的安装和增设已经成为家装电工必备的技能。对于网络插座的安装，大体可以分为网线的加工和网络插座的安装两部分内容。

6.1.3.1 网线制作

在进行网络插座的安装与增设时，网络主要有双绞线、同轴电缆和光纤等，在家庭网络环境中，常采用双绞线作为网络传输介质。

在家庭网络环境中，网络传输线与上网设备之间通常采用 RJ-45 接头进行连接。如图 6-2 所示为 RJ-45 接头连接方式。

图 6-2　网线与水晶头

不难看出，对于网络传输线（双绞线）的加工主要就是对网络接头（RJ-45接头）的制作。

根据制作流程，网络传输线（双绞线）的加工可以划分成网络传输线（双绞线）的加工处理、网络传输线接头（RJ-45 接头）安装、网络传输线的测试三个操作环节。

（1）网络传输线的加工处理

① 剪线。用网线钳子的剪口进行剪线，如图 6-3 所示。

将线头放入专用剪线口　　　稍微用力握紧线钳　　　松开线钳

图 6-3　剪线

② 剥线。用网线钳子的剥线口进行剥线，如图 6-4 所示。

 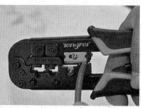 

端头2cm的位置

将线头放入专用剥线口　　　稍微用力握紧线钳，同时旋转线头　　　取出线头，线背剥开

图 6-4　剥线

图 6-5　按顺序排列

使用剥线钳在网络传输线（双绞线）端头 2cm 处将绝缘层剥落，并保证不能损伤线芯。

将网络传输线（双绞线）内的四组线芯进行分离并按顺序排列，如图 6-5 所示。

露出双绞线的四对单股电线线芯，这里采用 568B 的线序标准进行连接。将双绞线的 4 对线芯按照白橙、橙、白绿、蓝、白蓝、绿、白棕、棕的颜色顺序排列，并将每根线芯拉直排列整齐，如图 6-6 所示。

当网络传输线（双绞线）内的线序排列好以后，使用压线钳对排列好线序的线芯进行修剪。

对排列好的网络传输线（双绞线）线芯的修剪操作见图 6-7。

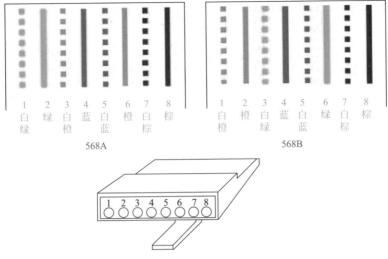

图6-6　网线与水晶头连接的顺序

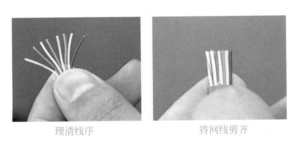

理清线序　　　　　　　将网线剪齐

图6-7　修剪网络传输线（双绞线）线芯

将 8 根线芯用压线钳的剪线刀口剪齐，剪线时要确保 8 根线的长度不要太短也不要太长，长度为 1cm 左右即可。

（2）网络传输线接头（RJ-45 接头）的安装

网络传输线接头（RJ-45 接头）俗称水晶头，网络传输线接头（RJ-45 接头）的安装就是将水晶头按照工艺标准安装在修剪整齐的网络传输线（双绞线）的线芯上，如图 6-8 所示。

把剪好的线芯对准水晶头的插孔插入水晶头，在插入的时候注意水晶头的方向，不要将水晶头拿反，而且一定要将线芯头插入水晶头底部。

然后在确保双绞线的线头不要与水晶头脱离或松动的情况下，将水晶头放到压线钳的压线槽内，用力压下压线钳的手柄使水晶头压紧在双绞线端头（即水晶头内部的压线铜片与双绞线的线芯接触良好）。

使用同样的方法，将网络传输线（双绞线）的另一端安装网络传输接头（水晶头）。

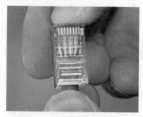
检查网线是否插入底部

将水晶头放入相应钳口

检查水晶头插入位置

将线钳与水晶头簧片对齐

用手柄压至底部

压制水晶头完成

图 6-8 水晶头压接

图 6-9 加工好的网络传输线（双绞线）

加工后的网络传输线（双绞线）如图 6-9 所示。

（3）网络传输线的测试

当网线的两端都连接好水晶头以后，应当使用专用的网络电缆测试仪对其进行测试，如图 6-10 所示。

测试方法：将连接好的双绞线的两端插到网络电缆测试仪的测试接口上，然后将测试仪的开关打开，测试仪的指示灯显示出双绞线两端的连接状况。如果两端的指示灯同步，则证明双绞线连接完好。

6.1.3.2 网线插座安装

入户的网络线路需要安装网络接线盒，这样，用户将网络传输线（双绞线）的一端连接网络接线盒，另一端插头接在上网设备的网络端口上，即可实现网络传输功能，如图 6-11 所示。

目前网络应用主要有两种方案，一是 Wi-Fi 有线网络方案，二是 Wi-Fi 方案。

网络传输线（双绞线）是网络系统中的传输介质，网络接线盒的安装就要将入户的网络传输线与网络接线盒连接，以便用户通过网络接线盒上的网络传输接口（RJ-45 接口）登录网络。如图 6-12 所示为网络接线盒（网络信息模块）的实物外形。

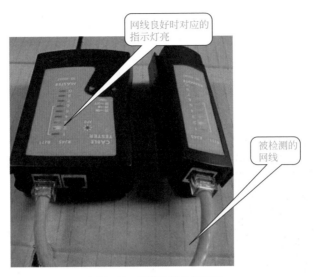

图 6-10　网络传输线的测试

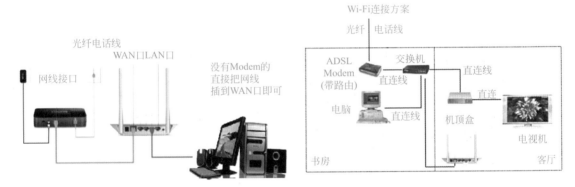

图 6-11　网络连接示意图

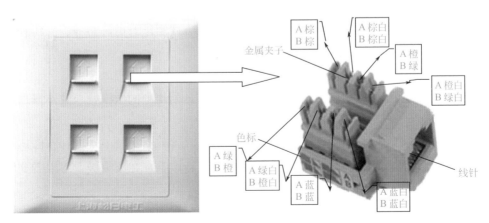

图 6-12　网络信息模块插座

网络传输线（双绞线）与网络接线盒上接口模块的安装连接可分为网络传输线（双绞线）的加工处理和网络接线盒上接口模块的连接两个操作环节。

（1）网络传输线（双绞线）加工处理

对网络传输线（双绞线）进行加工，应当使用剥线钳在距离接口处 2cm 的地方剥去安装槽内预留网线的绝缘层，如图 6-13 所示。

图 6-13　使用剥线钳将网络传输线（双绞线）的绝缘层剥落

将网络传输线（双绞线）内部的线芯进行处理，如图 6-14 所示。

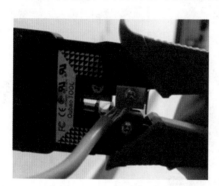

图 6-14　将网络传输线（双绞线）内部的线芯进行处理

将网络传输线（双绞线）内的线芯接口使用剥线钳进行剪切整齐，并将其按照顺序进行排列，便于与网络信息模块进行连接。

（2）网络接线盒上接口模块的连接

打开网络接口模块上的护板，并拆下网络信息模块上的压线板，具体操作见图 6-15。

将网络接口模块上的护板打开，并将其取下，将网络接口模块翻转，即可看到网络信息模块，用手将网络信息模块上的压线板取下。在压线板上可以看到网络传输线（双绞线）的连接标准。

网络信息模块与网络传输线（双绞线）的连接具体操作见图 6-16。

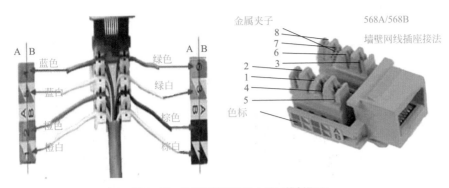

图 6-15　将网络信息模块上的压线板取下

1—白橙；2—橙；3—白绿；4—蓝；5—白蓝；6—绿；7—白棕；8—棕

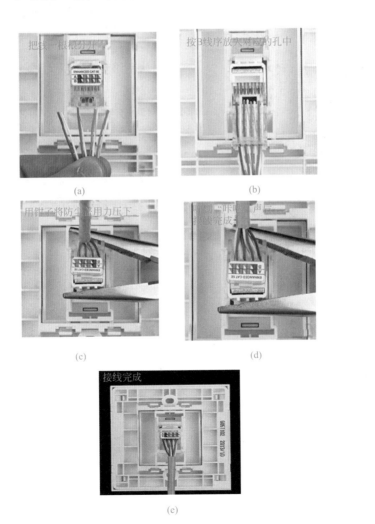

图 6-16　将网络传输线（双绞线）与网络信息模块进行连接

将网络传输线（双绞线）穿过网络信息模块压线板的两层线槽，将其放入网络信息模块，并使用钳子将压线板压紧。

将网络接口模块固定在墙上，具体操作见图6-17。

图6-17　将网络接口模块固定在墙上

图6-18　插入网络传输线测试网络信息
模块接口

当确认网络传输线（双绞线）连接无误后，将连接好的网络接口模块安装到接线盒上，再将网络信息模块的护板安装固定。

插入网络传输线（双绞线）进行测试，具体操作见图6-18。

当网络接口模块固定好以后，应当将连接水晶头的网络传输线（双绞线）插入网络信息模块中，对其进行测试，确保网络可以正常工作即可。

6.1.4　无线网络的安装

家装中无线网络的安装、调试可扫二维码学习。

无线网络的安装

6.2　远程无线Wi-Fi手机app控制模块的安装与应用技术

远程控制越来越多地应用到各个行业，如气象监测（网络监测温度、湿度、压力、气体、$PM_{2.5}$、风速、雨量等传感器数据）、门禁监控（网络控制门禁、监测门禁开关状态、电动门、卷帘门、闸门等）、灯光控制（无人值守网络控制路灯、舞台灯光控制、照明控制）、阀门监控（网络控制打开关闭电磁阀、监测开关状态、采集电压与电流信号）、智能家居（网络控制空调、门禁、净化器、电热水器等家用设备启停）、温室大棚（网络控制门帘电机、监测棚内温度湿度、控制鼓风机）、仓储物流（冷库温度监控、网络监控温湿度报警、实时查看数据）、养殖业（网络监测查看室内环境温湿度、控制供水、饮食）等。

也就是说只要用到控制模块，接输出不同的负载，就可用于不同行业的不同控制。远程智能控制系统的组织架构如图 6-19 所示。

图 6-19　远程智能控制系统的组织架构图

应用到智能家居中，通过远程控制系统可以控制空调、照明及其他用电器的工作状态，下面介绍无线 Wi-Fi 手机 app 控制模块的安装与应用技术。

6.2.1　控制接口分类与模块选型

（1）接口分类

DAM 网络版设备产品分为单 Wi-Fi 版、Wi-Fi+ 网口版、单网口版设备三种，均支持二次开发上位机软件，其中单 Wi-Fi 版、Wi-Fi+ 网口版分为内置天线和外置天线两种，建议采用外置天线版设备。如图 6-20 所示。

图 6-20　接口分类

（2）模块选型

① 以太网模块分为单 Wi-Fi、单以太网口、网口 +Wi-Fi；

②单以太网口采用单独的配置软件对设备进行参数及工作模式设置，采用网线方式进行通信；

③单 Wi-Fi、Wi-Fi+ 网口设备通过 WEB 界面对设备参数进行配置，网线和无线均可进行通信；

④产品提供控制协议说明书、查询控制指令（说明书内）、配套软件、以太网测试源码、安卓版 app 软件；

⑤DAM 系列设备均可与 PLC、组态软件、组态屏等进行通信。

注：所有设备型号均以 DAM 开头，型号中 AI 指模拟量信号，DI 指开关量信号，DO 指继电器输出，DA 指模拟量输出，PT 指 PT100 传感器。

常用模块功能及特点见表 6-1。

表 6-1　常用模块功能及特点

分类	型号	功能	特点
继电器输出	0200	2路DO	供电分为5V、7～20V、24V三种
	0400	4路DO	隔离485通信，继电器输出触点隔离
	0800	8路DO	具有顺序启动、流水循环、跑马循环工作模式
	1600B	16路DO	无外壳，具有顺序启动、流水循环、跑马循环工作模式
	1600C	16路DO	带壳，35mm卡轨安装，具有顺序启动、流水循环、跑马循环工作模式
	1600D	16路DO	带壳，具有顺序启动、流水循环、跑马循环工作模式
	3200A	32路DO	供电5V/12V/24V，默认12V
开关量采集+继电器输出	0404D	4路DO+4路DI	DO具有闪开闪断、频闪功能，DO与DI支持联动功能和多种工作模式
	0408D	4路DO+8路DI	DO输出为30A大电流，光耦隔离输入，DO与DI支持联动功能和多种工作模式
	0606	6路DO+6路DI	光耦隔离输入，DO与DI支持联动功能和多种工作模式
	0808	8路DO+8路DI	光耦隔离输入，DO与DI支持联动功能和多种工作模式
	0816D	8路DO+16路DI	光耦隔离输入
	1012D	10路DO+12路DI	光耦隔离输入，DO与DI支持联动功能和多种工作模式

续表

分类	型号	功能	特点
开关量采集+继电器输出	1616	16路DO+16路DI	光耦隔离输入，DO与DI支持联动功能和多种工作模式
	1624	16路DO+24路DI	光耦隔离输入
模拟量采集+继电器输出	0404A	4路DO+4路AI	12位分辨率模拟量采集
	0408A	4路DO+8路AI	30A大电流输出，12位分辨率模拟量采集
	0816A	8路DO+16路AI	12位分辨率模拟量采集
	1012A	10路DO+12路AI	12位分辨率模拟量采集
模拟量采集+开关量采集+继电器输出	1066	10路DO+6路AI+6路DI	有闪开闪断功能，12位分辨率模拟量采集，DO与DI支持联动功能和多种工作模式
	0888	8路AI+8路DO+8路DI	光耦隔离输入，12位分辨率模拟量采集
	10102	2路AI+10路DO+10路DI	光耦隔离输入，12位分辨率模拟量采集
	16CC	16路DO+12路AI+12路DI	光耦隔离输入，12位分辨率模拟量采集
	14142	2路DO+14路AI+14路DI	光耦隔离输入，有闪开闪断功能，12位分辨率模拟量采集，DO与DI支持联动功能和多种工作模式
温度采集+继电器输出	0404-PT	4路DO+4路PT100	30A大电流输出，24位AD，精度0.02℃
温度采集	PT04	4路PT100	24位AD，精度0.02℃，分辨率0.1%，三线制传感器
	PT06	6路PT100	24位AD，精度0.02℃，分辨率0.1%，二线制传感器
	PT08	8路PT100	24位AD，精度0.02℃，分辨率0.1%，三线制传感器
	PT12	12路PT100	24位AD，精度0.02℃，分辨率0.1%，二线制传感器

6.2.2　实际模块的应用与接线举例

下面以 JYDAM3200 为例介绍远程控制系统的接线与使用。JYDAM3200 外形如图 6-21 所示。

远程控制接收模块

图 6-21　JYDAM3200 外形图

（1）主要参数

JYDAM3200 主要参数见表 6-2。

表 6-2　JYDAM3200 主要参数

触电容量：10A/30V DC　10A/250V AC	输出指示：32路红色LED指示
耐久性：10万次	温度范围：工业级，-40～-85℃
通信接口：RJ45以太网口、Wi-Fi、网口+Wi-Fi	尺寸：300mm×110mm×60mm
额定电压：7～30V DC	默认通信格式：9600，n，8，1
波特率：2400bit/s，4800bit/s，9600bit/s，19200bit/s，38400bit/s	默认工作模式：TCP Server
电源指示：1路红色LED指示	软件支持：配套配置软件、app控制软件，平台软件支持各家组态软件；支持Labview等

（2）JYDAM3200 远程控制系统的接线

DAM 设备带有触点容量为 250V AC 10A/30V DC 10A 的继电器，可以直接控制 30V 以下直流设备，如电磁阀、门禁开关、干接点开关设备等，也可以控制家用 220V 设备，如电灯、空调、热水器等，控制大功率设备时，中间需加入交流接触器，如电机、泵等设备。

输出端常见接线如图 6-22 ～图 6-25 所示。

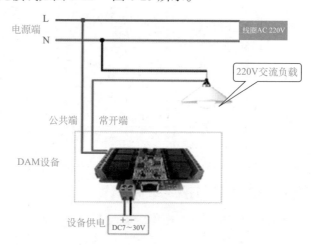

图 6-22　交流 220V 设备接线方法

（3）输入口配置与接线

① 外置天线。如图 6-26 所示。

② 配置说明。网络版设备通信接口分为单 Wi-Fi、单网口、Wi-Fi+ 网口三种。Wi-Fi+ 网口设备：网页方式配置，Wi-Fi 信号名称为 HI-Link-**；

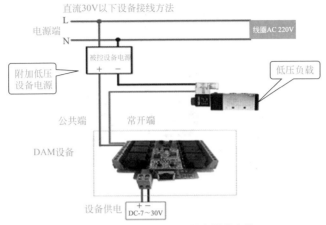

图 6-23　直流 30V 以下设备接线方法

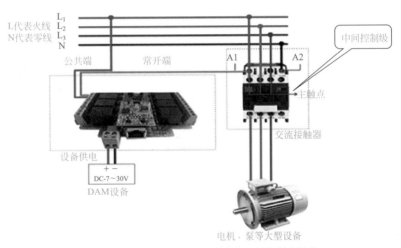

图 6-24　带零线交流 380V 接电机、泵等设备接线

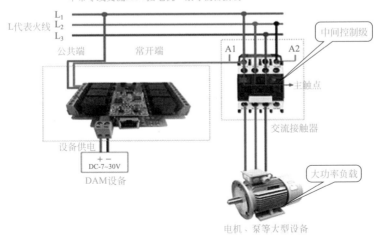

图 6-25　不带零线交流 380V 接电机、泵等设备接线

外置天线版设备配有2.4G标准吸盘天线，增强设备的网络信号

天线插头

外置天线

外置天线与天线插头连接

图 6-26　外置天线

单 Wi-Fi 设备：网页方式配置，Wi-Fi 信号名称为 JY-***；

单网口设备：以太网软件配置，默认 IP 为 192.168.1.232。

不同接口配置方式见图 6-27。

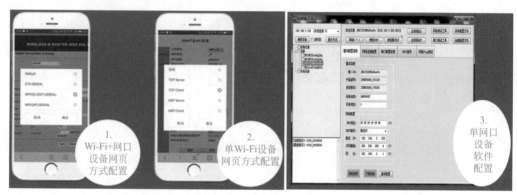

1.
Wi-Fi+网口
设备网页
方式配置

2.
单 Wi-Fi 设备
网页方式配置

3.
单网口
设备
软件
配置

图 6-27　接口配置方式

6.2.3　电脑与手机 app 控制方式

电脑与手机 app 控制可扫二维码学习。

电脑与手机 app
控制方式

6.3　多路远程控制开关接线

6.3.1　多路网络远程控制开关特点与功能

（1）特点

多路网络远程控制如图 6-28 所示。

① V10M-AC：支持远程控制，支持手机 app、远程 PC 控制，输入为交流 220V，可用交流 220V 控制继电器输出；

② V10M-DC：支持远程控制，支持手机 app、远程 PC 控制，输入为直流 0～12V，可接开关量信号的传感器；

③ V10-AC：支持局域网控制，支持 PC 控制及集中控制，输入为交流 220V，可用交流 220V 控制继电器输出；

④ V10-DC：支持局域网控制，支持 PC 控制及集中控制，输入为直流 0～12V，可接开关量信号的传感器。

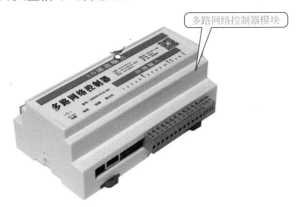

图 6-28　多路网络远程控制开关

（2）功能

多路控制器功能见表 6-3。

表 6-3　多路控制器功能表

序号	功能
1	以太网RJ45接口
2	板载web服务器，可通过web方式访问并控制，安全机制较高，需要密码认证
3	10路AC 250V 16A继电器独立输出，继电器输出线锡层加厚
4	10路干节点有源输入（交流/直流），可以直接控制继电器输出
5	支持定时，联网可自动同步国家授时中心时间，无须上位机手动校时，支持灵活可配置的16组定时器，可均匀分配，也可分配给同一个，网页和上位机均可配置。支持离线定时，精度为1s
6	12～24V直流电源供电，并带自恢复熔丝
7	可以接路由器，通过安卓、PC远程控制，并可使用集中控制软件
8	支持状态返回，可以实时显示当前继电器状态
9	一键参数还原，参数设置错误或忘记密码无法连接网络，可使用一键还原
10	支持二次开发（仅开放局域网接口），提供上位机参考源代码
11	人性化页面，操作更简单，自适应屏幕和各种浏览器
12	具有点动（点触）功能，点动延时设置范围为1～6000s，精度为0.1s
13	灵活的网络参数修改，可修改IP、HTTP端口、网关及密码

序号	功能
14	具有掉电记忆功能，可记忆参数配置、时间、定时参数以及继电器状态
15	可热插拔网线，不会引起死机等现象
16	在之前的版本上做了大量优化，修复多个bug使程序更加稳定，定时无出错
17	支持远程点触和输入状态查看功能
18	可接贞明电子传感器系列，支持远程显示及自动阈值控制
19	交流、直流输入，满足更多客户的需求，无需另外布线，可直接使用现有的交流输入进行控制
20	app简单易用，只需扫一下二维码即可绑定设备，可同步设备名称
21	外壳尺寸800mm×158mm×59mm，导轨外壳
22	输入、输出插拔式环保铜端子，支持20A大电流
23	丰富的扩展接口可支持多种传感器，并实现阈值触发自动控制

6.3.2 多路网络远程控制开关接线方式

多路网络远程控制开关接线方式如图 6-29 所示。

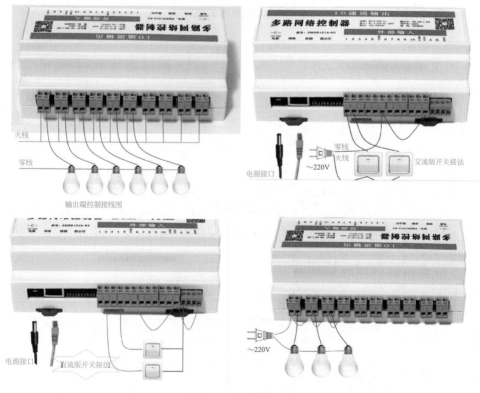

图 6-29 多种接线方式

6.3.3 多路网络远程控制开关 web 控制与手机 app 控制

（1）web 控制

局域网：http：//192.168.1.166；用户名：admin；密码：12345678；主页页面：继电器控制页面，可以通过"开关控制"来操作继电器的开和关，并且有状态返回，可通过图片观察状态。身份验证页面和主页页面见图 6-30、图 6-31。开关控制页面见图 6-32。

图 6-30 身份验证

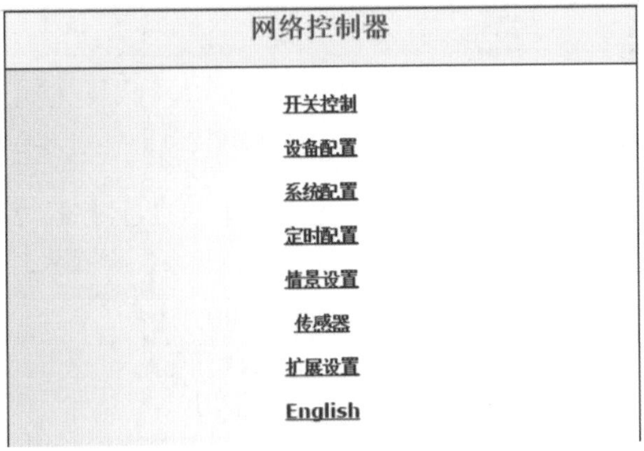

网络控制器

开关控制

设备配置

系统配置

定时配置

情景设置

传感器

扩展设置

English

图 6-31 主页页面

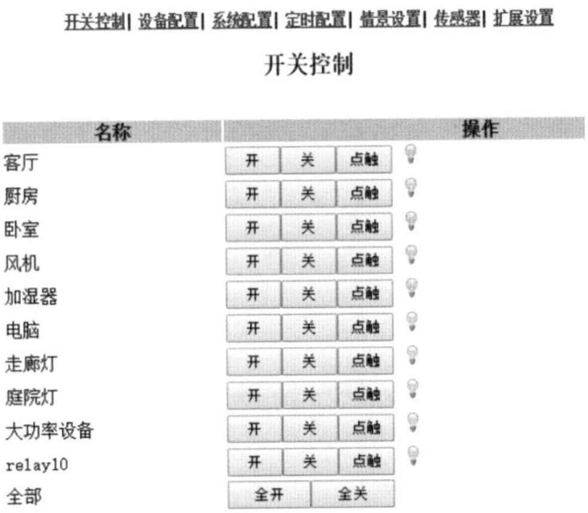

开关控制| 设备配置| 系统配置| 定时配置| 情景设置| 传感器| 扩展设置

开关控制

名称	操作		
客厅	开	关	点触
厨房	开	关	点触
卧室	开	关	点触
风机	开	关	点触
加湿器	开	关	点触
电脑	开	关	点触
走廊灯	开	关	点触
庭院灯	开	关	点触
大功率设备	开	关	点触
relay10	开	关	点触
全部	全开	全关	

图 6-32 开关控制

在如图 6-33 所示的页面中可以修改对应继电器的名称，使客户更加方便直观地控制。

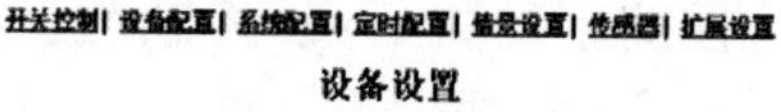

开关控制| 设备配置| 系统配置| 定时配置| 情景设置| 传感器| 扩展设置

设备设置

图 6-33　设备设置

在图 6-34 所示的页面中可以给开关输出定制名称，名称最大长度为 5 个中文或 16 个英文和数字。点触时间设置默认值为 0.1s，最长为 6000s，如果出现乱码请加空格填充输入值。正确联网后，通过扫描二维码进行绑定。

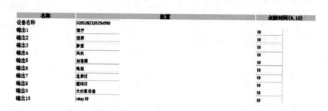

图 6-34　设备名称设置

实时显示当前时间，联网情况下可自动获取 NTP 服务器时间，无须手动调节，如图 6-35 所示。

图 6-35　定时器设置

可绑定多个传感器，如图 6-36 所示。

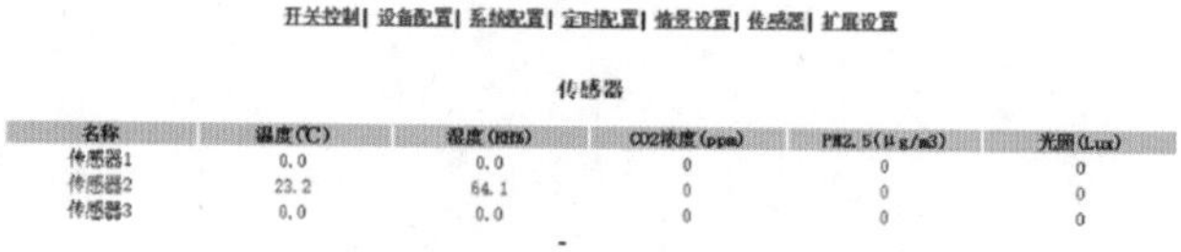

开关控制| 设备配置| 系统配置| 定时配置| 情景设置| 传感器| 扩展设置

传感器

名称	温度(℃)	湿度(RH%)	CO2浓度(ppm)	PM2.5(μg/m3)	光照(Lux)
传感器1	0.0	0.0	0	0	0
传感器2	23.2	64.1	0	0	0
传感器3	0.0	0.0	0	0	0

图 6-36　传感器设置

扩展设置如图 6-37 所示。

（2）app 控制

图 6-38 是手机 app 的截屏，使用极其简单，只需要扫一下设备网页里的二维码即可绑定设备，进行远程控制。开关名称可与设备自动同步，进行传感器状态、输入状态、输出状态实时显示。

图 6-37　扩展设置

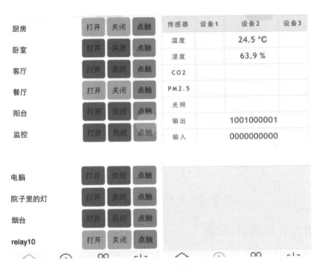

图 6-38　手机截屏

6.4　智能门禁系统

6.4.1　门禁控制系统类型

6.4.1.1　单对讲型门禁系统

目前国内单对讲型系统应用最普遍。它的系统结构一般由防盗安全门、对讲系统、控制系统和电源组成。

（1）多线制系统

多线制系统由于价格比较低，故适用于低层建筑。系统由面板机、室内话机、电源盒和电控锁四部分构成。所有室内话机都有 4 条线，其中有 3 条公共线分别是电源线、通话线、开锁线，另 1 条是单独的门铃线。系统的总线数为 4+N，N 为室内机个数，一般情况下，系统的容量受门口机按键面板和管线数量的控制，多线制大多采用单对讲式。系统安装如图 6-39 所示。

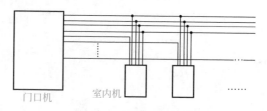

图 6-39 多线制单对讲系统

图中该系统由管理机、门口机、用户分配器——室内机、电源供应器所组成。

（2）总线多线制系统

总线多线制系统适用于高层建筑，如图 6-40 所示。

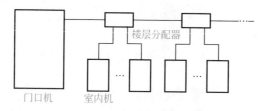

图 6-40 总线多线制单对讲系统

（3）总线制方式单对讲系统

总线制系统采用的是数字编码技术，一般每层有一只解码器（楼层分配器），解码器与解码器总线连接，解码器与多用户室内机单独连接。由于采用数字编码技术，系统配线数与系统用户数无关，从而使安装大为简便，系统功能增强。但是解码器的价格比较高，目前最常用的解码器为 4 用户、8 用户等几种规格。

总线控制系统将数字技术从编码器中移至用户室内机中，然后由室内机识别信号由此做出反应。整个系统完全由总线连接，如图 6-41 所示。

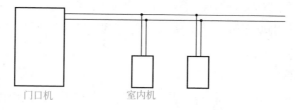

图 6-41 总线制单对讲系统

楼宇对讲系统涉及千家万户，系统的价格至关重要。系统的价格应由器材、线材、施工难易程度和日常维护几个因素决定，三种结构系统综合性能对比见表 6-4。

表6-4 三种结构系统综合性能对比表

性能	多线制	总线多线制	总线制
设备价格	低	高	较高
施工难易程度	难	较易	易
系统容量	小	大	大
系统灵活性	小	较大	大
系统功能	弱	强	强
系统扩充	难扩充	易扩充	易扩充
系统故障排除	难	易	较易
日常维护	难	易	易
线材耗用	多	较多	少

6.4.1.2 可视对讲型系统

可视对讲型系统分为单用户和多用户两种类型。

（1）单用户系统组成

图6-42所示是单用户系统的基本组成。这种单用户机的安装调试很简单，普通住户自己就可以购买安装，适合于庭院住宅或别墅使用。

来访者按动室外机上的门铃键后，室内机发出提示铃声，户主摘机，系统自动启动室外机上的摄像机，获取来访者视频图像，并显示在室内机的屏幕上，此时，户主与来访者可以通过系统进行对话，户主确认后，按动开锁键，电控门锁开启，来访者进门后，自动关门，完成一次操作过程。

由此可见，该系统虽然简单，但也包括了监控系统的四个基本环节：摄像/拾音、信号传输与通信、图像/声音再现、遥控。普通的可视对讲门控系

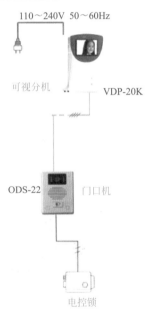

图6-42 单用户系统的基本组成

统，通常采用简单的有线通信方式，即通过多芯电缆连通室外机和室内机，视频信号、控制信号、音频信号的传送，以及室外机的供电，都分别占用电缆中的一条芯线。需要解决的一个特殊问题是，夜间的摄像照明问题，现有的产品分为两种类型——黑白机和彩色机。日间均由自然光日光照明，夜间自动切换为红外线照明，红外线由安装在摄像镜头旁边的红外线发光二极管发出，肉眼不能看到。当采用红外线照明时，只能显示出黑白的图像，因此彩色机需要能够自动切换成黑白模式。

（2）多用户系统组成

图6-43所示是一个比较完整的多用户系统组成。

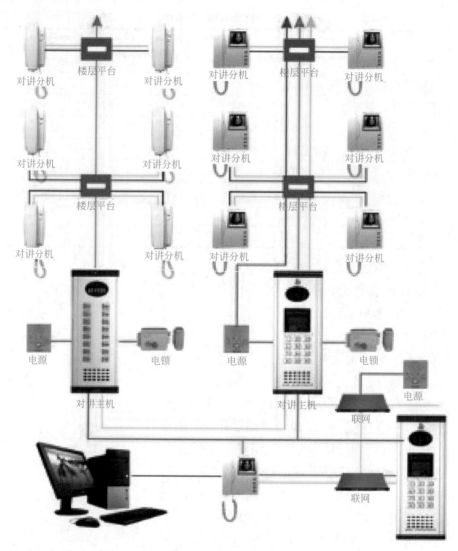

图 6-43　多用户系统组成

图 6-44　控制主机

6.4.2　门禁一体机的构成与接线

门禁一体机主要由电源、控制主机、磁力锁、电插锁等部件构成。

（1）控制主机

一体式门禁主机有刷卡、密码、刷卡＋密码三种开门方式，使用 ABS 工业级材料，表面防水防尘。如图 6-44 所示。

一般按键式门禁机支持 1000 户，采用智能的编程系统，设置开门 4 位密码。

（2）门禁专用电源

门禁专用电源 3A/5A，全金属设计，具有良好的散热和屏蔽抗干扰性，输出电压为 DC 12V，内置优质元器件。主要部件见图 6-45。

大功率变压器
50W 大功率变压器，输出功率大，可同时支持2把锁

智能芯片组
内置优质元器件，继电器设计，可调节0～10s

图 6-45　门禁专用电源

（3）常用电插锁

常用两芯电插锁为不锈钢锁舌，如图 6-46 所示。

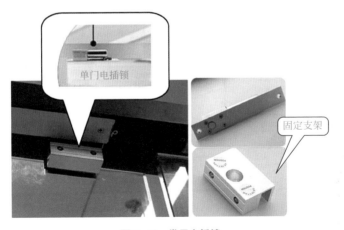

单门电插锁

固定支架

图 6-46　常用电插锁

（4）磁力锁

如图 6-47 所示。铝合金材料铸造，可选 12V/24V 电压，防压敏电子磁力锁实际吸力可达 280kgf（1kgf = 9.8N）。

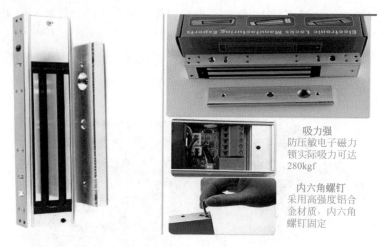

吸力强
防压敏电子磁力
锁实际吸力可达
280kgf

内六角螺钉
采用高强度铝合
金材质，内六角
螺钉固定

图 6-47　磁力锁

（5）主机的接线

主机的接线如图 6-48 所示。

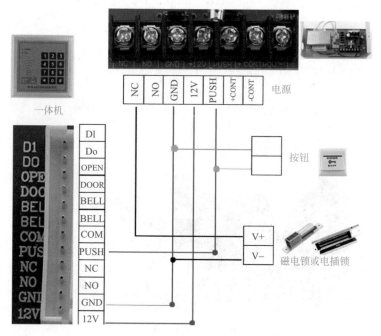

图 6-48　主机接线

（6）不同门型安装位置图

不同门型安装位置如图 6-49 ～图 6-53 所示。

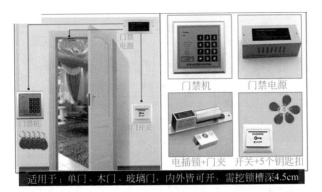

图 6-49　不同门型安装位置图（一）

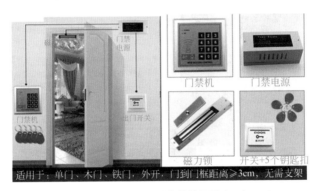

图 6-50　不同门型安装位置图（二）

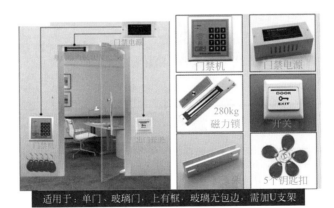

图 6-51　不同门型安装位置图（三）

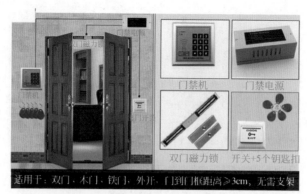

图 6-52　不同门型安装位置图（四）

图 6-53　不同门型安装位置图（五）

6.5　监控系统

6.5.1　电视监控系统的组成

电视监控系统由摄像部分、传输部分、控制部分以及显示部分四大块组成。在每一部分中，又含有更加具体的设备和部件。如图 6-54 所示。

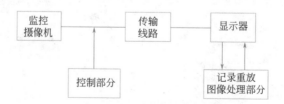

图 6-54　电视监控系统的组成

（1）摄像部分

摄像部分是电视监控系统的前沿部分。它布置在被监视场所的某一位置上，使其视角能覆盖整个被监视面的各个部分。具体的部件有摄像机、云台、镜头等。从整个系统来讲，摄像部分是系统的原始信号源，因此，摄像部分的好坏及它产生的图像信号的质量将影响整个系统的质量。

摄像部分除了应有好的图像信号外还应考虑防尘、防雨、抗高低温、抗腐蚀等条件，对摄像机及其镜头还应加装专门的防护罩等防护措施。

（2）传输部分

传输部分是系统的图像信号传输通路，它不仅要完成图像信号到控制中心的传输，同时还要传输由控制中心发出的对摄像机、镜头、云台、防护罩等的控制信号。

传输介质有多种方式，包括电缆传输、光纤传输、网络传输、有线或无线传输等，其传输方式各有优缺点。

（3）控制部分

控制部分是实现整个系统功能的指挥中心。它由矩阵、录像设备、监视器、画面处理器等设备组成。

控制部分能对摄像机、镜头、云台、防护罩等进行遥控，以完成对被监视场所全面、详细的监视或跟踪监视。录像设备可以随时把发生的情况记录下来，以便事后备查或作为重要依据。

控制部分一般采用总线方式控制前端设备，把控制信号送给摄像机附近的解码器，通过解码器来完成对其摄像机、云台、镜头等设备的控制。

（4）显示部分

显示部分一般由几台或多台监视器组成。它的功能是将传送过来的图像一一显示出来，为了使操作人员观看起来比较方便，一般会在监视器上同时分割显示多个画面。监视器的选择，应满足系统总的功能和总的技术指标要求，特别是应满足长时间连续工作的要求。

6.5.2 电视监控系统器材

（1）常用摄像机外形结构及接口功能

常用摄像机结构及接口功能如图 6-55 所示。室内标准摄像机外观如图 6-56 所示。

（2）红外灯

监控系统中，有时需要在夜间无可见光照明的情况下对某些重要的部位进行监视。一个好的解决方案就是安装红外灯作辅助照明。监视现场具有红外灯的辅助照明，即可使 CCD 摄像机正常感光成像，能在全黑和夜间状态下像白天那样清晰地看到人、景、物，而人眼是察觉不到监视现场有照明光源的。

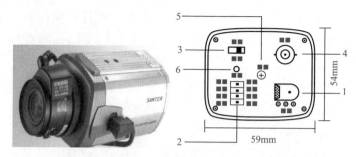

图 6-55　标准彩色摄像头结构及接口功能

1—视频信号输出插座（BNC）；2—功能设置开关（拨码开关），AWB 为自动自平衡开关，

AGC 为自动增益控制开关，EEAI 为电子曝光与自动光圈镜头驱动，BLC 为逆光补偿；

3—自动光圈镜头驱动方式切换开关；4—DC 12V 或 24V 电源插座；5—电平调节电位器；6—通电指示灯

(a) 烟感飞蝶型　　　　　　　　　　　　　　　(b) 标准半球型

图 6-56　室内标准摄像机外观

对于彩色 CCD 摄像头，对红外光相应不够，有一些日夜两用彩色摄像头在夜间会自动转换成黑白模式。所以，如监控系统要求夜间使用，一定要采用黑白 CCD 摄像头。红外灯有室内、室外、短距离和长距离之分，一般常用室内 10 ～ 20m 范围的红外灯，由于墙壁的反射，图像效果不错；用在室外长距离的红外灯效果就不会很理想，而且价格昂贵，一般不要采用。

红外灯主要参数为：有效距离 15m；输入电压 AC 130V ～ 260V；中心波长 850nm；发射角（水平、垂直）70°。

（3）防护罩

防护罩是使摄像机在有灰尘、雨水、高低温等情况下正常使用的防护装置，分为室内型和室外型。室外防护罩一般为全天候防护罩，即无论刮风、下雨、下雪、高温、低温等如何恶劣的环境，都能使摄像机正常工作。常见的防护罩外形如图 6-57 所示。

（4）全方位云台

全方位云台又叫万向云台，不仅可以水平转动，而且还可以垂直转动，因此，它可以带动摄像机在三维立体空间对场景进行全方位的监视。

图 6-57　防护罩外形

全方位云台与水平云台相比，在云台的垂直方向上增加了一个驱动电动机，该电动机可以带动摄像机座板在垂直方向 ±60° 范围内做仰俯运动。由于部件增多，全方位云台在尺寸与重量上都比水平云台高，图 6-58 所示为一种室外全方位云台的外形结构图。图中的定位卡销由运输线钉固定在云台的底座外沿上，旋松螺针时可以使定位卡销在云台底座的外沿上任意移动。当云台在水平方向转动且拨杆触及定位卡销时，该拨杆可切断云台内的水平行程开关使电动机断电，而云台在水平扫描工作状态时，水平限位开关则起到转动换向的作用。

(a) 室外全方位云台外形

(b) 内部结构

图 6-58　室外高速全方位云台及内部结构

6.5.3　硬盘录像机与网络远程监控

近期发展起来的数字硬盘录像设备（简称 DVR）以其功能集成化、录像数字化、使用简单化、监控智能化、控制网络化等优势，在安防领域得到了广泛重视。

选择 DVR，首先应明确设备用在哪里？是保安监控系统（如楼宇、办公大楼、博物馆等），还是对录像速度要求较高的银行柜员系统？用于保安监控系统的产品，其特点是功能齐全，具备良好的网络传输、控制功能，录像速度较慢，但通过与报警探测器、移动侦测的联动，也能使录像资源分配到最需要的地方。用于银行柜员监控系统中的产品，其特点是录像速度快，每路均可达 25 帧 /s

（PAL 制），但因其在图像处理上的工作量比前者大得多，故网络等其他功能相对较弱。因此，在不同类型的监控系统中应使用不同类型的硬盘录像机，不要浪费。

（1）监控系统安装注意事项

① 硬盘安装时请把主机断电，只支持 320 ～ 3000GB 的 SATA2.0/3.0 接口的硬盘，建议购买希捷品牌。

② 此款套装是不需要电脑的，接上显示设备就可以独立地工作。

③ 套装里配的成品线，不能剪断再接。

④ 请勿擅自在设置内更改显示的分辨率。

⑤ 摄像头安装的时候尽量顺光装，不要逆光安装。

⑥ 摄像头角度的正确安装方法。如对着窗户、对着大门等逆光照射，会出现曝光现象，建议顺光安装。如图 6-59 所示。

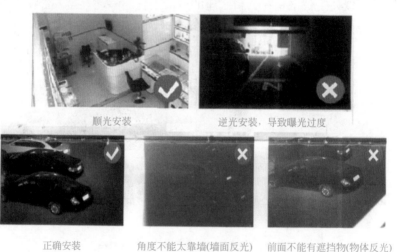

顺光安装　　　　　　　　　　　逆光安装，导致曝光过度

正确安装　　　角度不能太靠墙(墙面反光)　前面不能有遮挡物(物体反光)

图 6-59　摄像头的安装方法

（2）硬盘视频系统接线

① 主机连接。连接示意图如图 6-60 所示。

② BNC 头连接方法。BNC 头连接如图 6-61 所示。

注意：中间的铜芯不要和金属网接触构成短路。金属网一定要缠绕固定牢固，防止脱落。拧上套筒前，检查螺钉是否牢固。

③ 硬盘安装。先把 DVR 底盖平放在硬盘上，并拧紧固定硬盘的螺钉，如图 6-62（a）、图 6-62（b）所示。连接硬盘的电源线与数据线，并拧紧底部用于固定在 DVR 的螺钉，如图 6-62（c）、图 6-62（d）所示。

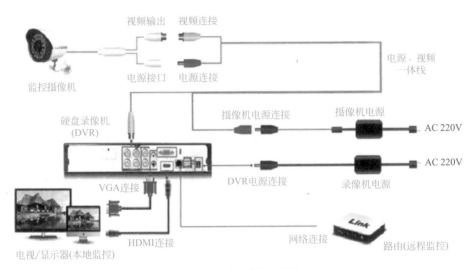

图 6-60　产品连接示意图

图 6-61　BNC 头连接

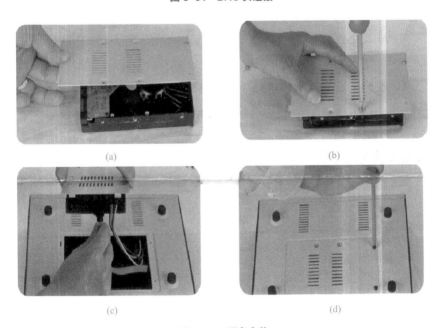

图 6-62　硬盘安装

④ 摄像机安装。摄像机安装如图 6-63 所示。

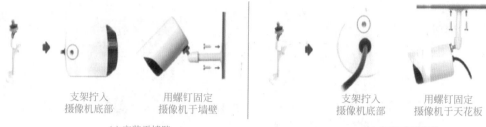

支架拧入 摄像机底部　　用螺钉固定 摄像机于墙壁　　支架拧入 摄像机底部　　用螺钉固定 摄像机于天花板

(a) 安装于墙壁　　　　　　　　　　　　(b) 安装于天花板

图 6-63　摄像机安装

6.5.4　硬盘录像机电脑控制与手机 app 控制

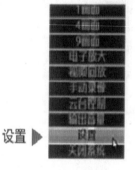

图 6-64　主机登录

（1）主机登录

点击鼠标右键弹出主菜单，选择设置，如图 6-64 所示。

用户名：admin；密码：空。

（2）电脑远程监控

① 把路由器分出来的网线插入录像机的网线接口，然后重启录像机。

② 进入系统主设置—系统设置—网络设置，在网络设置的右上角查看易视网 ID 号码，如图 6-65 所示。

③ 在电脑上打开网页输入：www.dvr163.com，如图 6-66 所示。

设备 ID：输入易视网后面的号码；用户名：admin（默认）；密码：空（默认）；点击登录，若登录以后出现连接失败的情况，请换一个浏览器测试（推荐使用系统自带的 IE 浏览器）。

图 6-65　电脑远程监控

图 6-66　电脑打开网页

④ 在电脑上安装远程客户端软件，客户端软件光盘内有附带，安装方式请查看光盘内的客户端软件安装使用说明。

（3）手机远程监控

① 安装手机软件，如图 6-67 所示。

苹果手机，下载ESEENET

安卓系统手机(三星、HTC、华为、小米等)
拿起您的手机扫一扫下载

图 6-67　安装手机软件

② 安装成功以后打开软件，如图 6-68 所示。

图 6-68　打开安装成功的软件

设备 ID：输入易视网的 ID 号码；用户名：admin（默认）；密码：空（默认）；点击登录，建议手机在 Wi-Fi 网络下进行观看，如果用 2.5G/3G/4G 网络会出现延时和卡的现象，也很费流量。

（4）录像资料备份

如图 6-69 所示。插上 U 盘（不支持 500GB 以上的移动硬盘），点击鼠标右键盘—主设置—系统工具—视频备份。

① 选择需要备份的视频通道。

② 选择录像的模式（建议全选）。

③ 选择需要备份的时间段。

图 6-69　录像资料备份

④ 点击检索。

⑤ 选中检索的时间段。

⑥ 点击视频备份。

注意：当百分比进度条还在进行中的时候，请勿拔出 U 盘，请等到提示备份完毕以后再拔出。备份的资料可以直接在电脑系统中播放。

（5）格式化硬盘

格式化硬盘如图 9-70 所示。

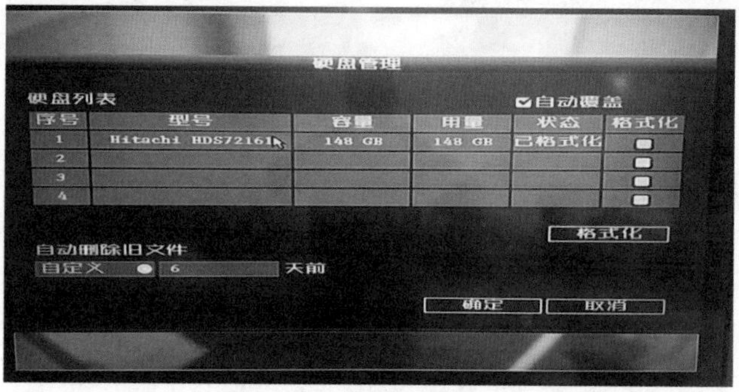

图 6-70　格式化硬盘

点击鼠标右键—主设置—系统工具—硬盘管理进入。

自动覆盖："☑"表示硬盘满时自动覆盖最早的视频文件，"□"表示不覆盖。

格式化："☑"表示选中，"□"表示未选中。点击"格式化"按钮，弹出确定对话框，点击"确定"硬盘开始格式化，提示格式化成功以后点击确定退出，系统会自动开始录像。

点击"取消"返回硬盘管理界面。

（6）修改用户名、密码（同步远程用户名和密码）

修改用户名和密码如图 6-71 所示。

图 6-71　修改用户名和密码

点击鼠标右键—主设置—系统工具—硬盘管理进入。

增加用户名：在用户名编辑框中输入一个新的用户名称，并设置操作权限，在对应功能的复选框内进行选择，"☑"表示用户能使用该权限，"☐"表示用户不能使用该权限。点击"设置密码"来设置新用户的登录密码，不设置密码默认为空。

6.5.5　硬盘录像机的检修

由于硬盘录像机是由硬件及应用软件两大部分构成的，因此其出现的故障也有两大类。不过，在实际应用中，硬盘录像机硬件出现故障的概率并不高，相对地，基于 PC 插卡的硬盘录像机则有时因病毒侵袭而导致软件故障，如经常死机、速度明显变慢等。

对于基于 PC 及 Windows 操作系统的硬盘录像机，如果出现上述死机故障则一般应首先考虑是否是病毒侵袭，如果经过杀毒后故障消除，则皆大欢喜，否则应进一步排除故障。

实际上，对于基于 PC 的硬盘录像机，很多故障可能都是 PC 故障，特别是对于仅购置板卡和软件而自行配置主机的 DVR 来说，很可能会因主板、显卡等 PC 设备的兼容性问题而导致机器经常出现故障，这一点也要特别注意。

6.6　智能安防报警系统

6.6.1　安防报警系统的常见结构

安防报警系统常见结构图如图 6-72 ～图 6-74 所示。

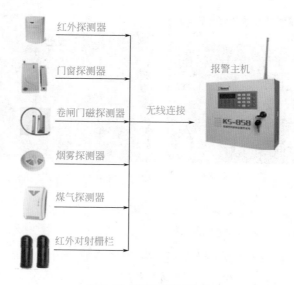

图 6-72　现场报警器构成

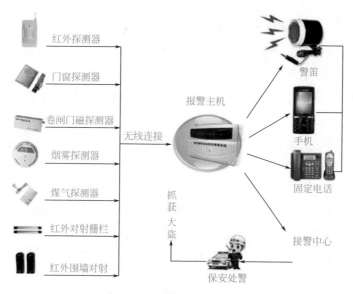

图 6-73　电话联网报警示意图

6.6.2　常用报警设备

在无线防盗报警器中，常用设备主要是前端传感器和报警主机。报警器，可以配用的前端传感器有很多，如红外对射探测器、无线门磁传感器、无线人体热释电红外传感器等。

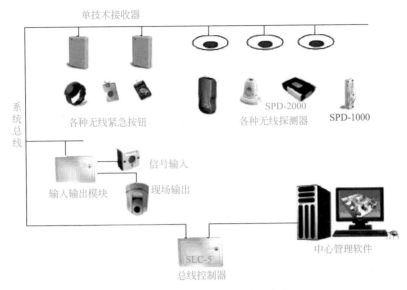

图 6-74　无线报警系统组成示意图

（1）无线门磁传感器

无线门磁传感器用来监控门窗的开关状态，当门被打开时，无线门磁传感器立即发射特定的无线电波，远距离向主机报警。无线门磁传感器的无线报警信号在开阔地能传输 200m，在一般住宅中能传输 20m，这和周围的环境密切相关。

无线门磁传感器中使用 12V、A23 报警器专用电池，采用省电设计，当门关闭时它不发射无线电信号，此时耗电只有几微安，当门被打开的瞬间，立即发射 1s 左右的无线报警信号，然后自行停止，这时就算门一直打开也不会再发射了，这是为了防止连续发射造成内部电池电量耗尽而影响报警。

无线门磁传感器一般安装在门内侧的上方，它由两部分组成：较小的部件为永磁体，内部有一块永久磁铁，用来产生恒定的磁场，较大的是无线门磁主体，它内部有一个常开型的干簧管，当永磁体和干簧管靠得很近时（小于 1cm），无线门磁传感器处于守候状态，当永磁体离开干簧管一定距离后，无线门磁传感器立即发射包含地址编码和自身识别码（也就是数据码）的 315MHz 的高频无线电信号，主机就是通过识别这个无线电信号的地址码来判断是否是同一个报警系统的，然后根据自身识别码（也就是数据码），确定是哪一个无线门磁报警，因此，一个主机可以同时配用很多个门磁探测器，只要保证每个门磁探测器的地址码与主机的地址码相同即可。

（2）热释电红外传感器

被动式热释电红外传感器，因其价格低廉、技术性能稳定而广泛应用。

无线热释电红外传感器最大的优点是安装非常方便，可以在不破坏住房装潢的前提下快速安装，但是也存在需要换电池和无线信道容易被干扰的缺点。如果是新购住房，并且在装修之前就考虑安装热释电红外防盗系统的话，还是有线热释电红外传感器更合理、经济，而且长时间使用不容易发生故障。

有线人体热释电红外传感器的外观与无线方式的相同，内部结构比无线的简单，没有电池和无线发射部分。这种传感器采用继电器输出，+12V 和 GND 接线柱接 12V 电源，NC 和 COM 接线柱为继电器的常闭接点输出，报警器检测到有人侵入时常闭接点断开。有线人体热释电红外传感器还有一个优点，就是可以把若干个报警器的电源都并联到一起，便于集中供电控制。所有的报警信号线也都串联，这样只要有一个报警器动作，主机就会立刻检测到并马上报警，可以形成大面积防区，这样无论是安装和使用都会很方便，只要一根三芯的电缆就可以了。

热释电红外传感器只能安装在室内。其误报率与安装的位置和方式有极大的关系。正确安装应满足下列条件：

① 热释电红外传感器应离地面 2.0 ～ 2.2m。

② 热释电红外传感器应远离空调、冰箱、火炉等空气温度变化敏感的地方。

③ 热释电红外传感器探测范围内不得有隔屏、家具、大型盆景或其他隔离物。

④ 热释电红外传感器不要直对窗口，否则窗外的热气流扰动和人员走动会引起误报，有条件的最好把窗帘拉上。热释电红外传感器也不要安装在有强气流活动的地方。

⑤ 热释电红外传感器对人体的敏感程度还和人的运动方向关系很大。热释电红外传感器对于径向移动反应最不敏感，而对于横切方向（即与半径垂直的方向）移动则最为敏感。在现场选择合适的安装位置可以很好地避免红外探头误报，从而得到最佳的检测灵敏度。

（3）主动式红外对射探测器（红外对射栅栏）

主动式红外对射探测器由投光器和受光器组成，其原理是投光器向受光器发射红外光，而其传输过程中，不得有遮挡体阻断红外线，否则受光器中的红外感应管会因接收不到信号而驱动电路发出报警信号。此种方式是目前电子防盗栅栏最常用的方式。

主动式红外对射探测器安装调试方法：先将对射固定于安装位置并接好线，在线路没有断路及短路的情况下，通上 12V 直流电，观察电源指示灯的工作状态，等电源指示灯工作正常时开始进行调试。

步骤1：先调整对射的投射灯光使其在同一平面上，再通过所配的瞄准镜从调整投光器开始，使受光器居于四向指针的中心，通过调整使受光器的报警灯灭。

步骤2：用万用表的直流电压挡插入受光器测试口，观察所测电压。调试人员使其往电压高的方向调整直至最高。

步骤3：投光器调整完后，再调整受光器，也是通过调整接收方向的方法，使其所测得的电压值超过所给的标准电压并达到最高值，所测得的电压越高表示对得越准，调试完后即可盖上罩子，但注意别碰着已调试好的对射，调试结束。

（4）报警接收主机与接线

以256报警主机系统为例，应注意以下几点：

① 不同型号的无线探测器不能调换使用。

② 为保证最佳接收效果，主机天线应使用出厂配置的原装天线。

③ 可充备用电池容量有限，仅供断电时应急使用；平时应以交流电供电为主。

④ 定期进行例行试验，发现故障及时排除。

一般报警设备都设有输出外接扬声器或其他设备，如图6-75所示。

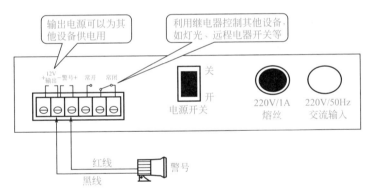

图6-75　后机板接线端安装示意图

第7章 水工识图与操作技能

7.1 水工识图

7.1.1 给排水管道施工图的类型

7.1.1.1 按专业划分

根据工程项目性质的不同，管道施工图可分为工业（艺）管道施工图和暖卫管道施工图两大类。前者是为生产输送介质即为生产服务的管道，属于工业管道安装工程；后者是为生活或改善劳动卫生条件，满足人体舒适而输送介质的管道，属于建筑安装工程。

暖卫管道又可分为建筑给排水管道、供暖管道、消防管道、通风与空调管道以及燃气管道等诸多专业管道。

7.1.1.2 按图形和作用划分

各专业管道施工图按图形和作用不同，均可分为基本图和详图两部分。基本图包括施工图目录、设计施工说明、设备材料表、工艺流程图、平面图、轴测图、剖（立）面图，详图包括节点图、大样图、标准图。

（1）施工图目录

设计人员将各专业施工图按一定的图名、顺序归纳编成施工图目录以便于查阅。通过施工图目录可以了解设计单位、建设单位、拟建工程名称、施工图数量、图号等情况。

（2）设计施工说明

凡是图上无法表示出来，又必须让施工人员了解的安装技术、质量要求、施工做法等，均用文字形式表述，包括设计主要参数、技术数据、施工验收标准等。

（3）设备材料表

设备材料表是指拟建工程所需的主要设备以及各类管道、阀门、防腐绝热材料的名称、规格、材质、数量、型号的明细表。

（4）工艺流程图

流程图是对一个生产系统或化工装置的整个工艺变化过程的表示。通过流程图可以了解设备位号、编号、建（构）筑物名称及整个系统的仪表控制点（温度、压力、流量测点）、管道材质、规格、编号，输送介质流向以及主要控制阀门安装的位置、数量等。

（5）平面图

平面图主要用于表示建（构）筑、设备及管线之间的平面位置和布置情况，反映管线的走向、坡度、管径、排列及平面尺寸、管路附件及阀门位置、规格、型号等。

（6）轴测图

轴测图又称系统图，能够在一个图面上同时反映出管线的空间走向和实际位置，帮助读者想象管线的空间布置情况。轴测图是管道施工图的重要图形之一，系统轴测图是以平面图为主视图，进行第一象限45°或60°角投影绘制的斜等轴测图。

（7）立面图和剖面图

立（剖）面图主要反映建筑物和设备、管线在垂直方向的布置和走向、管路编号、管径、标高、坡度和坡向等情况。

（8）节点图

节点图主要反映管线某一部分的详细构造及尺寸，是对平面图或其他施工图所无法反映清楚的节点部位的放大。

（9）大样图及标准图

大样图是主要表示一组设备配管或一组配件组合安装的详图。其特点是用双线表示，对实物有真实感，并对组体部位的详细尺寸均做标注。

标准图是一种具有通用性质的图样，是国家有关部门或各设计院绘制的具有标准性的图样，主要反映设备、器具、支架、附件的具体安装方位及详细尺寸，可直接应用于施工安装。

7.1.2 给排水管道施工图主要内容及表示方法

（1）标题栏

标题栏提供的内容比图样更进一层，其格式没有统一规定。标题栏常见内容如下：

① 项目。根据该项工程的具体名称而定。

② 图名。表明本张图的名称和主要内容。

③ 设计号。指设计部门对该项工程的编号，有时也是工程的代号。

④ 图别。表明本图所属的专业和设计阶段。

⑤ 图号。表明本专业图的编号顺序（一般用阿拉伯数字注写）。

（2）比例

管道施工图上的长度与实际长度的比叫作比例。各类管道施工图常用比例见表 7-1。

表 7-1 管道施工图常用比例

名称	比例
小区总平面图	1：2000、1：1000、1：500、1：200
总图中管道断面图	横向1：1000、1：500
	纵向1：200、1：100、1：50
室内管道平面图、剖面图	1：200、1：100、1：50、1：20
管道系统轴测图	1：200、1：100、1：50或不按比例
原理图	无比例

（3）标高的表示

标高是标注管道或建筑物高度的一种尺寸形式。标高符号的形式如图 7-1 所示。标高符号用细实线绘制，三角形的尖端画在标高引出线上，表示标高位置；尖端的指向可向下，也可向上。剖面图中的管道标高按图 7-2 标注。

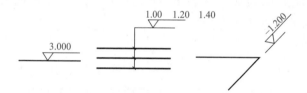

图 7-1 平面图与系统图中管道标高的标注

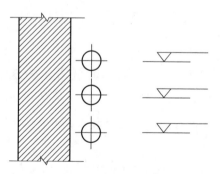

图 7-2 剖面图中管道标高的标注

标高值以 m 为单位，在一般图中宜注写到小数点后三位，在总平面图及相应的小区管道施工图中可注写到小数点后两位。各种管道在起讫点、转角点、连接点、变坡点、交叉点等处需要标注管道的标高，地沟宜标注沟底标高，压力管道宜标注管中心标高，室内外重力管道宜标注管内底标高，必要时室内架空重力管道可标注管中心标高（图中应加以说明）。

（4）方位标的表示

确定管道安装方位基准的图标，称为方位标。管道底层平面上一般用指北针表示建筑物或管线的方位；建筑总平面图或室外总体管道布置图上还可用风向频率玫瑰图表示方向，如图 7-3 所示。

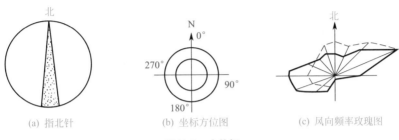

(a) 指北针 (b) 坐标方位图 (c) 风向频率玫瑰图

图 7-3　方位标

（5）管径的表示

施工图上管道管径尺寸以 mm 为单位，标注时通常只注写代号与数字，而不注明单位。低压流体输送用镀锌焊接钢管、不镀锌焊接钢管、铸铁管、聚氯乙烯管、聚丙烯管等，管径应以公称直径 DN 表示，如 $DN15$；无缝钢管、直缝或螺旋缝焊接钢管、有色金属管、不锈钢管等，管径应以外径 $D \times$ 壁厚表示，如 $D108 \times 4$；耐酸瓷管、混凝土管、钢筋混凝土管、陶土管（缸瓦管）等，管径应以内径 d 表示，如 $d230$。

管径在图样上一般标注在以下位置上：管径尺寸变径处、水平管道的上方、斜管道的斜上方和立管道的左侧，如图 7-4 所示。当管径尺寸无法按上述标注时，可另找适当位置标注。多根管线的管径尺寸可用引出线标注，如图 7-5 所示。

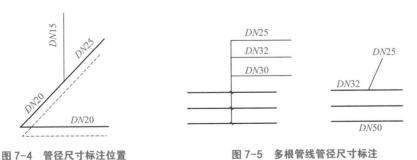

图 7-4　管径尺寸标注位置　　图 7-5　多根管线管径尺寸标注

（6）坡度、坡向的表示

管道的坡度及坡向表示管道倾斜的程度和高低方向，坡度用字母"i"表示，在其后加上等号并注写坡度值；坡向用单面箭头表示，箭头指向低的一端。常用

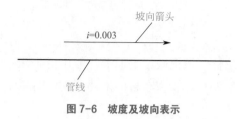

图 7-6　坡度及坡向表示

（7）管线的表示

管线的表示方法很多，可在管线进入建筑物入口处进行编号。管道立管较多时，可进行立管编号，并在管道上标注出介质代号、工艺参数及安装数据等。

的表示方法如图 7-6 所示。

图 7-7 是管道系统入口或出口编号的两种形式，其中图 7-7（a）主要用于室内给水系统入口和室内排水系统出口的系统编号，图 7-7（b）则用于采暖系统入口或动力管道系统入口的系统编号。

立管编号时，通常在 8 ～ 10mm 直径的圆圈内注明立管性质及编号。

图 7-7　管道系统编号

（8）管道连接的表示

管道连接有法兰连接、承插连接、螺纹连接和焊接连接等，它们的连接符号见表 7-2。

表 7-2　管道连接图例

名称	图例	名称	图例
法兰连接	—‖—	四通连接	
承插连接	—)—	盲板	
活接头	—‖‖—	管道丁字上接	
管堵		管道丁字下接	
法兰堵盖	‖—	管道交叉	—‖—
弯折管	○　管道向后及向下弯转 90°	螺纹连接	
三通连接		焊接连接	

7.1.3　建筑给排水管道施工图

建筑给排水管道施工图主要包括平面图、系统图和详图三部分。

（1）平面图的主要内容

建筑给排水管道平面布置图是施工图中最重要和最基本的图样，其比例有1：50和1：100两种。平面图主要表明室内给水排水管道、卫生器具和用水设备的平面布置。解读时应掌握的主要内容和注意事项有以下几点：

① 查明卫生器具、用水设备（如开水炉、水加热器）和升压设备（如水泵、水箱）的类型、数量、安装位置、定位尺寸。

② 弄清给水引入管和污水排出管的平面位置、走向、定位尺寸与室外给排水管网的连接方式、管径及坡度。

③ 查明给排水干管、主管、支管的平面位置与走向、管径尺寸及立管编号。

④ 对于消防给水管道应查明消火栓的布置、口径大小及消火栓箱形式与设置。对于自动喷水灭火系统，还应查明喷头的类型、数量以及报警阀组等消防部件的平面位置、数量、规格、型号。

⑤ 应查明水表的型号、安装位置及水表前后阀门设置情况。

⑥ 对于室内排水管道，应查明设备的布置情况，同时对弯头、三通应考虑是否带检修门。对于大型厂房的室内排水管道，应注意是否设有室内检查井以及检查井的进出管与室外管道的连接方式。对于雨水管道，应查明雨水斗的布置、数量、规格、型号，并结合详图查清雨水管与屋面天沟的连接方式及施工做法。

（2）系统图的主要内容

给排水管道系统图主要表明管道系统的空间走向。解读时应掌握的主要内容和注意事项如下：

① 查明给水管道系统的具体走向、干管敷设形式、管径尺寸、阀门设置以及管道标高。解读给水系统图时，应按引入管、干管、立管、支管及用水设备的顺序进行。

② 查明排水管道系统的具体走向、管路分支情况、管径尺寸、横管坡度、管道标高、存水弯形式、清理疏通设备型号、弯头和三通的选用是否符合规范要求。解读排水管道系统图时，应按卫生器具或排水设备的存水弯、器具排水管、排水横管、立管、排出管的顺序进行。

（3）详图的主要内容

室内给排水管道详图主要包括管道节点、水表、消火栓、水加热器、开水炉、卫生器具、穿墙套管、排水设备、管道支架等，图上均注有详细尺寸，可供安装时直接使用。

【**实例 7-1**】 图 7-8 ～图 7-10 所示为某三层办公楼的给排水管道平面图和系统图,试对这套施工图进行解读。

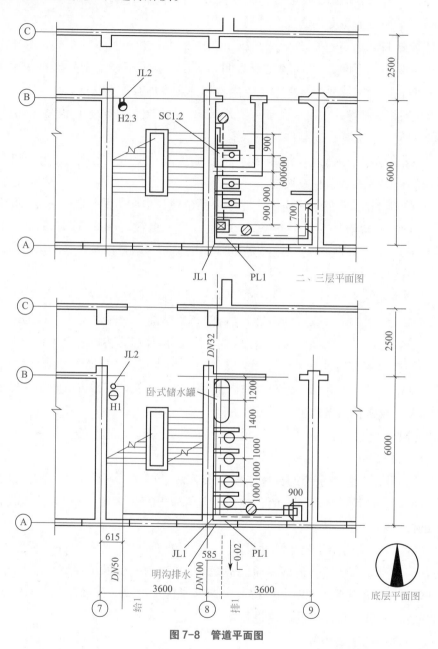

图 7-8 管道平面图

通过解读平面图,可知该办公楼底层设有淋浴间,二层和三层设有卫生间。淋浴间内设有四组淋浴器、一个洗脸盆、一个地漏。二层卫生间内设有三套高水箱蹲式大便器、两套小便器、一个洗脸盆、两个地漏。三层卫生间布置与二层相同。每层楼梯间均设有消火栓箱。

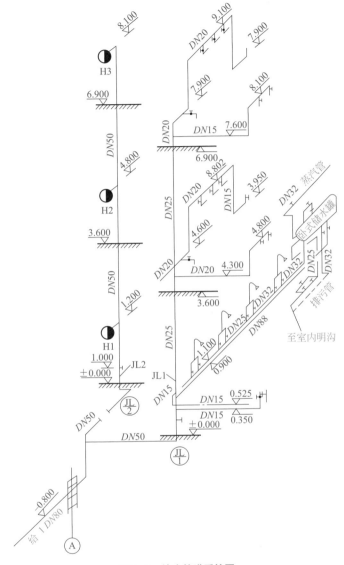

图7-9　给水管道系统图

给水引入管的位置处于 7 号轴线东 615mm 处，由南向北进入室内并分两路，一路由西向东进入淋浴间，立管编号为 JL1；另一路进入室内后向北至消防栓箱，消防立管编号为 JL2。

JL1 位于 A 轴线和 8 号轴线的墙角处，该立管在底层分两路供水，一路由南向北沿 8 号轴线沿墙敷设，管径为 DN32，标高为 0.900m，经过四组淋浴器进入储水罐；另一路沿 A 轴线沿墙敷设，送至洗脸盆，标高为 0.350m，管径

为 $DN15$。管道在二层也分两路供水，一路为洗涤盆供水，标高为 4.600m，管径为 $DN20$，又登高至标高为 5.800m，管径为 $DN20$，为蹲式大便器高水箱供水，再返低至 3.950m，管径为 $DN15$，为洗脸盆供水；另一路由西向东，标高为 4.300m，登高至 4.800m 转向北，为小便器供水。

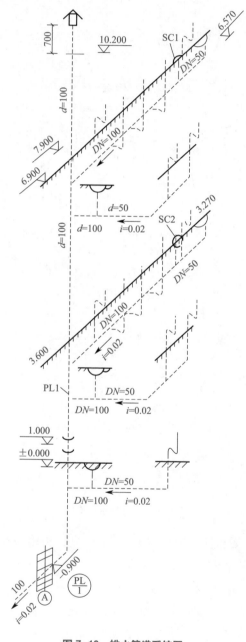

图 7-10　排水管道系统图

JL2 设在 B 轴线和 7 号轴线的楼梯间，在标高 1.000m 处设闸阀，消火栓编号为 H1、H2、H3，分别设在 1～3 层距地面 1.200m 处。

在排水系统图中，一路是地漏、洗脸盆、蹲式大便器及洗脸盆组成的排水横管，在排水横管上设有清扫口。清扫口之前的管径为 $DN50$，之后的管径为 $DN100$。另一路是由两个小便器、地漏组成的排水横管。地漏之前的管径为 $DN50$，之后的管径为 $DN100$。两路横管坡度均为 0.02°。底层是由洗脸盆、地漏组成的排水横管，为埋地敷设，地漏之前的管径为 $DN50$，之后的管径为 $DN100$，坡度为 0.02°。

排水立管及通气管管径为 $DN100$，立管在底层和三层分别距地面 1.000m 处设检查口，通气管伸出屋外 0.700m。排出管管径为 $DN100$，穿墙处标高为 -0.900m，坡度为 0.02°。

7.1.4　室外给排水系统施工图

7.1.4.1　解读方法

（1）平面图解读

室外给排水管道平面图主要表示一个小区或楼房等给排水管道布置情况，解读时应注意下列事项：

① 查明管路平面布置与走向。通常给水管道用粗实线表示，排水管道用粗虚线表示，检查井用直径 2～3mm 的小圆表示。给水管道的走向是从大管径到小管径，通向建筑物；排水管的走向是从建筑物出来到检查井，各检查井之间从高标高到低标高，管径从小到大。

② 查明消火栓、水表井、阀门井的具体位置。当管路上有泵站、水池、水塔及其他构筑物时，要查明这些构筑物的位置、管道进出的方向以及各构筑物上管道、阀门及附件的设置情况。

③ 了解排水管道的埋深及管长。管道通常标注绝对标高，解读时要搞清楚地面的自然标高，以便计算管道的埋设深度。室外给排水管道的标高通常是按管底来标注的。

④ 特别要注意检查井的位置和检查井进出管的标高。当设有标高的标注时，可用坡度计算出管道的相对标高。当排水管道有局部污水需处理时，还要查明这些构筑物的位置和进出接管的管径、距离、坡度等，必要时应查看有关详图，进一步搞清构筑物构造及构筑物上的配管情况。

（2）纵断面图解读

由于地下管道种类繁多，布置复杂，为了更好地表示给排水管道的纵断面布置情况，有些工程还绘制管道纵断面图。解读时应注意下列事项：

① 查明管道、检查井的纵断面情况。有关数据均列在图样下面的表格中，一般列有检查井编号及距离、管道埋深、管底标高、地面标高、管道坡度和管道直径等。

② 由于管道长度方向比直径方向大得多，纵断面图绘制时纵横向采用不同的比例。

③ 识图方法：管道纵断面图分为上下两部分，上部分的左侧为标高塔尺（靠近该塔尺的左侧注上相应的绝对标高），其右侧为管道断面图形；下部分为数据表格。

读图时，首先解读平面图，然后按平面图解读纵断面图。读纵断面图时，首先看是哪种管道的纵断面图；然后看该管道纵断面图形中有哪些节点；并在相应的平面图中找该管道及其相应的各节点；最后在该管道纵断面图的数据表格内，查找其管道纵断面图形中各节点的有关数据。

7.1.4.2　室外给排水管道施工图解读举例

【实例 7-2】　某大楼室外给排水管道平面图和纵断面图如图 7-11 和图 7-12 所示。

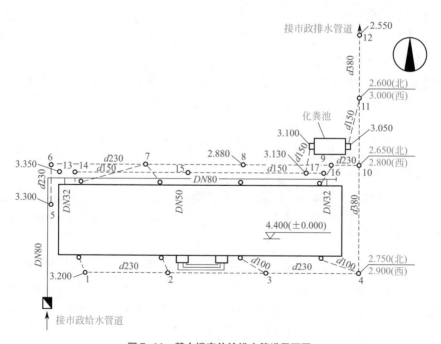

图 7-11　某大楼室外给排水管道平面图

室外给水管道布置在大楼北面，距外墙约 2m（用比例尺量），平行于外墙埋地敷设，管径为 $DN80$，由 3 处进入大楼，管径为 $DN32$、$DN50$、$DN32$。室外给水管道在大楼西北角转弯向南，接水表后与市政给水管道连接。

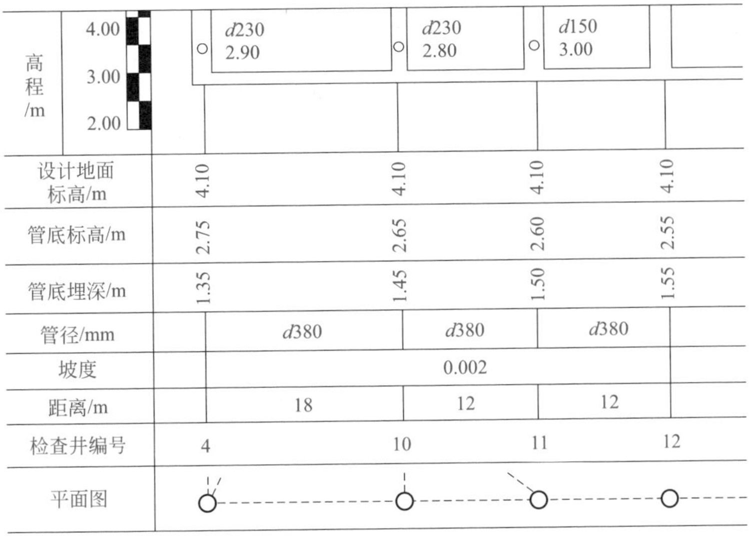

高程/m	4.00　3.00　2.00	d230 2.90	d230 2.80	d150 3.00
设计地面标高/m		4.10	4.10	4.10　4.10
管底标高/m		2.75	2.65	2.60　2.55
管底埋深/m		1.35	1.45	1.50　1.55
管径/mm		d380	d380	d380
坡度			0.002	
距离/m		18	12	12
检查井编号		4	10	11　12
平面图				

图 7-12　某大楼室外给排水管道纵断面图

室外排水系统有污水系统和雨水系统，污水系统经化粪池后与雨水管道汇总排至市政排水管道。污水管道由大楼 3 处排出，排水管管径、埋深见室内排水管道施工图。污水管道平行于大楼北外墙敷设，管径为 $d150$，管路上设有 5 个检查井（编号为 13、14、15、16、17）。大楼污水汇集到 17 号检查井后排入化粪池，化粪池的出水管接至 11 号检查井后与雨水管汇合。

室外雨水管收集大楼屋面雨水，大楼南面设 4 根雨水立管、4 个检查井（编号为 1、2、3、4），北面设有 4 个立管、4 个检查井（编号为 6、7、8、9），大楼西北设一个检查井（编号为 5）。南北两条雨水管管径均为 $d230$，雨水总管自 4 号检查井至 11 号检查井，管径为 $d380$，污水、雨水汇合后管径仍为 $d380$。雨水管起点检查井管底标高：1 号检查井为 3.200m，5 号检查井为 3.300m，总管出口 12 号检查井管底标高为 2.550m。其余各检查井管底标高见平面图或纵断面图。

7.2　钢管的制备

7.2.1　钢管的调直、弯曲方法

7.2.1.1　钢管的调直方法
出于搬动装卸过程中的挤压、碰撞，管子往往产生弯曲变形，这就给装配管道带来困难，因此在使用前必须进行调直。

一般 $DN19 \sim 25$ 的钢管可在工作台或铁砧上调直。一人站在管子一端，转动管子，观察管子弯曲的地方，并指挥另一人用木槌敲打弯曲处。在调直时先调直大弯，再调直小弯。管径为 $DN29 \sim 100$ 时，用木槌敲打已很困难，为了保证不敲扁管子或减轻手工调直的工作，可在螺旋压力机上对弯曲处加压进行调直。调直后用拉线或直尺检查偏差。$DN100$ 以下的管子在每米长度上的弯曲度允许偏差为 0.5mm。

当管径为 $DN100 \sim 200$ 时，要经加热后方可调直。做法是将弯曲处加热至 $600 \sim 800℃$(呈樱红色)，抬到调直架上加压，调直过程中不断滚动管子并浇水。管子调直后允许 1m 长偏差 1mm。

7.2.1.2 钢管的弯曲方法
施工中常需要将钢管弯曲成某一角度。弯管有冷弯和热弯两种方法。

（1）冷弯

在常温下弯管叫作冷弯。冷弯时管中不需要灌沙。钢材质量也不受加温影响，但冷弯费力，弯 $DN25$ 以下的管子要用弯管机。弯管机形式较多，一般为液压式，由顶杆、胎模、挡轮、手柄等组成。胎模是根据管径和弯曲半径制成的。使用时将管子放入两个挡轮与模之间，用手摇动油柄注油加压，顶杆逐渐伸出，通过模将管子顶弯。该弯管机可应用于 $DN50$ 以下的管子。在安装现场还常采用手工弯管台，如图 7-13 所示。其主要部件是两个轮子，轮子由铸铁毛坯经车削而成，边缘处都有向里凹进的半圆槽，半圆槽直径等于被弯管的外径。大轮固定在管台上，其半径为弯头的弯曲半径。弯制时，将管子用压力钳固定，推动推架，小轮在推架中转动，于是管子就逐渐弯向大轮。靠铁是为防止该处管子变形而设置的。

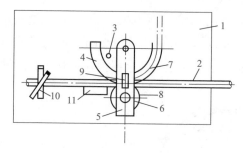

图 7-13　手工弯管台

1—管台；2—被弯管子；3—销子；4—大轮；5—推架；6—小轮；

7—刻度（指示弯曲角度）；8—小分界线销子；9—观察孔；10—压力钳；11—靠铁

（2）热弯的工序

① 充沙。管子一端用木塞塞紧，把粒径 1～5mm 的洁净河沙加热、炒干、灌入管中。弯管最大时应搭设灌沙台，将管竖直排在台前，以便从上向内灌沙。每充一段沙，要用手锤在管壁上敲击振实，填满后以敲击管壁沙面不再下降为合格，然后用木塞塞紧。

② 画线。根据弯曲半径 R 算出应加热的弧长 L，即

$$L=\frac{2\pi R}{360}\alpha$$

式中，α 为弯曲角度。在确定弯曲点后，以该点为中心两边各取 $L/2$ 长，用粉笔画线，这部分就是加热段。

管子的最小弯曲半径参考表 7-3。

表 7-3　管子的最小弯曲半径　　　　　　　　　　单位：mm

碳素钢、低合金钢		不锈钢	
管子规格	最小弯曲半径	管子规格	最小弯曲半径
$\phi14\times3$	30	$\phi14\times2$	30
$\phi18\times3$	50	$\phi18\times2$	50
$\phi25\times3$	50	$\phi25\times2$	50
$\phi32\times3.5$	70	$\phi32\times2.5$	70
$\phi38\times3.5$	80	$\phi38\times2.5$	80
$\phi45\times4$	100	$\phi45\times3$	100
$\phi57\times5$	150	$\phi57\times3$	170
$\phi73\times5$	200	$\phi73\times4$	220
$\phi89\times6$	250	$\phi89\times4.5$	270

③ 加热。加热在地炉上进行，用焦炭或木炭作燃料，不能用煤（因为煤中含硫，对管材起腐蚀作用，而且用煤加热会引起局部过热）。为了节约焦炭，可用废铁皮盖在火炉上以减少损失。加热时要不时转动管子使加热段温度一致。加热到 950～1000℃时，管面氧化层开始脱落，表明管中沙子已热透，即可弯管。弯管的加热长度一般为弯曲长度的 1.1～1.2 倍，弯曲操作的温度区间为 750～1050℃，低于 750℃时不得再进行弯曲。

管壁温度可由管壁颜色确定：微红色约为 550℃，樱红色约为 700℃，浅红色约为 800℃，深橙色约为 900℃，橙黄色约为 1000℃，浅黄色约为 1100℃。

④ 弯曲成型。弯曲工作在弯管台上进行。弯管台用一块厚钢板做成，钢板上钻有不同距离的管孔，板上焊有一根钢管作为定销，管孔内插入另一个销子。由于管孔距离不同，就可弯制各种弯曲半径的弯头。把烧热的管子放在两个销

钉之间，扳动管子自由端，一边弯曲一边用样板对照，达到弯曲要求后用冷水浇冷，继续弯其余部分，直到与样板完全相符为止。由于管子冷却后会回弹，故样板要较预定弯曲度多弯3°左右。弯头弯成后趁热涂上机油，机油在高温弯头表面上沸腾而成一层防锈层，防止弯头锈蚀。在弯制过程中如出现过大椭圆度、鼓包、皱折时，应立即停止成型操作，趁热用锤修复。

成型冷却后，要清除内部沙粒，尤其注意要把黏结在管壁上的沙粒除净，确保管道内部清洁。

目前在制作各种弯头时，大多采用机械热煨弯技术，加热采用氧-乙炔火焰或中频感应电热，制作规范。

热弯成型不能用于镀锌钢管，因为镀锌钢管的镀层遇热转变成白色氧化锌会脱落掉。

（3）几种常用弯管制作

① 乙字弯的制作。乙字弯又称回管、灯叉管，如图7-14所示。它由两个小于90°的弯管和中间一段直管 L 组成，两平行直管的

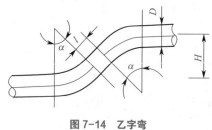

图7-14 乙字弯

中心距为 H ，弯管弯曲半径为 R ，弯曲角度为 α ，一般为30°、45°、60°。

可按自身条件求出 $l = \dfrac{H}{\sin\alpha} = 2R\tan\dfrac{\alpha}{2}$

当 $\alpha = 45°$ 、 $R = 4D$ 时，可化简求出 $l = 1.414H - 3.312D$ ，每个弯管画线长度为 $0.785R = 3.14D \approx 3D$ ，两个弯管加 l 长即为乙字弯的划线长 L 。

$$L = 2 \times 3D + 1.414H - 3.312D = 2.7D + 1.414H$$

乙字弯在用作室内采暖系统散热器进出口与立管的连接管时，管径为 $DN19 \sim 20$ ，在工地可用手工冷弯制作。制作时先弯曲一个角度，再由 H 定位第二个角度弯曲点，因为保证两平行管间距离 H 的准确是保证系统安装平、直的关键，这样做可以避免角度弯曲不准、 l 定位不准而造成 H 不准。弯制后，乙字弯管整体要与平面贴合，没有翘起现象。

② 半圆弯的制作。半圆弯一般由三个弯曲半径相同的两个60°（或45°）弯管及一个120°弯管组成，如图7-15所示。其展开长度 L （mm）为

$$L = \frac{3}{2}\pi R$$

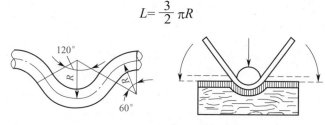

图7-15 半圆弯管的组成与制作

制作时，先弯曲两侧的弯管，再用胎管压制中间的 120° 弯。半圆弯管用于两管交叉在同一平面上，一个管采用半圆弯管绕过另一管。

③ 圆形弯管的制作。用作安装压力表的圆形弯管如图 7-16 所示。其画线长度为

$$L = 2\pi R + \frac{3}{2}\pi R + \frac{1}{3}\pi + 2l$$

式中，第一项为一个圆弧长，第二项为一个 120° 弧长，第三项为两边立管弯曲时 60° 总弧长，l 为立管弯曲段以外直管长度，一般取 100mm。如图 7-16 所示，R 取 60mm，r 取 33mm，则画线长度为 737.2mm。

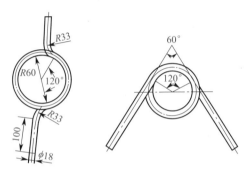

图 7-16　圆形弯管

煨制此管用无缝钢管，选择稍小于圆环内圆的钢管作胎具（如选择 φ100mm 管），用氧 - 乙炔火焰烘烤，先煨环弯至两侧管子夹角为 60° 状态时浇水冷却后，再煨两侧立管弧管，逐个完成，使两立管在同一中心线上。

（4）制作弯管的质量标准及产生缺陷原因

① 无裂纹、分层、过烧等缺陷。外圆弧应均匀，不扭曲。

② 壁厚减薄率：中低压管 ≤ 15%，高压管 ≤ 10%，且不小于设计壁厚。

③ 椭圆度：中低压管 ≤ 8%，高压管 ≤ 50%。

④ 中低压管弯管的弯曲角度偏差：按弯管段直管长管端偏差 Δ 计，如图 7-17 所示。

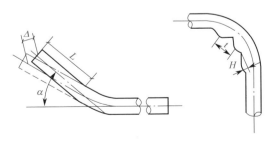

图 7-17　弯曲角度管段轴线偏差及弯曲波浪度

机械弯管：$\varDelta \leqslant \pm 3mm/m$；当直管长度 $L > 3m$ 时，$\varDelta \leqslant \pm 10mm$。

地炉弯管：$\varDelta \leqslant \pm 5mm/m$；当直管长度 $L > 3m$ 时，$\varDelta \leqslant \pm 15mm$。

⑤ 中低压管弯管内侧皱折波浪时，波距 $t \leqslant 4H$，波浪高度 H 允许值依管径而定。当外径 $\leqslant 108mm$ 时，$H \leqslant 4mm$；当外径为 $133 \sim 219mm$ 时，$H \leqslant 5mm$；当外径为 $273 \sim 324mm$ 时，$H \leqslant 7mm$；当外径 $> 377mm$ 时，$H \leqslant 8mm$。

弯管产生缺陷的原因见表 7-4。

表 7-4 弯管产生缺陷的原因

缺陷	产生缺陷的原因
皱折	①加热不均匀，浇水不当，使弯曲管段内侧温度过高 ②弯曲时施力角度与钢管不垂直 ③施力不均匀，有冲击现象 ④管壁过薄 ⑤充沙不实，有空隙
椭圆度过大	①弯曲半径小 ②充沙不实
管壁减薄太多	①弯曲半径小 ②加热不均匀，浇水不当，使内侧温度太低
裂纹	①钢管材质不合格 ②加热燃料中含硫过多 ③浇水冷却太快，气温过低
离层	钢管材质不合适
弯曲角度偏差	①样板画线有误，热弯时样板弯曲度应多弯3°左右 ②弯曲作业时，定位销活动

7.2.2 管子的切断

在管路安装前，需要根据安装要求的长度和形状将管子切断。施工时可根据现场条件和管子材质及规格，选用合适的切断方法。

7.2.2.1 钢管切断

钢管切断常用的方法有锯割、切割、刀割、磨割、气割、凿切、等离子切割等。

（1）锯割

锯割是常用的一种切断钢管的方法，可采用手工锯割和机械锯割。

手工锯割即用手锯切断钢管。在切断管子时，应预先画好线。画线的方法是用整齐的厚纸板或油毡缠绕管子一周，然后用石笔沿样板纸边画一圈即可。锯割时，锯条应保持与管子轴线垂直，用力要均匀，锯条向前推动时加适当压力，往回拉时不宜加力。锯条往复运动应尽量拉开距离，不要只用中间一段锯齿。锯口要锯到管子底部，不可把剩余的部分折断，以防止管壁变形。

为满足锯割不同厚度金属材料的需要，手锯的锯条有不同的锯齿。在使用细齿锯条时，因齿距小，只有几个锯齿同时与管壁的断面接触，锯齿吃力小，而不至于卡掉锯齿且较为省力，但这种齿距切断速度慢，一般只适用于切断直径40mm以下的管材。使用粗齿锯条锯管子时，锯齿与管壁断面接触的齿数少，锯齿吃力大，容易卡掉锯齿且较费力，但这种齿距切断速度快，适用于切断直径19～50mm的钢管。机械锯割管子时，将管子固定在锯床上，用锯条对准切断线锯割。用于切割成批量且直径大的各种金属管和非金属管。

（2）切割

切割是指用管子割刀（见图7-18）切断管子的方法。一般用于切割DN100以下的薄壁管，不适用于铸铁管和铝管。管子割刀切割具有操作简便、速度快、切口断面平整的优点，所以在施工中普遍使用。使用管子割刀切割管子时，应将割刀的刀片对准切割线平稳切割，不得偏斜，每次进刀量不可过大，以免管口受挤压使得管径变小，并应对切口处加油。管子切断后，应用铰刀铰去管口缩小部分。

图7-18　管子割刀

操作方法步骤如下：

① 在被切割的管子上画上切割线，放在龙门压力钳上夹紧。

② 将管子放在割刀滚轮和刀片之间，刀刃对准管子上的切割线，旋支螺杆手柄夹紧管子，并扳动螺杆手柄绕管子转动，边转动边拧紧，滚刀即逐步切入管壁，直到切断为止。

③ 管子割刀切割管子会造成管径不同程度的缩小，需用铰刀插入管口，刮去管口收缩部分。

（3）磨割

磨割是指用砂轮切割机（无齿锯）上的砂轮片切割管子的方法。它可用于切割碳钢管、合金钢管和不锈钢管。这种砂轮切割机效率高，并且切断的管子端面光滑，只有少许飞边，用砂轮轻磨或用锉刀锉一下即可除去。这种切割机可以切直口，也可以切斜口，还可以用来切断各种型钢。在切割时，要注意用力均匀和控制好方向，不可用力过猛，以防止将砂轮片折断飞出伤人，更不可用飞转的砂轮磨制钻头、刀片、钢筋头等。

（4）气割

气割又称氧乙炔切割，主要用于大直径碳钢管及复杂切口的切割。它利用氧气和乙炔燃烧时所产生的热能，使被切割的金属在高温下熔化，产生氧化铁熔渣，然后用高压气流将熔渣吹离金属，此时管子即被切断。操作时应注意以下问题：

① 割嘴应保持垂直于管子表面，待割透后将割嘴逐渐前倾，倾斜到与割点的切线呈 70°～80° 角。

② 气割固定管时，一般从管子下部开始。

③ 气割时，应根据管子壁厚选择割嘴和调整氧气、乙炔压力。

④ 在管道安装过程中，常用气割方法切断管径较大的管子。用气割切断钢管效率高，切口也比较整齐，但切口表面将附着一层氧化薄膜，需要焊接前除去。

7.2.2.2　铸铁管切断

铸铁管硬而脆，切断方法与钢管有所不同。目前，通常采用凿切，有时也采用锯割和磨割。

凿切所用的工具是扁凿和锤子。凿切时，在管子的切断线下部两侧垫上厚木板，用扁凿沿切断线凿 1～2 圈，凿出线沟，然后用锤子沿线沟用力敲打，同时不断转动管子，连续敲打直到管子折断为止，如图 7-19 所示。切断小直径的铸铁管时，使用扁凿和手锤由一人操作即可；切断大直径的铸铁管时，需由两个人操作，一人打锤，一人掌握扁凿，必要时还需有人帮助转动管子。操作人员应戴好防护眼镜，以免铁屑飞溅伤及眼睛。

图 7-19　凿切示意图

7.2.3　钢管套螺纹

钢管套螺纹（套螺纹又称套丝）是指对钢管末端进行外螺纹加工的方法。加工方法有手工套螺纹和机械套螺纹两种。

（1）手工套螺纹

将加工的管子固定在台虎钳上，需套螺纹的一端管段应伸出钳口外 150mm

左右。把铰板装置放到底，并把活动标盘对准固定标盘与管子相应的刻度上。上紧标盘固定把，随后将后套推入管子至与管牙齐平，关紧后套（不要太紧，能使铰板转动为宜）。人站在管端前方，一手扶住机身向前推进，另一手沿顺时针方向转动铰板把手。当板牙进入管子两扣时，在切削端加上机油润滑并冷却板牙，然后可站在右侧继续用力转动铰板把手，使板牙徐徐而进。

为使螺纹连接紧密，螺纹应加工成锥形。螺纹的锥度是利用套螺纹过程中逐渐松开板牙的松紧螺钉来达到的。当螺纹加工达到规定长度时，一边旋转套螺纹，一边松开松紧螺钉。DN50～100的管子可由2～4人操作。

为了操作省力及防止板牙过度磨损，不同管应有不同的套螺纹次数：DN32以下者最好两次完成套螺纹；DN32、DN50者可分两次到三次完成套螺纹；DN50以上者必须至少套螺纹三次，严禁一次完成套螺纹。套螺纹时，第一次或第二次铰板的活动标盘对准固定标盘刻度时，要略大于相应的刻度。螺纹加工长度可按表7-5确定。

表7-5　螺纹加工长度

管径 /mm	短螺纹 长度/mm	螺纹数 /牙	长螺纹 长度/mm	螺纹数 /牙	连接阀门螺纹 长度/mm
15	14	8	50	28	12
20	16	9	55	30	13.5
25	18	8	60	26	15
32	20	9	65	28	17
40	22	00	70	30	19
50	24	11	75	33	21
70	27	12	85	37	23.5
80	30	13	100	44	26

在实际安装中，当支管要求有坡度，遇到的管件螺纹不端正时，则要求有相应的偏扣，俗称"歪牙"。歪牙的最大偏离度不能超过15°。歪牙的操作方法是将铰板套进管子一二扣后，把后卡爪板根据所需略为松开，使螺纹向一侧倾斜，这样套成的螺纹即成"歪牙"。

（2）机械套螺纹

机械套螺纹是使用套丝机给管子进行套螺纹的方法。套螺纹前，应首先进行空负荷试车，确认运行正常可靠后方可进行套螺纹工作。

套螺纹时，先支上腿，取下底盘里的铁屑筛的盖子，灌入润滑油，再把电插头插入，注意电压必须相符。推上开关，可以看到油在流淌。

套管端螺纹较小时，先在套螺纹板上装好板牙，再把套螺纹架拉开，插进管子使管子前后抱紧。在管子挑出一头，用台虎钳予以支撑。放下板牙架，把出油管放下，润滑油就从油管内喷出来。把油管调在适当的位置，合上开关，扳动进给把手，使板牙对准管子头，稍加一点压力，于是套螺纹操作就开始了。板牙对上管子后很快就套出一个标准螺纹。如图 7-20 所示。

手持式套丝机

套丝过程

台式套丝机

图 7-20 套丝机

套丝机一般以低速工作，如有变速箱，要根据套出螺纹的质量情况选择一定速度，不得逐级加速，以防"爆牙"或管端变形。套螺纹时，严禁用锤击的方法旋紧或放松背面挡脚、进刀手把和活动标盘。长管套螺纹时，管后端一定要垫平；螺纹套成后，先将进刀手把和管子夹头松开，再将管子缓缓地退出，防止碰伤螺纹。套螺纹的次数：DN25 以上要分两次进行，切不可一次套成，以免损坏板牙或产生"硌牙"。在套螺纹过程中要经常加机油润滑和冷却。

管子螺纹应规整，如有断丝或缺丝，不得大于螺纹全扣数的10%。

无论使用手工套螺纹还是机械套螺纹，其螺纹使用标准应符合表 7-6。

表 7-6　螺纹使用标准表

公称直径 DN	mm	—	15	20	25	32	40
	in	—	1/2	3/4	1	$1\frac{1}{4}$	$1\frac{1}{2}$
螺纹拧入深度/mm		—	10.5	12	13.5	15.5	16.5
螺纹最大加工长度 /mm	一般连接	14	16	18	20	22
	长螺纹连接	45	50	55	65	70
	连接阀门端螺纹长度	12	13.5	15	17	19
螺纹外径/mm		—	20.96	26.44	33.25	41.91	47.81
螺纹内径/mm			13.63	24.12	30.29	38.95	44.85

7.3　塑料管的制备

塑料管包括聚乙烯管、聚丙烯管、聚氯乙烯管等。这些管材质软，在 200℃ 左右即产生塑性变形或熔化，因此加工十分方便。

7.3.1　塑料管的切割与弯曲

使用细齿手锯或木工圆锯进行切割，切割口的平面度偏差为：$DN < 50$，为 0.5mm；$DN50 \sim 160$，为 1mm；$DN > 160$，为 2mm。管端用锉刀锉出倒角，距管口 $50 \sim 100$mm 处不得有毛刺、污垢、凸疤，以便进行管口加工及连接作业。

公称直径 $DN \leqslant 200$ 的弯管，有成品弯头供应，一般为弯曲半径很小的急弯弯头。需要制作时可采用热弯，弯曲半径 $R = (3.9 \sim 4) DN$。

塑料管热弯工艺与弯钢管的不同：

① 不论管径大小，一律填细沙。

② 加热温度为 $130 \sim 150℃$，在蒸汽加热箱或电加热箱内进行。

③ 用木材制作弯管模具时，木块的高度应稍高于管子半径。管子加热至要求温度迅速从加热箱内取出，放入弯管模具内，因管材已成塑性，所以用力很小，再用浇冷水方法使其冷却定型，然后取出沙子，并继续进行水冷。管子冷却后要有 $1° \sim 2°$ 的回弹，因此制作模具时把弯曲角度加大 $1° \sim 2°$。弯曲半径见表 7-7。

表 7-7　塑料管道允许弯曲半径

管道公称外径 D/mm	允许弯曲半径 R/mm
$D \leqslant 50$	30D
$50 < D \leqslant 160$	50D
$160 < D \leqslant 250$	75D

7.3.2 塑料管的连接

塑料管的连接方法可根据管材、工作条件、管道敷设条件而定。壁厚大于 4mm、$DN \geqslant 50$ 的塑料管均可采用对口接触焊；壁厚小于 4mm、$DN \leqslant 150$ 的承压管可采用套管或承口连接；非承压的管子可采用承口粘接、加橡胶圈的承口连接；与阀件、金属部件或管道相连接，且压力低于 2MPa 时，可采用卷边法兰连接或平焊法兰连接。

7.3.2.1 对口焊接

塑料管的对口焊接有对口接触焊和热空气焊两种方法。对口接触焊的操作方法：塑料管放在焊接设备的夹具上夹牢，清除管端氧化层，将两根管子对正，管端间隙在 0.7mm 以下，电加热盘正套在接口处加热，使塑料管外表面 1～2mm 熔化，并用 0.9～0.25MPa 的压力加压使熔融表面连接成一体。

热空气加热至 200～250℃，可以调整焊枪内电热丝电压以控制温度。压缩空气保持压力为 0.09～0.1MPa。焊接时将管端对正，用塑料条对准焊缝，焊枪加热将管件和焊枪条熔融并连接在一起。

7.3.2.2 承插口连接

承插口连接的方法是先进行试插，检查承插口长度及间隙（长度以管子公称直径的 1～1.5 倍为宜，间隙应不大于 0.3mm）；然后用酒精将承口内壁、插管外壁擦洗干净，并均匀涂上一层胶黏剂，即时插入，保持挤压 2～3min，擦净接口外挤出的胶黏剂，固化后在接口外端可再行焊接，以增加接口强度。胶黏剂可采用过氯乙烯树脂与二氯乙烷（或丙酮）质量比 1：4 的调和物（该调和物称为过氯乙烯胶黏剂），也可采用市场上供应的多种胶黏剂。

如塑料管没有承口，还要自行加工制作。方法是在扩张管端采用蒸汽加热或用甘油加热锅加热，加热长度为管子直径的 1～1.5 倍，加热温度为 130～

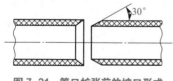

图 7-21　管口扩张前的坡口形式

150℃，此时可将插口的管子插入已加热的管端，使其扩大为承口。此外，也可用金属扩口模具扩张。为了使插入管能顺利地插入承口，可在扩张管端及插入管端先做成 30° 斜口，如图 7-21 所示。

7.3.2.3 套管连接

套管连接：先将管子对焊起来，并把焊缝铲平；再在接头上加套管。套管可用塑料板加热卷制而成。套管与连接管之间涂上胶黏剂，套管的接口、套管两端与连接管还可焊接起来，增加强度。套管尺寸见表 7-8。

表7-8　套管尺寸

公称直径DN/mm	25	32	40	50	65	80	100	125	150	200
套管长度/mm	56	72	94	124	146	172	220	272	330	436
套管厚度/mm	3			4		5		6		7

7.3.2.4　法兰连接

采用钢制法兰时，首先将法兰套入管内，然后加热管进行翻边。采用塑料板材制成的法兰或与塑料管进行焊接时，塑料法兰应在内径两面车出45°坡口，两面都应与管子焊接。紧固法兰时应把密封垫垫好，并在螺栓两端加垫圈。

塑料管管端翻边的工艺：将要翻边的管端加热至140～150℃，套上钢法兰，推入翻边模具；翻边模具为钢质（见图7-22），尺寸见表7-9；翻边模具推入前先加热至80～100℃，不使管端冷却，推入后均匀地使管口翻成垂直于管子轴线的翻边，翻边后不得有裂纹和皱折等缺陷。

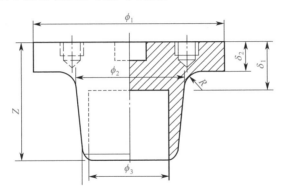

图7-22　翻边模具

表7-9　翻边模具尺寸　　　　　　单位：mm

管子规格	ϕ_1	ϕ_2	ϕ_3	ϕ_4	L	δ_1	δ_2	δ_3
65×4.5	105	56	40	46	65	30	20.5	9.5
76×5	116	66	50	56	75	30	20	10
90×6	128	76	60	66	85	30	19	11
114×7	160	96	80	86	100	30	18	12
166×8	206	150	134	140	100	30	17	13

7.3.2.5　UPVC管连接

UPVC管连接通常采用溶剂粘接，即把胶黏剂均匀涂在管子承口的内壁和插口的外壁，等溶剂作用后承插并固定一段时间形成连接。连接前，应先检验管材与管件不应受外部损伤，切割面平直且与轴线垂直，清理毛刺，切削坡口合格，黏合面如有油污、尘沙、水渍或潮湿，都会影响粘接强度和密封性能，因此必须用软纸、细棉布或棉纱擦净，必要时用蘸丙酮的清洁剂擦净。插口插入承口前，在插口上标出插入深度，管端插入承口必须有足够深度，目的是保证有足够的黏合面，插口处可用板锉锉成 15° ～ 30° 坡口。坡口厚度宜为管壁厚度的 1/7 ～ 1/2。坡口完成后应将毛刺处理干净。

　　管道粘接不宜在湿度很大的环境下进行，操作场所应远离火源，防止撞击和阳光直射。在 −20℃ 以下的环境中不得操作。涂胶宜采用鬃刷，当采用其他材料时应防止与胶黏剂发生化学作用，刷子宽度一般为管径的 1/7 ～ 1/2。涂刷胶黏剂应先涂承口内壁再刷插口外壁，应重复两次。涂刷时动作迅速、均匀、适量，无漏涂。涂刷结束后应将管子立即插入承口，轴向需用力准确，应使管子插入深度符合所画标记，并稍加旋转。管道插入后应保持 1 ～ 2min，再静置以待完全干燥和固化。粘接后迅速擦净溢出的多余胶黏剂，以免影响外壁美观。管端插入深度不得小于表 7-10 的规定。

表 7-10　管端插入深度

代号	1	2	3	4	5
管子外径 /mm	40	50	75	110	160
管端插入深度 /mm	25	25	40	50	60

7.3.2.6　铝塑复合管连接

铝塑复合管连接有两种：螺纹连接、压力连接。

（1）螺纹连接

螺纹连接如图 7-23 所示。

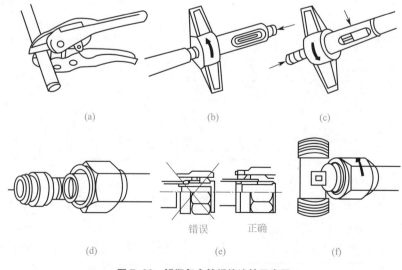

(a)　　　　　　　　　(b)　　　　　　　　　(c)

错误　　　　正确

(d)　　　　　　　　　(e)　　　　　　　　　(f)

图 7-23　铝塑复合管螺纹连接示意图

螺纹连接的方法如下：

① 用剪管刀将管子剪成合适的长度。

② 穿入螺母及 C 形铜环。

③ 将整圆器插入管内到底，用手旋转整圆器，同时完成管内圆倒角。整圆器按顺时针方向转动，对准管子内部口径。

④ 用扳手将螺母拧紧。

（2）压力连接

压制工具有电动压制工具与电池供电压制工具。当使用承压管件和螺纹管件时，将一个带有外压套筒的垫圈压制在管末端，用 O 形密封圈和内壁紧固起来。压制过程分两种：使用螺纹管件时，只需拧紧旋转螺钉；使用承压管件时，需用压制工具和钳子压接外层不锈钢套管。

7.3.2.7　PPR 管连接

PPR 管连接方式有热熔连接、电熔连接、螺纹（丝扣）连接与法兰连接，这里仅介绍热熔连接和螺纹连接。

（1）热熔连接

热熔连接工具如图 7-24 所示。

可调温数显PPR PB PE水管热熔器

图 7-24　熔接器

热熔连接的方法如下：

① 检查模头是否完整，如图 7-25 所示。

② 用螺钉将模头固定在加热板上，如图 7-26 所示。

③ 用六角扳手加固模头，如图 7-27 所示。

④ 按照使用长度裁剪 PPR 管材并保持切面垂直，如图 7-28 所示。

⑤ 熔接表面无脏污、灰尘，将管材及管件垂直插入热熔焊头，如图 7-29 所示。

⑥ 待充分加热后将管材与管件拔出，迅速垂直插入并维持一段时间，如图 7-30 所示。正常熔接时，在结合面应有一均匀的熔接面。

图 7-25　检查模头

把内六角螺钉穿过模具套进圆孔中

图 7-26　用螺钉将模头固定

套好模具后用内六角扳手紧固

图 7-27　加固模头

图 7-28　裁剪 PPR 管材

将管材和管件同时无旋转推进模头内

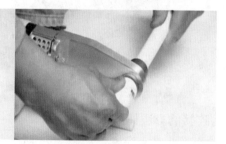

加热时间大约3～4s

图 7-29　将管材及管件垂直插入热熔焊头

图 7-30　将管材与管件拔出，迅速插入

热熔连接技术要求见表 7-11。

表 7-11 热熔连接技术要求

公称直径 /mm	热熔深度 /mm	加热时间 /s	加工时间 /s	冷却时间 /min
20	14	5	4	3
25	16	7	4	3
32	20	8	4	4
40	21	12	6	4
50	22.5	18	6	5
63	24	24	6	6
75	26	2	10	8
90	32	40	10	8
110	38.5	50	15	10

（2）螺纹连接

PPR 管与金属管件连接，应采用带金属嵌件的聚丙烯管件作为过渡，如图 7-31 所示。该管件与 PPR 管采用热熔连接，与金属管件或卫生洁具五金配件采用螺纹连接。

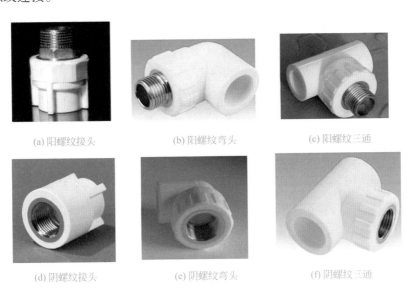

(a) 阳螺纹接头 (b) 阳螺纹弯头 (c) 阳螺纹三通

(d) 阴螺纹接头 (e) 阴螺纹弯头 (f) 阴螺纹三通

图 7-31 聚丙烯管件

7.3.2.8 管道支架和吊架的安装

为了正确支撑管道、满足管道补偿、限制热位移、控制管道振动和防止管道对设备产生推力等要求，应正确设计施工管道的支架和吊架。

管道的支架和吊架形式和结构很多，按用途分为滑动支架、导向滑动支架、固定支架和吊架等。

固定支架用于管道上不允许有任何位移的地方。固定支架要安装在牢固的房屋结构或专设的结构物上。为防止管道因受热伸长而变形和产生应力，均采取分段设置固定支架，在两个固定支架之间设置补偿器自然补偿的技术措施。固定支架与补偿器相互配套，才能使管道热伸长变形产生的位移和应力得到控制，以满足管道安全要求。固定支架除承受管道的重力（自重、管内介质质量及保温层质量）外，一般还要受到以下三个方面的轴向推力：一是管道伸长移动时活动支架上的摩擦力产生的轴向推力；二是补偿器本身结构或自然补偿管段在伸缩或变形时产生的弹性反力或摩擦力；三是管道内介质压力作用于管道，形成对固定支架的轴向推力。因此，在安装固定支架时一定要按照设计的位置和制造结构进行施工，防止由于施工问题出现固定支架被推倒或位移的事故。

滑动支架和一般吊架用在管道无垂直位移或垂直位移极小的地方。其中吊架用于不便安装支架的地方。支、吊架的间距应合理担负管道荷重，并保证管道不产生弯曲。滑动支架、吊架的最大间距见表 7-12。在安装中，应按施工图等要求施工。

考虑到安装的具体位置，支架间距应小于表 7-12 的规定值。

表 7-12　滑动支架、吊架的最大间距

管道外径 × 壁厚 /mm × mm	不保温管道 /m	保温管道 /m		
		岩棉毡 $\rho = 100kg/m^3$	岩棉管壳 $\rho = 150kg/m^3$	微孔硅酸钙 $\rho = 250kg/m^3$
25 × 2	3.5	3.0	3.0	2.5
32 × 2.5	4.0	3.0	3.0	2.5
38 × 2.5	5.0	3.5	3.5	3.0
45 × 2.5	5.0	4.0	4.0	3.5
57 × 3.5	7.0	4.5	4.5	4.0
73 × 3.5	8.5	5.5	5.5	4.5
89 × 3.5	9.5	6.0	6.0	5.5
108 × 4	10.0	7.0	7.0	6.5
133 × 4	11.0	8.0	8.0	7.0
159 × 4.5	12.0	9.0	9.0	8.5
219 × 6	14.0	12.0	12.0	11.0
273 × 7	14.0	13.0	13.0	12.0
325 × 8	16.0	15.5	15.5	14.0
377 × 9	18.0	17.0	17.0	16.0
426 × 9	20.0	18.5	18.5	17.5

为减少管道在支架上位移时的摩擦力，对滑动支架可在管道支架托板之间垫上摩擦系数小的垫片，或采用滚珠支架、滚柱支架（这两种支架结构较复杂，一般用在介质温度高和管径较大的管道上）等。

导向滑动支架也称为导向支架，它是只允许管道做轴向伸缩移动的滑动支架，一般用于套筒补偿器、波纹管补偿器的两侧，确保管道洞中心线位移，以便补偿器安全运行。在方形补偿器两侧 $10R \sim 15R$ 距离处（R 为方形补偿器弯管的弯曲半径），宜装导向支架，以避免产生横向弯曲而影响管道的稳定性。在铸铁阀件的两侧，一般应装导向支架，使铸件少受弯矩作用。

弹簧支架、弹簧吊架用于管道具有垂直位移的地方。它是用弹簧的压缩或伸长来吸收管道垂直位移的。

支架安装在室内要依靠砖墙、混凝土柱、梁、楼板等承重结构用预埋支架或预埋件和支架焊接等方法加以固定。

7.4　给水系统操作技能

7.4.1　水路走顶和走地的优缺点

水管最好走顶不走地，因为水管安装在地上会承受瓷砖和人的压力，有踩裂水管的危险。另外，走顶的好处在于检修方便，具体优缺点如下。

（1）水路走顶

优点：在地面不需要开槽，万一有漏水可以及时发现，避免祸及楼下。

缺点：如果是 PPR 管，因为它的质地较软，所以必须吊攀固定（间距标准为 60cm）。需要在梁上打孔，加之电线穿梁孔及中央空调开孔，对梁体有一定损害。一般台盆、浴缸等出水高度比较低，这样管线会比较长，对热量有损失。

（2）水路走地

优点：开槽后的地面能稳固 PPR 管，水管线路较短。

缺点：需要在地面开槽，比较费工。跟地面电线管会有交叉。万一发生漏水现象，不能及时发现，对施工要求较高。

（3）先砌墙再水电

优点：泥工砌墙相当方便，墙体晾干后放样比较准确，线盒定位都可以由电工一次统一到位。

缺点：泥工需要两次进场施工，会增加工时。材料也需要进场两次，比较麻烦。

（4）先水电再砌墙

优点：敲墙后马上就可进行水电作业，工期紧凑，泥工一次进场即可。

缺点：林立的管线会妨碍泥工砌墙，并影响墙体牢固度。底盒也只能由泥工边施工边定位。由于先水电后砌墙，缩短了墙体晾干期，有时会影响后期的油漆施工。

7.4.2　水路改造的具体注意事项

① 施工队进场施工前必须对水管进行打压测试（打 10kgf 水压 15min，如压力表指针没有变动，则可以放心改水管，反之则不得动用改管，必须先通知管理处，让管理处进行检修处理，待打压正常后方可进行改管）。

② 打槽不能损坏承重墙和地面现浇部分，可以打掉批荡层。承重墙上如需安装管路，不能破坏里面钢筋结构。

③ 水路改造完毕，需对水路再次进行打压试验，打压正常后用水泥砂浆进行封槽。埋好水管后的水管加压测试也是非常重要的。测试时，测试人员一定要在场，而且测试时间至少在 30min，条件许可的，最好 1h。10kgf 加压，最后没有任何减少方可测试通过。

④ 冷热水管间的距离在用水泥瓷砖封之前一定要准确，而且一定要平行（现在大部分电热水器、分水龙头冷热水上水间距都是 15cm，也有个别的是 10cm）。如果已经买了，最好装上去，等封好后再卸下来。冷热水上水管口高度应一致。

⑤ 冷热水上水管口应垂直墙面，以后贴墙砖也应注意别让瓦工弄歪了（不垂直的话以后安装非常麻烦）。

⑥ 冷热水上水管口应高出墙面 2cm，铺墙砖时还应要求瓦工铺完墙砖后，保证墙砖与水管管口在同一水平。若尺寸不合适，以后安装电热水器、分水龙头等，很可能需要另外购买管箍、内丝等连接件才能完成安装。

⑦ 一般市场上普遍用的水管是 PPR 管、铝塑管、镀锌管等。而家庭改造水路（给水管）最好用 PPR 管，因为它采用热熔连接，终生不会漏水，使用年限可达 50 年。

⑧ 建议所有水龙头都装冷热水管，装修时多装一点（花不了很多钱），事后想补救超级困难。

⑨ 阳台上如果需要可增加一个洗手池，装修时要预埋水管。阳台的水管一定要开槽走暗管，否则阳光照射，管内易生微生物。

⑩ 承重墙钢筋较多较粗时，不能把钢筋切断。业主水改时，可能会考虑后期还会增添用水电器，那么可以多预留 1～2 个出水口，当需要用时安装上水龙

头即可。

⑪ 水管安排时除了考虑走向，还要注意埋在墙里接水龙头的水管高度，否则会影响如热水器、洗衣机的安装高度。

> 注意：装水龙头时浴缸和花洒的水龙头所连接的管子是预埋在墙里的，尺寸一定要准确，不要到时候装不上。如果冷热水管间距留了 15cm，但冷热水管不平行，安装时也会费很大力。如果能先装水龙头，就先装上。应该是先把水龙头买回来，再装冷热水管和贴瓷砖。

一般情况下，安装水管前不用把水龙头和台盆、水槽都买好，只要确定台盆水龙头、浴缸水龙头、洗衣机水龙头的位置就行了，99% 的水龙头都是符合国际规范的，只要工人不粗心，都没事。如果自己做台盆柜，台盆需要提前买好或看好尺寸。水槽在量台面前确定好尺寸，装台面前买好就行。

⑫ 水管尽量不要从地面走，最好在顶上走，方便将来维修，如果水管走地面，铺上瓷砖后很难维修，有时还需要地面开槽，包括做防水等。

⑬ 冷水管在墙里要有 1cm 的保护层，热水管是 1.5cm，因此槽要开得深。

⑭ 地面如果有旧下水管，一般铺设新下水管，以保安全。

⑮ 如果加管子移动下水管道口，在新管道和旧下水管道入口对接前应该检查旧下水管道是否畅通（可先疏通一下避免日后很多麻烦）。

⑯ 水管及管件本身没有质量问题，那么冷水管和热水管都有可能漏水。冷水管漏水一般是水管和管件连接时密封没有做好造成的；热水管漏水除由于密封没有做好外，还可能是密封材料选用不当造成的。

⑰ 水暖施工时，为了把整个线路连接起来，要在锯好的水管上套螺纹。如果螺纹过长，在连接时水管旋入管件（如弯头）过深，就会造成水流截面变小，水流也随之变小。

⑱ 连接主管到洁具的管路大多使用蛇形软管。如果软管质量低劣或水暖工安装时把软管拧得紧，使用不久就会使软管爆裂。

⑲ 安装马桶时底座凹槽部位没有用油腻子密封，冲水时就会从底座与地面之间的缝隙溢出污水。

⑳ 装修完工的卫生间，洗面盆位置经常会移到与下水入口相错的地方，买洗面盆时配带的下水管往往难以直接使用。安装工人为图省事，一般又不做 S弯，造成洗面盆与下水管道直通，以致洗面盆下水返异味，所以必须做 S 弯。

㉑ 家庭居室中除了厨房、卫生间的上下水管道之外，每个房间的暖气管更容易出现问题。由于管道安装不易检查，因此所有管道施工完毕后，一定要经过注水、加压检查，没有跑、冒、滴、漏才算过关，防止管道渗漏造成麻烦。

㉒一般水管采用4分水管就足够了（一般水管出口都是4分标准接口），对于别墅或高层楼房，有可能水压小，才需要考虑采用6分管。

㉓一般水路改造公司都是从水表之后进行全房间改造，一般不做局部改造（因为全部的水管改造成本低，同时以后出现问题也好分清责任）。

㉔水路改造时一般坐便器的位置需要留一个冷水管出口，脸盆、厨房水槽、淋浴或浴缸的位置都需要留冷热水两个出口。需要注意的是，不要出口留少了或者留错了。

㉕如果水管出水的位置改变了，那么相应的下水管也需要改变。

㉖水路改造涉及上水和下水，有些需要挪动位置的（包括水表位置、出水口位置、下水管位置等），最好在准备改造前咨询物业是否能够挪动。若决定要在墙上开槽走管，最好先问问物业走管的地方能不能开槽，要是不能则另寻其他方法。

㉗给洗澡花洒龙头留的冷热水接口，安装水管时一定要调正角度，最好把花洒提前买好试装一下。尤其注意在贴瓷砖前把花洒先简单拧上，贴好瓷砖以后再拿掉，到最后再安装。防止出现贴瓷砖时已经把水管接口固定，而因为角度问题装不上而再刨瓷砖。

㉘给马桶留的进水接口位置一定要和马桶水箱离地面的高度适配。如果留高了，到最后装马桶时就有可能冲突。

㉙卫生间除了给洗衣机留好出水龙头外，最好再留一个龙头接口，这样以后想接点水浇花等方便。这个问题也可以通过购买带有出水龙头的花洒来解决。

㉚卫生间下水改动时要注意采用柜盆还是采用柱盆或是采用半挂盆，柜盆原位不动下水不用改动，柱盆要看距离墙面多远，可能需要向墙面移动一些，半挂盆需要改成入墙的下水；此外，还要考虑洗衣机的下水位置以避免洗衣机排水造成前面的地漏反灌。

㉛洗手盆处要是安装柱盆，注意冷热水出口的距离不要太宽。从柱盆的正面看，能看到两侧有水管。

㉜建议在所有下水管上都安装地漏，不要图一时方便把下水管直接插入下水道。因为下水道的管径大于下水管，时间长了怪味会从缝隙冒出，夏天还可能有飞虫飞出。如果已经安装好浴室柜，并且没有地漏，那么可以在下水管末端捆绑珍珠棉（包橱柜、木门的保护膜）或者塑料袋，然后塞进下水道中，并与地面接缝处打玻璃胶进行封堵，杜绝反味和飞虫困扰。

㉝水电路不能同槽，水管封槽采用水泥砂浆，水管暗埋淋浴口冷热水口距离15cm且水平，水口距基础墙面突出2cm或2.5cm（视墙体的平整度）。水管

封槽后一定不能比周边墙面凸出，否则无法贴砖。

㉞ 水电开槽一般都以能埋进管路且富裕一点为准，开槽深度一般在 6～2.5cm（这样才能把水管或者线管埋进墙里不致外露，便于墙面处理），开槽宽度视所埋管道决定，但最好不超过 8cm，不然会影响墙体强度，电路有 20mm 和 16mm 的管路，水路有 20mm 和 25mm 的管路。碰到钢筋第一点就是考虑避让、换位。如果是横钢筋需砸弯但不能切断，要是竖钢筋一般移一点位置就能避让开，所有主钢筋都不能切断。开槽一定不能太深，老房子，尤其是砖混结构的老房子，一旦开槽深了，很容易造成大面积的墙皮脱落。

7.4.3　水管改造敷设的操作技能

（1）定位

首先要根据对水的用途进行水路定位，比如哪里要水盆、哪里要热水器、哪里要马桶等，水工会根据业主的要求进行定位。

（2）开槽、打孔

定位完成后，水工根据定位和水路走向开槽布管。管槽很有讲究，要横平竖直，不过按规范的做法，不允许开横槽，因为会影响墙的承受力。开槽深度：冷水埋管后的批灰层要大于 1cm，热水埋管后的批灰层要大于 1.5cm。当需要过墙时，可用电锤和电镐开孔，如图 7-32 所示。

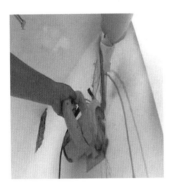 

(a) 开槽　　　　　　　　　　(b) 开孔

图 7-32　开槽、开孔过程示意图

（3）布管

根据设计过程裁切水管，并用热熔枪接管后将水管按要求放入管槽中，并用卡子固定，如图 7-33 所示。

在布管过程中，冷热水管要遵循左热右冷、上热下冷的原则进行安排。水平管道管卡的间距：冷水管卡间距不大于 60cm，热水管卡间距不大于 25cm。

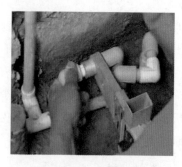

(a) 热熔枪接管固定管路

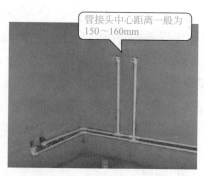

管接头中心距离一般为 150~160mm

(b) 排布墙壁管

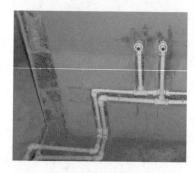

(c) 地管与墙壁管连接

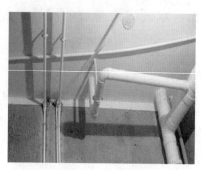

(d) 水走顶布管连接

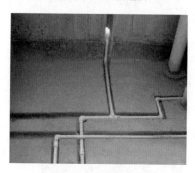

(e) 水走地布管连接

(f) 卫生间整体布管全貌

图 7-33　布管过程

（4）接头

　　安装水管接头时，冷热水管管头的高度应在同一个水平面上，可用水平尺进行测量，如图 7-34 所示。

（5）封接头

　　水管安装好后，应立即用管堵把管头堵好，不能有杂物掉进去，如图 7-35 所示。

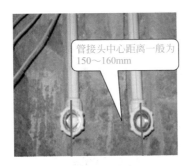

图 7-34　固定安装管接头

图 7-35　接管封接头

（6）打压测试

水管安装完成后进行打压测试。打压测试就是为了检测所安装的水管有没有渗水或漏水现象，只有经过打压测试，才能放心封槽。打压时应先将管路灌满水，再连接打压泵打压，如图 7-36、图 7-37 所示。

图 7-36　用软管接好冷热水管密封接头

打压测试时，打压机的压力一定要达到 0.6MPa 以上，等待 20 ~ 30min。如果压力表（图 7-38）的指针位置没有变化，就说明所安装的水管是密封的，再重点检查各接头是否有渗水现象（见图 7-39），如果没有就可以放心封槽了。

注意：水路施工中只要有渗水现象，一定要返工，绝对不能含糊。

图 7-37　连接打压泵

压力一般为8kgf(表显示为0.8MPa)

图 7-38　打压泵压力表

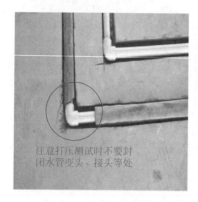

注意打压测试时不要封闭水管变头、接头等处

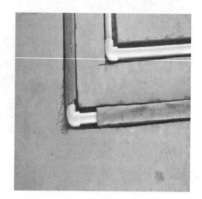

图 7-39　检验是否有渗水现象

7.4.4　下水管道的安装

在安装水路管道时，有时需要安装下水管道。

（1）斜三通安装

连接时用上斜三通既能引导下水方向，又便于后期疏通，如图 7-40 所示。

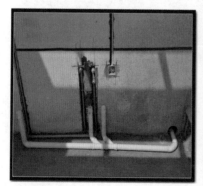

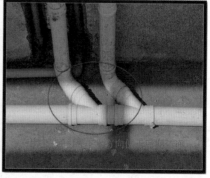

图 7-40　斜三通

（2）转角安装

转角处用 2 个斜 45° 的转角也是为了下水顺畅和方便疏通，如图 7-41 所示。

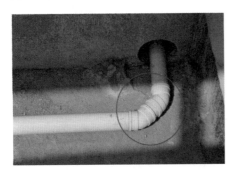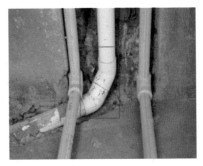

图 7-41　45° 转角

（3）返水弯的制作连接

连接落水管（洗衣机、墩布池）应考虑返水弯，以防臭气上冒，如图 7-42 所示。

图 7-42　返水弯

7.5　地暖的敷设技能

7.5.1　绘制地暖敷设施工图及敷设前的准备工作

（1）绘制地暖敷设施工图

在敷设地暖之前，要根据房屋结构及用户的要求绘制施工图，在绘制施工图时要注意，各房间光照及平时的气温应合理考虑，如阳面的房间管路比阴面房间管路可以适当短一些，以保证个房间采暖良好。施工图见图 7-43。

（2）整平清扫地面

地暖正式开始敷设之前，要先将室内的地面清理干净，保证地面的平整，排除地面的凹凸和杂物，如图 7-44 所示。然后，需要对整个家进行实地考察，确定壁挂炉以及分集水器的安装位置。

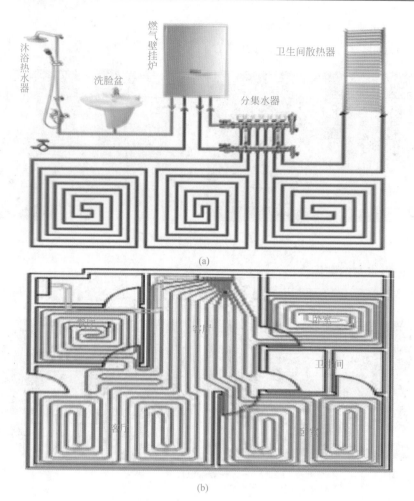

(a)

(b)

图 7-43　地暖布局施工图

7.5.2　铺保温板、反射膜

（1）铺挤塑板

铺挤塑板（见图 7-45）主要两个作用：一个是找平；另一个是由于挤塑板本身导热性很差，保温性好，就能阻止热量往地下扩散。这种板极易燃烧，但铺在地上就没问题，并且在之上还要覆盖一层豆石。

（2）找水平

铺挤塑板时需要避开管道保证水平。图 7-46 是敷设时避开管道的效果图。

图 7-44　平整地面和墙面

图 7-45　铺挤塑板

图 4-46　找水平

（3）铺反射膜

接下来就是往挤塑板上铺反射膜（这种膜看起来有点像铝箔纸，但很软），主要作用就是把地暖管的热量都向上反射，如图 7-47 所示。

图 7-47　地暖反射膜

7.5.3　盘管

铺完反射膜就可以开始盘管。管子上都标有长度（见图 7-48），这样方便在盘管前计算用量。施工时用两个工人，一人负责把管子捋顺，另一人负责盘管上卡子，铺完一路再换过来，如图 7-49 所示。

图 7-48　盘管（一）

图 7-49　盘管（二）

敷设的管子用卡子固定，如图 7-50 所示。比较弯的地方除了用卡子外，还要用砖头压住。

盘完管的房间如图 7-51 所示。各房间盘管效果如图 7-52～图 7-54 所示。

图 7-50　敷设管子用卡子固定

图 7-51　盘完管的房间

图 7-52　主卧和阳台的管子（成一个回路）

图 7-53　阳台上的 L 形管子

厨房是管子是最密集的地方，如图 7-55 所示。橱柜下方一般都不用再放管子，靠门口这些管子就足够让厨房暖和了。

图 7-54　次卧的管子（分成了两个回路）

图 7-55　厨房管路

图 7-56 往墙上贴单胶条

7.5.4 墙地交接贴保温层

盘完管后需要在墙地交接的地方贴一层双面胶保温层，主要防止热量从地上传导到墙面上去，如图 7-56 所示。在实际工作中，很多水工不做此步骤。

7.5.5 安装分集水器

将组装好的分集水器按照预先根据用户家中实际情况确定的位置和标高，平直、牢固地紧贴于墙壁，并用膨胀螺栓固定好。为防止热量流失，必须要为分集水器到安装房间的这段管道套上专用保温套。将套好保温套的管道连接到分集水器处，并把管道的一头连在它的温控阀门上。管道铺好之后，把管道的这头套上再传回分集水器固定好，如图 7-57 所示。

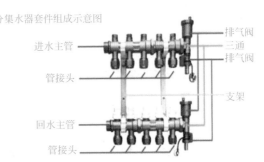

图 7-57 安装分集水器

7.5.6 管路水压测试

地暖管敷设好之后，要对其进行水压测试，先对管道进行水压冲洗、吹扫等，保证管道内无异物。然后从注水排气阀注入清水，试验压力为工作压力的

1.5～2倍，但不小于0.6MPa，稳压1h内压力降不大于0.05MPa，且不渗不漏为合格，如图7-58所示。

图7-58 打压测试

7.5.7 回填与抹平

打压测试完成后，地暖的铺装就算完成了，接下来就是回填了（见图7-59）。回填完成后进行抹平，如图7-60所示。

图7-59 地面回填

地面回填后需要进行养护。每隔两三天给地面洒水，让地面阴干，如图7-61所示。

图7-60 回填完成后抹平　　　　　　图7-61 洒水，让地面阴干

地暖回填注意事项如下：

① 地暖加热管安装完毕且水压测试合格后 48h 内完成混凝土填充层施工。

② 混凝土填充层施工应由有资质的土建施工方承担。

③ 在混凝土填充层施工中，加热管内水压不应低于 0.6MPa；在填充层养护过程中，系统水压不应低于 0.4MPa。

④ 填充层是用于保护塑料管和使地面温度均匀的构造层。一般为豆石混凝土，石子粒径不应大于 10mm，水泥砂浆体积比不小于 1：3，混凝土强度等级不小于 C15。填充层厚度应符合设计要求，平整度不大于 3mm。

⑤ 地暖系统需要在墙体、柱、过门等与地面垂直交接处敷设伸缩缝，伸缩缝宽度不应小于 10mm；当地面面积超过 $30m^2$ 或边长超过 6m 时，也应设置伸缩缝，伸缩缝宽度不宜小于 8mm。

上述伸缩缝在混凝土填充层施工前就应敷设完毕，混凝土填充层施工时应注意保护伸缩缝。

⑥ 在混凝土填充层施工中，严禁使用机械振捣设备；施工人员应穿软底鞋，采用平头铁锹。

7.5.8　安装壁挂炉与地暖验收

此步骤一般是在房屋装修完成后进行的。根据壁挂炉尺寸及安装前预留尺寸、烟道位置确定安装壁挂炉的位置，壁挂炉底下接口采用软管连接，注意各水管安装要正确，如图 7-62 所示。

图 7-62　安装壁挂炉

地暖施工完毕后，要让用户对整个地暖系统进行验收，验收分为材料验收、施工验收和调试验收，最后由业主亲自签字确认。

第8章 卫生器具及其安装操作

8.1 卫生器具

卫生器具指的是供水或接受、排出污水或污物的容器或装置。它是建筑内部给水排水系统的重要组成部分，是收集和排除生活及生产中产生的污水、废水的设备。简单地说，卫生器具是给水系统的末端（受水点），排水系统的始端（收水点）。

对卫生器具质量要求是：表面光滑、易于清洗、不透水、耐腐蚀、耐冷热和具有一定的强度。除大便器外，每一卫生器具均应在排水口处设置十字栏栅，以防粗大污物进入排水管道，引起管道阻塞。一切卫生器具下面必须设置存水弯，以防排水系统中的有害气体窜入室内。

制造卫生器具的材料有陶瓷、搪瓷铸铁、塑料、不锈钢等。

8.1.1 洗面器

洗面器如图8-1所示，洗面器的分类及规格见表8-1。

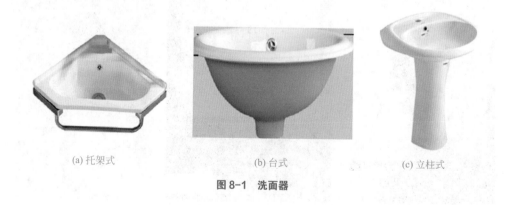

(a) 托架式　　　　　　　　(b) 台式　　　　　　　　(c) 立柱式

图8-1　洗面器

表 8-1 洗面器分类及规格

分类	（1）按安装方式分 ① 托架式（普通式）：安装在托架上 ② 台式：安装在台面板上 ③ 立柱式：安装在地面上 （2）按洗面器孔眼数目分 ① 单孔式：安装一只水嘴或安装单手柄（混合）水嘴 ② 双孔式：安装放冷热水用水嘴各1副，或双手轮（或单手柄）冷热水（混合）水嘴1副，其中两水嘴中心孔距有100mm和200mm两种 ③ 三孔式：安装双手轮（或单手柄）放冷热水（混合）水嘴1副，混合体在洗面器下面									
	常见洗面器主要尺寸/mm									
长度	350	400	450	510	560	510	590	600	630	520
宽度	260	310	310	300	410	440	500	530	530	430
高度	200	210	200	250	270	170	200	240	250	220
总高度	—	—	—	—	—	—	—	830	830	780

（1）水嘴

洗面器水嘴又称为立式洗面器水嘴、面盆水嘴或面盆龙头，如图 8-2 所示。洗面器水嘴的公称直径为 15mm，公称压力为 0.6MPa，适用温度≤ 100℃。

（2）洗面器单手柄水嘴

洗面器单手柄水嘴又称为单手柄水嘴、洗面盆单把混合水嘴或立式混合水嘴，如图 8-3 所示。洗面器单手柄水嘴的主要型号为 MG12（北京产品），其主要规格：公称直径为 15mm，公称压力为 0.6MPa，适用温度≤ 100℃。

图 8-2 洗面器水嘴

图 8-3 洗面器单手柄水嘴

（3）立柱式洗面器配件

立柱式洗面器配件又称为立柱式面盆铜配件和带腿面盆铜器，如图8-4所示。立柱式洗面器配件的主要型号为 80-1 型（上海产品），其公称直径为 15mm，公

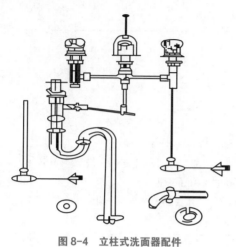

图8-4　立柱式洗面器配件

压力为 0.6MPa，适用温度≤ 100℃。

称压力为 0.6MPa，适用温度≤ 100℃。

（4）台式洗面器配件

台式洗面器配件又称为台式面盆铜活和镜台式面盆铜器，如图 8-5 所示。台式洗面器配件的型号有普通式（15M7 型）和混合式（7103），其公称直径为 15mm，公称压力为 0.6MPa，适用温度≤ 100℃。

（5）弹簧水嘴

弹簧水嘴又称为立式弹簧水嘴、手掀龙头和自闭水嘴，如图 8-6 所示。弹簧水嘴的主要规格：公称直径为 15mm，公称

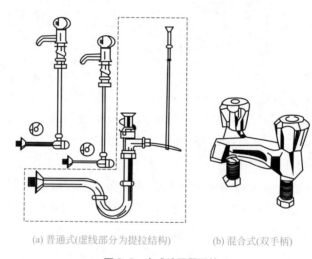

(a) 普通式(虚线部分为提拉结构)　　　　(b) 混合式(双手柄)

图8-5　台式洗面器配件

（6）洗面器落水

洗面器落水又称为面盆下水口、面盆存水弯、下水连接器、洗面盆排水栓和返水弯，如图 8-7 所示。洗面器落水有横式、直式两种，也分普通式和提拉式两种。制造材料有铜合金、尼龙 6、尼龙 1010 等；公称直径为 32mm；橡皮塞直径为 29mm。提拉式落水结构参见图 8-5（a）中台式洗面器配件中的提拉结构部分。

（7）卫生洁具直角式截止阀

卫生洁具直角式截止阀又称为直角阀、三角阀、角形阀、八字水门，如图 8-8 所示。卫生洁具直角式截止阀的主要规格：公称直径为 15mm，公称压力为 0.6MPa。

图 8-6 弹簧水嘴

(a) 普通式:横式(P形)   (b) 普通式:直式(S形)

图 8-7 洗面器落水

图 8-8 卫生洁具直角式截止阀

（8）无缝铜皮管及金属软管

无缝铜皮管及金属软管如图 8-9 和图 8-10 所示。

图 8-9 无缝铜皮管

图 8-10 金属软管（蛇皮软管）

无缝铜皮管及金属软管的主要规格见表 8-2，可用作洗面器水嘴与三角阀之间的连接管。

表8-2　无缝铜皮管及金属软管的主要规格　　　　单位：mm

品种	无缝铜皮管			金属软管		
主要尺寸	外径	厚度	长度	外径	厚度	长度
	12.7	0.7～0.8	330	12	—	350 450
材料及表面状态	黄铜抛光或镀铬			黄铜镀铬或不锈钢		

（9）托架

托架又称为支架、搁架，如图8-11所示。托架的主要规格：洗面器托架长×宽×高尺寸为310mm×40mm×230mm，水槽托架长×宽×高尺寸为380mm×45mm×310mm。托架制造材料为灰铸铁。

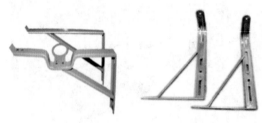

(a) 洗面器托架　　　　(b) 水槽托架

图8-11　托架

8.1.2　浴缸

浴缸的主要规格见表8-3。

表8-3　浴缸的主要规格

品种	按制造材料分	铸铁浴缸、钢板浴缸、玻璃钢缸、亚克力浴缸、塑料浴缸					
	按结构分	普通浴缸（TVP型）、扶手浴缸（CYF-5扶型）、裙板浴缸					
	按色彩分	白色浴缸、彩色浴缸（青、蓝、灰、黑、紫、红等）					
型号	尺寸/mm			型号	尺寸/mm		
	长	宽	高		长	宽	高
TYP-10B	1000	650	305	TYP-16B	1600	750	350
TYP-11B	1100	650	305	TYP-17B	1700	750	370
TYP-12B	1200	650	315	TYP-18B	1800	800	390
TYP-13B	1300	650	315	TYP-5扶	1520	780	350
TYP-14B	1400	700	330	8701型裙板浴缸	1520	780	350
TYP-15B	1500	750	350	8801型扶手浴缸	1520	780	380

（1）浴缸水嘴

浴缸水嘴又称为浴缸龙头、澡盆水嘴，如图 8-12 所示。浴缸水嘴的主要规格见表 8-4。

表 8-4　浴缸水嘴的主要规格

品种	结构特点	公称直径/mm	公称压力/MPa
普通式	由冷、热水嘴各一个组成一组	15，20	0.6
明双联式	由两个手轮合用一个出水嘴组成双联式	15	
明（暗）三联式	比双联式多一个淋浴器装置	15	
单手柄式	与三联式不同的是，用一个手轮开关冷、热水和调节水温	15	

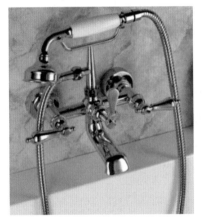

图 8-12　浴缸水嘴

（2）浴缸长落水

浴缸长落水又称为浴缸长出水、浴盆出水、澡盆下水口和澡盆排水栓，如图 8-13 所示。浴缸长落水的主要规格是：普通式公称直径为 32mm、40mm，提拉式公称直径为 40mm。

（3）莲蓬头

莲蓬头又称为莲花嘴、淋浴喷头、喷头和花洒，如图 8-14 所示。莲蓬头的主要规格：公称直径（莲蓬直径）

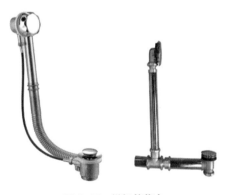

图 8-13　浴缸长落水

$DN15 \times 40mm$、$DN15 \times 60mm$、$DN15 \times 75mm$、$DN15 \times 80mm$、$DN15 \times 100mm$。

（4）莲蓬头铜管

莲蓬头铜管又称为莲蓬头铜梗、淋浴器铜梗，如图 8-15 所示。莲蓬头铜管的主要规格：公称直径为 15mm。莲蓬头铜管安装于莲蓬头与进水管路之间，作为连接管用。

图 8-14　莲蓬头

（5）莲蓬头阀

莲蓬头阀又称淋浴器阀和冷热水阀，如图 8-16 所示。莲蓬头阀的主要规格：公称直径为 15mm，公称压力为 0.6MPa。莲蓬头阀安装于通向莲蓬头的管路上，用来开关莲蓬头（或其他管路）的冷、热水。明式适用于明式管路上，暗式适用于暗式管路（安装壁内）上，另附一个钟形法兰罩。

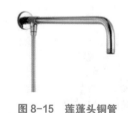

图 8-15　莲蓬头铜管

图 8-16　莲蓬头阀

图 8-17　双管淋浴器

（6）双管淋浴器

双管淋浴器又称为双联淋浴器、混合淋浴器和直管式淋浴器，如图 8-17 所示。双管淋浴器的主要规格：公称直径为 15mm。双管淋浴器安装于工矿企业等公共浴室中，用作淋浴设备。淋浴器安装可扫二维码学习。

淋浴器安装

8.1.3 地板落水

地板落水又称为地漏、地坪落水和扫除口，如图 8-18 所示。地板落水的主要规格：普通式公称直径为 50mm、80mm、100mm，两用式公称直径为 50mm。

图 8-18　地板落水

地板落水安装于浴室、盥洗室内地面上，用于排放地面积水。两用式中间有一活络孔盖，如取出活络孔盖，可供插入洗衣机的排水管，以便排放洗衣机内存水。

8.1.4 坐便器

坐便器属于建筑给排水材料领域的一种卫生器具，如图 8-19 所示。

图 8-19　坐便器

坐便器的主要规格见表 8-5。

表 8-5　坐便器规格

分类	（1）按坐便器冲洗原理分 冲落式、虹吸式、喷射虹吸式、旋涡虹吸式（连体式） （2）按配用低水箱结构分 ①挂箱式：低水箱位于坐便器后上方，两者之间必须用角尺弯管连接起来 ②坐箱式：低水箱直接装在坐便器后上方 ③连体式：低水箱与坐便器连成一个整体						
产地	型号	形式	长度/mm	宽度/mm	高度/mm	连体水箱总高度/mm
唐山	福州式3号	挂箱冲落式	460	350	390	—
	C-102	坐箱虹吸式	740	365	380	830
上海	C-105	坐箱喷射虹吸式	730	510	355	735
	C-103	连体旋涡虹吸式	740	520	400	530

8.1.5　橡胶黑套

橡胶黑套又称为皮碗、异径胶碗，如图 8-20 所示。

图 8-20　橡胶黑套

橡胶黑套的主要规格：内径（套冲水管端）×内径（套瓷管端）为 32mm×65mm、32mm×70mm、32mm×80mm、45mm×70mm。

橡胶黑套用作冲水管和蹲（坐）便器之间的连接管。

8.1.6　水槽

水槽又称为洗涤槽、水斗、水池、水盆，如图 8-21 所示。

(a) 单槽式

(b) 双槽式

图 8-21　水槽

水槽的主要规格见表 8-6。

表8-6 水槽的主要规格

型号	1#	2#	3#	4#	5#	6#	7#	8#
长度/mm	610	610	510	610	410	610	510	410
宽度/mm	460	410	360	410	310	460	360	310
高度/mm	200	200	200	150	200	150	150	150

注：表列为单槽式规格，双槽式常用规格为长780mm、宽460mm、高210mm。

8.1.7 水嘴

① 水槽水嘴又称为水盘水嘴、水盘龙头、长脖水嘴，如图8-22所示。水槽水嘴的主要规格：公称直径为15mm，公称压力为0.6MPa。

② 水槽落水又称为下水口、排水栓，如图8-23所示。水槽落水的主要规格：公称直径为32mm、40mm、50mm。水槽落水用于排除水槽、水池内存水。

图8-22 水槽水嘴

图8-23 水槽落水

③ 脚踏水嘴又称为脚踏阀、脚踩水门，如图8-24所示。脚踏水嘴的主要规格：公称直径为15mm，公称压力为0.6MPa。

脚踏水嘴安装于公共场所、医疗单位等场合的面盆、水盘或水斗上，作为放水开关设备。其特点是用脚踩踏板，即可放水；脚离开踏板，停止放水。开关均不需用手操纵，比较卫生，并可以节约用水。

④ 化验水嘴又称为尖嘴龙头、实验龙头、化验龙头，如图8-25所示。化验水嘴的主要规格：公称直径为15mm，公称压力为0.6MPa。材料为铜合金、表面镀铬。

化验水嘴常用于化验水盆上，套上胶管放水冲洗试管、药瓶、量杯等。

⑤ 洗衣机用水嘴如图8-26所示，其主要规格：公称直径为15mm，公称压力为0.6MPa。

图 8-24 脚踏水嘴

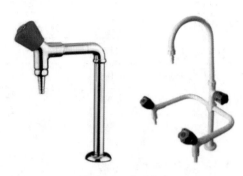

图 8-25 化验水嘴

洗衣机用水嘴安装于放置洗衣机附近的墙壁上，其特点是水嘴的端部有管接头，可与洗衣机的进水管连接，不会脱落，以便向洗衣机供水；另外，水嘴的密封件采用球形结构，手柄旋转90°，即可放水或停水。

图 8-26 洗衣机用水嘴

8.2 卫生器具的安装

8.2.1 安装要求

（1）排水、给水头子处理

① 对于安装好的毛坯排水头子，必须做好保护。如地漏、大便器排水管等都要封闭好，防止地坪上水泥浆流入管内，造成堵塞或通水不畅。

② 给水管头子的预留要了解给水龙头的规格、冷热水管中心距与卫生器具的冷热水孔中心距是否一致。暗装时还要注意管子的埋入深度，使将来阀门或水龙头装上去时，阀件上的法兰装饰罩与粉刷面平齐。

③ 对于一般暗装的管道，预留的给水头子在粉刷时会被遮盖而找不到，因此水压试验时，可采用管子做的塞头，长度为 100mm 左右，粉刷后这些给水头子都露在外面，便于镶接。

（2）卫生器具本体安装

① 卫生器具安装必须牢固、平稳、不歪斜，垂直度偏差不大于 3mm。

② 卫生器具安装位置的坐标、标高应正确，单独器具允许误差为 10mm，成排器具允许误差为 5mm。

③ 卫生器具应完好洁净，不污损，能满足使用要求。

④ 卫生器具托架应平稳牢固，与设备紧贴且油漆良好。用木螺钉固定的，

木砖应经沥青防腐处理。

（3）排水口连接

① 卫生器具排水口与排水管道的连接处应密封良好，不发生渗漏现象。

② 有下水栓的卫生器具，下水栓与器具底面的连接应平整且略低于底面。地漏应安装在地面的最低处，且低于地面 5mm。

③ 卫生器具排水口与暗装管道的连接应良好，不影响装饰美观。

（4）给水配件连接

① 给水镀铬配件必须良好、美观，连接口严密，无渗漏现象。

② 阀件、水嘴开关灵活，水箱铜件动作正确、灵活，不漏水。

③ 给水连接铜管尽可能做到不弯曲，必须弯曲时弯头应光滑、美观、不扁。

④ 暗装配管连接完成后，建筑饰面应完好，给水配件的装饰法兰罩与墙面的配合应良好。

（5）总体使用功能及防污染

① 使用时给水情况应正常，排水应通畅，如排水不畅应检查，可能排水管局部堵塞，也可能器具本身排水口堵塞。

② 小便器和大便器应设冲洗水箱或自闭式冲水阀，不得用装设普通阀门的生活饮用水管直接冲洗。

③ 成组小便器或大便器宜设置自动冲洗箱定时冲洗。

④ 给水配件出水口不得被卫生器具的液面所淹没，以免管道出现负压时，给水管内吸入脏水。给水配件出水口高出用水设备溢流水位的最小空气间隙，不得小于出水管管径的 2.5 倍，否则应设防污隔断器或采取其他有效的隔断措施。

8.2.2 洗脸盆的安装

洗脸盆（以下简称脸盆）安装前应将合格的脸盆水嘴、排水栓装好，试水合格后方可安装。合格的脸盆塑料存水弯的排水栓一般是 DN32 螺纹，存水弯是 $\phi32mm \times 2.5mm$ 硬聚氯乙烯 S 形或 P 形存水弯，中间有活接头。劣质产品不要使用。

① 脸盆安装（一）。如图 8-27 所示，冷热水立管在脸盆的左侧，冷水支管距地坪应为 380mm。冷热水支管的间距为 80～150mm。按上述高度可影响脸盆水弯距墙面尺寸，见图 8-27（b）中的 b 值。与八字水门连接的弯头应使用内外丝弯头。

图 8-27 所示的存水弯为钢镀铬存水弯，与排水管连接时应缠两圈油麻，再用油灰密封。

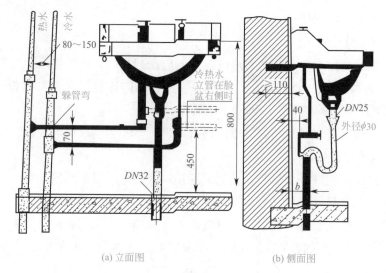

(a) 立面图   (b) 侧面图

图 8-27　脸盆安装（一）

（$b = 80$mm，如冷热水立管在脸盆右侧时，$b = 50$mm）

　　脸盆架应安装牢固，嵌入结构墙内不应小于 110mm，其制作可用 $DN15$ 镀锌管。在砖墙上安脸盆架时，应剔 60mm×60mm 方孔；在混凝土墙上安脸盆架时，可用电锤打 $\phi28$mm 孔，用水冲洗干净，用砂浆或素水泥浆稳固。

　　② 脸盆安装（二）。在图 8-28 中，冷热水支管为暗装。因此，铜管无须弯灯叉弯，存水弯可抻直与墙面垂直安装。其余同图 8-27。

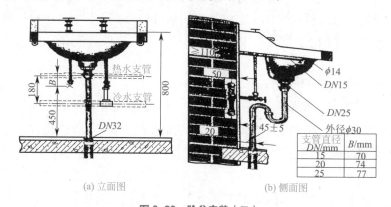

(a) 立面图   (b) 侧面图

支管直径 DN/mm	B/mm
15	70
20	74
25	77

图 8-28　脸盆安装（二）

　　③ 脸盆安装（三）。图 8-29 所示为多个脸盆并排安装的分用脸盆。为了便于连接，排水横管的坡度不宜过大，距地面高度应以最右侧的脸盆为基准，用带有溢水孔的 $DN32$ 普通排水栓及活接头和六角外丝与 $DN50×32$mm 三通连接，$DN50$ 横管与该三通连接应套偏螺纹找坡度。最右向左第二个脸盆，活接头下方不用六角外丝，要套短管，其下端套偏螺纹与 $DN50×32$mm 三通连接，其余以

此类推。

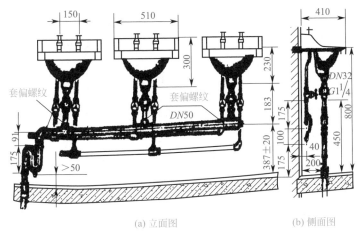

(a) 立面图　　　　　　　　　　(b) 侧面图

图 8-29　脸盆安装（三）

（本图是根据 510mm 洗脸盆和普通水龙头绘制的。如脸盆规格有变化，其有关相应尺寸亦应变化）

冷水支管躲绕热水支管时要冷撇勺形躲管弯。水嘴采用普通水嘴，如采用直角脸盆水嘴，在其下端应装 DN15 活接头。

④ 脸盆安装（四）。图 8-30 所示是台式脸盆安装。冷热水支管为暗装（冷水防结露，热水保温由设计确定），存水弯为 S 形，宜可用八字形。存水弯与塑料排水弯连接做法如图 8-30（c）所示。图中异径接头由塑料管件生产厂家提供。密封胶亦可用油灰取代。

⑤ 脸盆位置的确定。脸盆在安装排水托吊管时已经按设计要求高出地面，但安装时可能有些偏差。安装冷热水支管时，应以排水甩口为依据。安装脸盆时，可以冷热水甩口为依据，否则脸盆与八字形水门的铜管就要歪斜。

⑥ 在薄隔墙上安装脸盆架。薄隔墙是指小于或等于 80mm（未含抹面）的混凝土或非混凝土隔墙。图 8-31 所示为轻质空心且不抹灰亦不贴面砖隔墙。如果抹灰或贴瓷砖时，图中的扁钢（40mm×4mm 镀锌扁钢）可放在墙的外表面。在薄隔墙上安装的脸盆架制作如图 8-32 所示。图中点焊螺母时，应将 M8 螺母对准已钻好的 ϕ3.8mm 孔，点焊后用 M8 丝锥将螺母的螺纹过一次，连同管壁攻螺纹。

8.2.3　面盆安装实例

（1）面盆安装施工流程

膨胀螺栓插入→捻牢→盆管架挂好→把脸盆放在架上找平整→下水连接→安装脸盆→调直→上水连接。

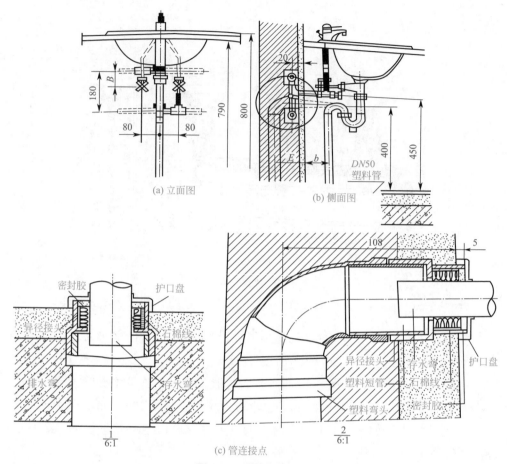

(a) 立面图

(b) 侧面图

(c) 管连接点

图 8-30　脸盆安装（四）

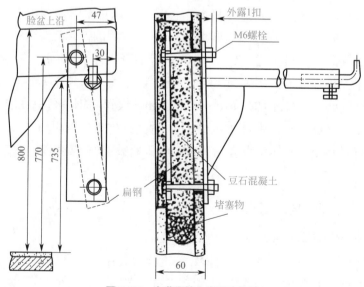

图 8-31　在薄隔墙上安装脸盆架

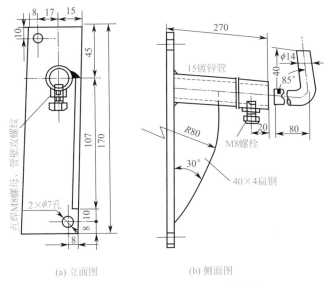

(a) 立面图　　　　　　(b) 侧面图

图 8-32　在薄隔墙上安装的脸盆架制作

（2）面盆安装施工要领

① 洗涤盆产品应平整无损裂。排水栓应有不小于 8mm 直径的溢流孔。

② 排水栓与洗涤盆镶接时排水栓溢流孔应尽量对准洗涤盆溢流孔以保证溢流部位畅通，镶接后排水栓上端面应低于洗涤盆底。

③ 托架固定螺栓可采用不小于 6mm 的镀锌开脚螺栓或镀锌金属膨胀螺栓，如墙体是多孔砖，则严禁使用膨胀螺栓。

④ 洗涤盆与排水管连接后应牢固密实，且便于拆卸，连接处不得敞口。洗涤盆与墙面接触部应用硅膏嵌缝。

⑤ 如洗涤盆排水存水弯和水龙头是镀铬产品，在安装时不得损坏镀层。

（3）卫生间面盆安装

① 安装洗脸盆：安装管架洗脸盆，应按照下水管口中心画出竖线，由地面向上量出规定的高度，在墙上画出横线，根据脸盆宽度在墙上画好印记，打直径为 120mm 深的孔洞。用水冲净洞内砖渣等杂物，把膨胀螺栓插入洞内，用水泥捻牢，螺栓上套胶垫、眼圈，带上螺母，拧至适度松紧，管架端头超过脸盆固定孔。把脸盆放在架上找平整，将直径 4mm 的螺栓焊上一横铁棍，上端插入固定孔内，下端插入管架子内，带上螺母，拧至适度松紧。

② 安装铸铁架脸盆：应按照下水管口中心画出竖线，由地面向上量出规定的高度，画一横线成十字线，按脸盆宽度居中在横线上画出印记，再各画一竖线，把盆架摆好，画出螺孔位置，打直径 15mm、长 70mm 孔洞。铅皮卷

成卷栽入洞内，用螺栓将盆架固定在墙上，把脸盆放于架上，将活动架的螺栓拧出，拉出活动架，将架钩勾在脸盆孔内，再拧紧活动架螺栓，找平找正即可。

（4）水龙头安装

面盆水龙头安装教程第一步：取出面盆水龙头，检查所有的配件是否齐全，安装前务必清除安装孔周围及供水管道中的污物，确保面盆水龙头进水管路内无杂质。为保护水龙头表层不被刮花，建议戴手套进行安装。如图 8-33 所示。

面盆水龙头安装教程第二步：取出面盆水龙头橡胶垫圈，垫圈用于缓解水龙头金属表面与陶瓷盆接触的压力，保护陶瓷盆，然后插入一根进水管，并旋紧。如图 8-34 所示。

图 8-33　检查面盆水龙头配件

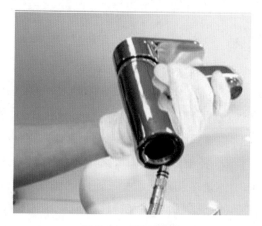

图 8-34　插入水管（一）

面盆水龙头安装教程第三步：把螺纹接头穿入第一根进水软管，然后再把第二根进水软管进水端穿过螺纹接头。如图 8-35 所示。

面盆水龙头安装教程第四步：把第二根进水软管旋入进水端口，注意方向正确，用力均衡，然后再旋紧螺纹接头。如图 8-36 所示。

面盆水龙头安装教程第五步：把两根进水软管穿入白色胶垫中。如图 8-37 所示。

面盆水龙头安装教程第六步：套上锁紧螺母以固定水龙头。如图 8-38 所示。

面盆水龙头安装教程第七步：将套筒拧紧即可。如图 8-39 所示。

面盆水龙头安装教程第八步：分别锁紧两根进水管与角阀接口，切勿用管钳全力扳扭，以防变形甚至扭断。注意冷热水的连接。用进水管的另一端连接出水角阀。如图 8-40 所示。

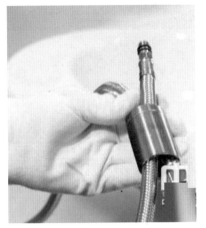

图 8-35 插入水管（二）

图 8-36 拧紧面盆水龙头水管

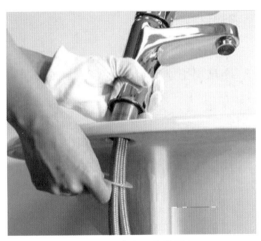

图 8-37 加入下部垫圈

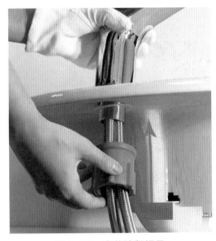

图 8-38 安装锁紧螺母

图 8-39 拧紧锁紧螺母

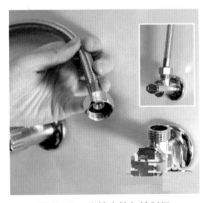

图 8-40 连接水管与控制阀

（5）双孔水龙头安装

双孔水龙头安装如图 8-41 所示。

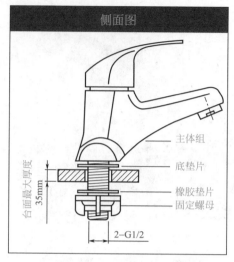
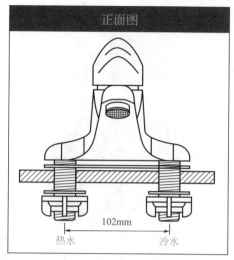

图 8-41　双孔水龙头安装

图 8-42　拆开法兰

（6）安装下水器

① 拿出下水器，把下水器下面的固定件与法兰拆下。如图 8-42 所示。

② 拿起台盆，把下水器的法兰拿出，把下水器的法兰扣紧在盆上，如图 8-43 所示。

③ 法兰放紧后，把盆放平在台面上。在下水器适当位置缠绕上生料带，防止渗水。把下水器对准盆的下水口放进去。如图 8-44 所示。

图 8-43　安装法兰圈

④ 把下水器对准盆的下水口，放平整。把下水器的固定器拿出，拧在下水器上用扳手把下水器固定紧。如图 8-45 所示。

⑤ 在盆内放水测试，检查是否下水漏水。如图 8-46 所示。

图 8-44 放入下水器

图 8-45 紧固下水器

8.2.4 大便器的安装

大便器安装施工工艺流程为：定位画线→存水弯安装→大便器安装→高（低）水箱安装。

（1）高水箱蹲式大便器安装施工要求

① 安装前应检查大便器有无裂纹或缺陷，清除连接大便器承口周围的杂物，检查有无堵塞。

图 8-46 放水试验

② 安装台阶 P 形存水弯，应在卫生间地面防水前进行。先在大便器下铺水泥焦渣层，周围铺白灰膏，把存水进口中心线对准大便器排水口中心线，将弯管的出口插入预留的排水支管甩口。用水平尺对大便器找平找正，调整平稳，大便器两侧砌砖抹光。

③ 安装步合 S 形存水弯，应采用水泥砂浆稳固存水弯管底，其底座标高应控制在室内地面的同一高度，存水弯的排水口应插入排水支管甩口内，用油麻和腻了将接口处抹严抹平。

④ 冲洗管与大便器出水口用橡胶碗连接，用 14 号铜丝错开 90° 拧紧，绑扎不少于两道。橡胶碗周围应填细沙，便于更换橡胶碗及吸收少量渗水。在采用花岗岩或通体砖地面面层时，应在橡胶碗处留一小块活动板，便于取下维修。

⑤ 将水箱的冲洗洁具组装后，做满水试验，在安装墙面画线定位，将水箱挂装稳固。若采用木螺钉，应预埋防腐木砖，并凹进墙面 10mm。固定水箱还可采用 ϕ6mm 以上的膨胀螺栓。蹲式大便器（P 形存水弯）安装如图 8-47 所示。

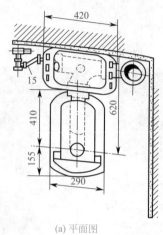

(a) 平面图

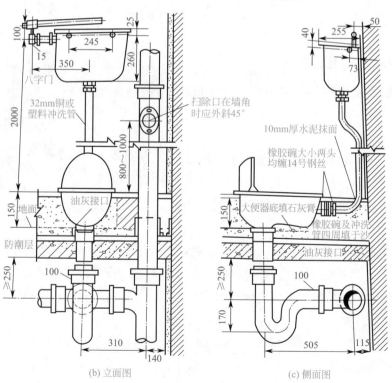

(b) 立面图　　　　(c) 侧面图

图 8-47　蹲式大便器（P 形存水弯）安装

（2）低水箱坐式大便器（简称坐便器）安装施工要求

① 坐便器底座与地面面层固定可分为螺栓固定和无螺栓固定两种方法。

坐便器采用螺栓固定，应在坐便器底座两侧螺栓孔的安全位置上画线、剔洞、安装螺栓或嵌木砖、螺孔灌浆，进行坐便器试安装，将坐便器排出管口和排水甩口对准，找正找平，并抹匀油灰，使坐便器平稳。

坐便器采用无螺栓固定，即坐便器可直接稳固在地面上。坐便器定位后可进行试安装，将排水短管抹匀胶黏剂插入排出管甩口。同时在坐便器的底盘抹油灰，排出管口缠绕麻丝、抹匀油灰，使坐便器直接稳固在地面上。压实后擦去挤出油灰，用玻璃胶封闭底盘四周。

② 根据水箱的类型，将水箱配件进行组合安装，安装方法同前。水箱进水管采用镀锌管或铜管，给水管安装应方向正确，接口严密。

③ 卫生间装饰工程结束时，最后安装坐便器盖。坐式大便器安装图如图 8-48、图 8-49 所示。

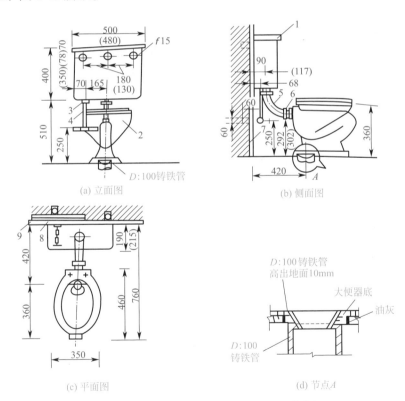

图 8-48　分水箱坐式大便器安装图（S形安装）

1—低水箱；2—坐便器；3—浮球阀配件 DN5；4—水箱进水管；5—冲洗管及配件 DN50；6—锁紧螺栓；7—角式截止阀 DN5；8—三通；9—给水管

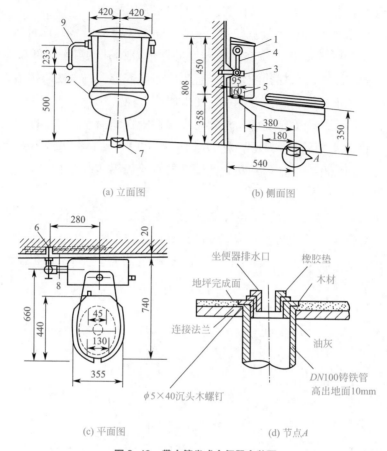

(a) 立面图

(b) 侧面图

(c) 平面图

(d) 节点A

图 8-49　带水箱坐式大便器安装图

1—低水箱；2—坐便器；3—浮球阀配件 DN5；4—水箱进水管；5—冲洗管

及配件 DN50；6—锁紧螺栓；7—角式截止阀 DN5；8—三通；9—给水管

（3）安装实例

① 检查坐便器的所有部件，并检查按钮连接杆是否调节合适，如不合适可以调节其长短，直到按下的力度和手感舒适为止。如图 8-50 所示。

② 不同的坐便底部构造不同，底座孔有单孔构造和双孔构造，要是双孔构造可适用于 300 ～ 400mm 地漏管，双孔需要根据安装尺寸封死一孔。可直接打玻璃胶封堵，如图 8-51 所示。

③ 切割下水管：首先根据坐便的情况确定下水口预留高度，多余的要切掉。如图 8-52 所示。

④ 安装密封圈：坐便安装必须配备法兰，防止坐便漏水和反味，在安装时可以直接安装打胶。普通牛油法兰时间长就化了，容易导致密封失效，所以建议用这塑胶类的。在安装法兰之前应先对坐便做下水试验，并画好标记，以便

图 8-50 检查部件

图 8-51 封堵玻璃胶

图 8-52 切割下水管

正式安装时定位准确。把法兰套到坐便排污管上小心对准下水管，平稳放下，这时候，下水管的管壁就会插到法兰的黏性胶泥里，起到密封作用。如图5-53所示。

⑤ 安装角阀和软管如图 8-54 所示。

将角阀和软管接口用扳手拧紧，安装或调试水箱配件。先检查自来水管，放

图 8-53 安装密封圈

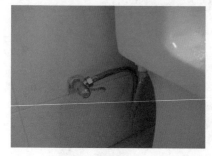

图 8-54 安装角阀和软管

水3～5min冲洗管道，以保证自来水管的清洁；再安装角阀和连接软管，然后将软管与安装的水箱配件进水阀连接并接通水源，检查进水阀进水及密封是否正常，检查排水阀安装位置是否灵活，有无卡阻及渗漏，检查有无漏装进水阀过滤装置。然后将马桶固定后做灌水试验。

⑥ 安装马桶盖。安装马桶盖如图 5-55 所示。

图 8-55 安装马桶盖

⑦ 打胶稳固马桶。马桶盖安好后最后是给坐便周围打胶，一般使用玻璃胶即可。这一步也非常重要，不仅起到稳固坐便器的作用，还能进一步防止漏网的异味从坐便释放出来。所以要整个四周打满。如图 8-56 所示。

图 8-56 用玻璃胶加固

注意：马桶安装好以后三天不能使用，以目前的水泥或玻璃胶凝固速度至少也需要一天的时间不能使用，以免影响其稳固性。

8.2.5　浴盆及淋浴器的安装

浴盆分为洁身用浴盆和按摩浴盆两种，淋浴器分为镀铬淋浴器、钢管沐浴器、节水型沐浴器等。

浴盆安装施工工艺流程为画线定位→砌筑支墩→浴盆安装→砌挡墙。

（1）浴盆安装

浴盆安装如图 8-57 所示。

① 浴盆排水包括溢水管和排水管，溢水口与三通的连接处应加橡胶圈，并用螺母锁紧。排水管端部经石棉绳抹油灰与排水短管连接。

② 给水管明装、暗装均可。当采用暗装时，给水配件的连接短管应先套上压盖，与墙内给水管螺纹连接，用油灰压紧压盖，使之与墙面结合严密。

③ 应根据浴盆中心线及标高，严格控制浴盆支座的位置与标高。浴盆安装时，应使盆底有 2% 的坡度。在封堵浴盆立面的装饰板或砌体时，应靠近暗装管道附近设置检修门，并做不低于 2cm 的止水带。

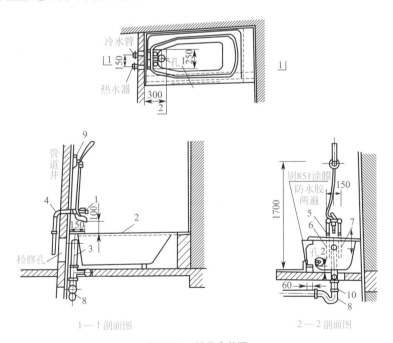

图 8-57　浴盆安装图

1—浴盆三联混合龙头；2—裙板浴盆；3—排水配件；4—弯头；

5—活接头；6—热水管；7—冷水管；8—存水弯；9 喷头固定架；10—排水管

④ 裙板浴盆安装时，若侧板无检修孔，应在端部或楼板孔洞设检查孔；无裙板浴盆安装时，浴盆距地面 0.48m。

⑤ 淋浴喷头与混合器的锁母连接时，应加橡胶垫圈。固定式喷头立管应设固定管卡；活动喷头应设喷头架；用螺栓或木螺钉固定在安装墙面上。

⑥ 冷、热水管平行安装，热水管应安装在左侧，冷水管应安装在右侧。冷、热水管间距离为 150mm。

（2）淋浴器安装

淋浴器喷管与成套产品采用锁母连接，并加垫橡胶圈；与现场组装弯管连接一般为焊接。淋浴器喷头距地面不低于 2.1m。

8.2.6　花洒的安装

花洒现在已经是我们日常生活中离不开的洗浴用具，几乎每天都要使用，下面讲解淋浴花洒的安装方法：

① 在混水阀和花洒升降杆的对比下，用尺子测量好安装孔，再用黑笔描好孔距尺寸。如图 8-58 所示。

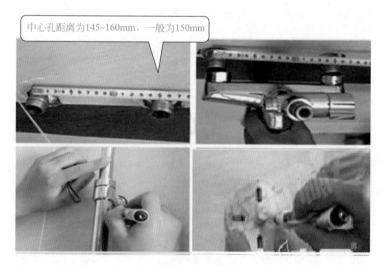

中心孔距离为145~160mm，一般为150mm

图 8-58　做好安装标记

② 用钻孔机按照之前描好的尺寸进行钻孔，装入 S 形接头，这种接头可以调节方向，方便与花洒龙头的连接。接头要缠生胶带，圈数不能少于 30 圈，可以防止水管漏水。安装好花洒升降座和偏心件，再盖上装饰盖。如图 8-59 所示。

③ 安装花洒的整个支架，取出花洒龙头，把脚垫套入螺母内，然后与 S 弯接头接上，用扳手将螺母充分拧紧。用水平尺测量龙头是否安装水平。安装花洒龙头前，必须先安装好滤网。滤网可以过滤水流带来的砂石，保护龙头最重要的

部件——阀芯不受砂石摩擦的损害。如图 8-60 所示。

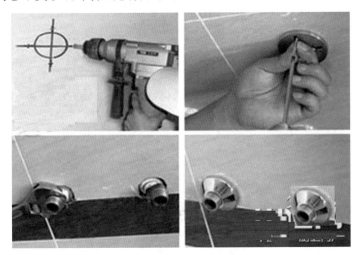

图 8-59　安装花洒进水接头

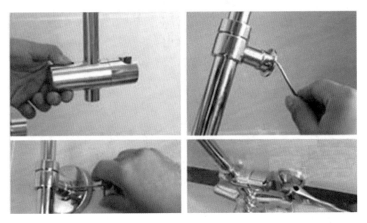

图 8-60　安装花洒支架

④ 将小花洒的不锈钢软管与转换开关连接好，用手固定软管另一端与小花洒。如图 8-61 所示。

⑤ 将顶喷与支架顶端连接好，用扳手进行固定。安装过程及安装后效果图如图 8-62 所示。

注意事项：

• 花洒应根据业主的实际需要进行安装：确定花洒安装高度时，安装人员根据业主现场的使用情况，确定最适宜的高度，方便业主日后的使用。一般淋浴花洒的龙头距地面最好为 1m。安装升降杆花洒头的高度最好为 2m，这个距离刚好让出水覆盖全身，水流强度大小适宜。移动花洒柄的安装高度通常是

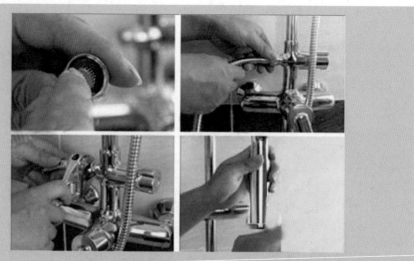

图 8-61 安装软管

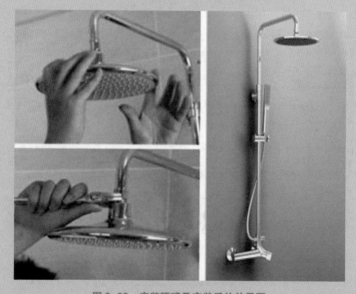

图 8-62 安装顶喷及安装后的效果图

1.7m，需要依据使用者身高做相应调整，最合适的距离是人站在地面上，稍微伸手就能拿到花洒柄，如果太高，垫脚拿花洒则容易站不稳，出现安全事故。

· 冷热水的孔距和高度：一般市场上的淋浴龙头的冷热水中心孔距是15cm，里面都会带着两个 S 接头，可以适当地调整距离，误差不能超过1cm。冷热水的高度一定要做得一样高。用水平尺测量龙头是否安装水平。

· 用布保护龙头：拧紧水龙头时，细心的人会用比较厚的布料或塑料薄膜包在水龙头的螺母处，防止水龙头被扳手刮花。

• 安装前，最好能放一下管道里面的水，冲洗一下管道。因为新装修的管道里面杂质比较多，甚至有不少细沙子，要是装上直接拿花洒放水，可能导致这些杂质流到了花洒的内部，这就不好清洗了，甚至会影响花洒的出水效果。

• 安装完毕清理现场灰尘：在安装过程中难免会产生一些灰土杂尘，应在安装工作全部完成后，予以清理，保证现场清洁，并可用水冲洗一遍。

• 业主验收：摇晃花洒杆检查是否牢固，检查开关转换是否顺畅以及水管是否漏水。

8.2.7 储水式电热淋浴器的安装

（1）储水式电热淋浴器安装步骤

① 安装位置：确保墙体能承受两倍于灌满水的热水器重量，固定件应安装牢固；确保热水器有检修空间。水管连接：电热淋浴器进水口处（蓝色堵帽）连接一个泄压阀，热水管应从出水口（红色堵帽）连接。在管道接口处都要使用生料带，防止漏水，同时安全阀不能旋得太紧，以防损坏。如果进水管的水压与安全阀的泄压值相近时，应在远离热水器的进水管道上安装一个减压阀。如图 8-63 所示。

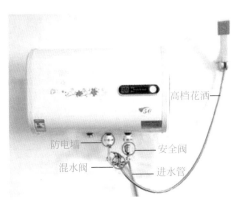

图 8-63　电热淋浴器的安装效果图

② 充水：所有管道连接好之后，打开水龙头或阀门，然后打开热水将电热淋浴器充水，排出空气直到热水龙头有水流流出，表明水已加满。关闭热水龙头，检查所有的连接处是否漏水。如果有漏水，应排空水箱，修好漏水连接处，然后重新给电热淋浴器充水。

③ 电热淋浴器应可靠接地。每台商用电热淋浴器应安装带过载保护和漏电保护的空气开关。在电热淋浴器没有充满水之前，不得使电热淋浴器通电。

（2）储水式电热淋浴器安装注意事项

① 储水式电热淋浴器安装是否合格，关系到家人的安全，因此在安装储水

式电热淋浴器的时候，一定要请专业的工人上门安装，有什么疑问一定要详细询问。储水式电热淋浴器安装要点需要牢记，小心驶得万年船，储水式电热淋浴器安装一点也不能马虎。

② 电热淋浴器功率比较大，对线路要求高，需安装大功率插座和电线；假如是还没开始装修的新房，可在卫生间装备专用电线；而假如是老房，则不能选择此种电热淋浴器。

③ 储水式电热淋浴器装置时需考虑卫生间面积，并装置在承重墙上。

（3）储水式电热淋浴器安装高度

一般 100L 以下的可以直接悬挂在墙上（前提是那面墙质量一定要好）。悬挂的位置距离地面一定要 2m 以上，而且与安装插座要尽量远离，并且反方向安装在使用花洒的方向，这样可以避免使用电热淋浴器过程中水溅到插座或者电源线的保护器上。最好是在插座那里安装个防水罩，这样可防止水汽进入插座或者淋湿漏电保护器。

第9章 家装水电工用电安全与常用工具仪表

9.1 万用表

指针式万用表如图 9-1 所示，其使用可扫二维码学习。下面重点介绍数字万用表的使用。

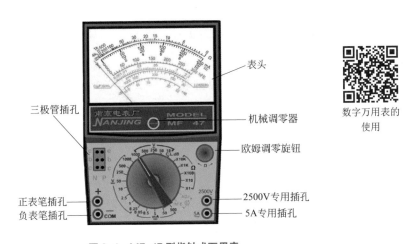

图 9-1 MF-47 型指针式万用表

数字万用表是利用模拟/数字转换原理，将被测量模拟电量参数转换成数字电量参数，并以数字形式显示的一种仪表。它比指针式万用表精度更高、速度更快、输入阻抗更高、对电路影响更小、读数方便更准确等。数字万用表外形如图 9-2 所示。

数字万用表的使用方法如下：首先打开电源，将黑表笔插入"COM"插孔，红表笔插入"V·Ω"插孔。

① 电阻测量时将转换开关调节到 Ω 挡，将表笔测量端接于电阻两端，即可显示相应示值，如显示最大值"1"（溢出符号）时必须向高电阻值挡位调整，直到显示为有效值为止。

为了保证测量准确性，在路测量电阻时，最好断开电阻的一端，以免在测量电阻时会在电路中形成回路，影响测量结果。

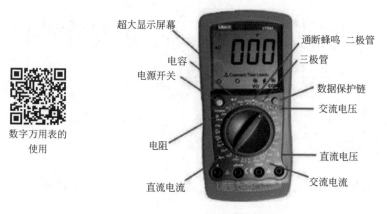

图 9-2　数字万用表外形图

注意：不允许在通电情况下进行在线测量，测量前必须先切断电源，并将大容量电容放电。

②"DCV"：直流电压测量时表笔测试端必须与测试端可靠接触（并联测量）。原则上由高电压挡位逐渐往低电压挡位调节测量，直到该挡位示值的 1/3 ～ 2/3 为止，此时的示值才是一个比较准确的值。

注意：严禁以小电压挡位测量大电压。不允许在通电状态下调整转换开关。

③"ACV"：交流电压测量时表笔测试端必须与测试端可靠接触（并联测量）。原则上由高电压挡位逐渐往低电压挡位调节测量，直到该挡位示值的 1/3 ～ 2/3 为止，此时的示值才是一个比较准确的值。

注意：严禁以小电压挡位测量大电压。不允许在通电状态下调整转换开关。

④ 二极管测量时将转换开关调至二极管挡位，黑表笔接二极管负极，红表笔接二极管正极，即可测量出正向压降值。

⑤ 晶体管电流放大系数 h_{FE} 测量时将转换开关调至 hFE 挡，根据被测晶体管选择"PNP"或"NPN"位置，将晶体管正确地插入测试插座即可测量到晶体管的 h_{FE} 值。

⑥ 开路检测时将转换开关调至有蜂鸣器符号的挡位，表笔测试端可靠地接触测试点，若两者在 $20\Omega \pm 10\Omega$，蜂鸣器就会响起来，表示该线路是通的，不响

则表示该线路不通。

注意：不允许在被测量电路通电情况下进行检测。

⑦ "DCA"：直流电流测量时若被测电流小于 200mA 则红表笔插入 mA 插孔，大于 200mA 则红表笔插入 A 插孔，表笔测试端必须与测试端可靠接触（串联测量）。原则上由高电流挡位逐渐往低电流挡位调节测量，直到该挡位示值的 1/3 ～ 2/3 为止，此时的示值才是一个比较准确的值。

注意：严禁以小电流挡位测量大电流。不允许在通电状态下调整转换开关。

⑧ "ACA"：交流电流测量时若被测电流低于 200mA 则红表笔插入 mA 插孔，大于 200mA 则红表笔插入 A 插孔，表笔测试端必须与测试端可靠接触（串联测量）。原则上由高电流挡位逐渐往低电流挡位调节测量，直到该挡位示值的 1/3 ～ 2/3 为止，此时的示值才是一个比较准确的值。

注意：严禁以小电流挡位测量大电流。不允许在通电状态下调整转换开关。

9.2　兆欧表

兆欧表俗称摇表，又称绝缘电阻表，如图 9-3 所示。兆欧表主要用来测量设备的绝缘电阻，检查设备或线路有没有漏电现象、绝缘损坏或短路。

注意：在测量额定电压在 500V 以上电气设备的绝缘电阻时，必须选用 1000 ～ 2500V 兆欧表；测量额定电压在 500V 以下电气设备的绝缘电阻时，则以选用 500V 摇表为宜。

兆欧表使用注意事项如下：

① 正确选择其电压和测量范围。

② 选用兆欧表外接导线时，应选用单根的铜导线；绝缘强度要求在 500V 以上，以免影响精确度。

③ 测量电气设备绝缘电阻时，必须先断开设备的电源，在不带电情况下测量。对较长的电缆线路，应放电后再测量。

④兆欧表在使用时要远离强磁场，并且平放。

⑤ 在测量前，兆欧表应先做一次开路试验及短路试验，指针在开路试验中应指到 "∞"（无穷大）处；而在短路试验中能摆到 "0" 处，表明兆欧表状态正常，方可测电气设备。

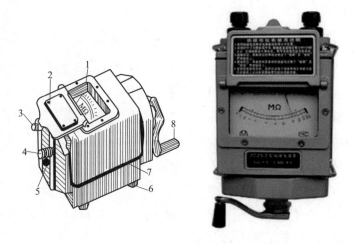

图 9-3　兆欧表外形

1—刻度盘；2—表盘；3—接地接线柱；

4—线路接线柱；5—保护环接线柱；6—橡胶底脚；7—提手；8—摇柄

⑥ 测量时，应清洁被测电气设备表面，避免引起接触电阻过大，影响测量结果。

⑦ 在测电容时需注意，电容器的耐压必须大于兆欧表发出的电压值。测完电容后，必须先取下兆欧表线再停止摇动摇把，以防止已充电的电容向兆欧表放电而损坏。测完的电容要进行放电。

⑧ 兆欧表在测量时，标有 "L" 的端子应接电气设备的带电体一端，而标有 "E" 的接地端子应接设备的外壳或地线，如图 9-4（a）所示。在测量电缆的绝缘电阻时，除把兆欧表 "接地" 端接入电气设备地之外，另一端接线路后还要再将电缆芯之间的内层绝缘物接 "保护环"，以消除因表面漏电而引起的读数误差，如图 9-4（b）所示。图 9-4（c）为测架空线路对地绝缘电阻，图 9-4（d）所示为测照明线路绝缘电阻，图 9-4（e）所示为测线路中的绝缘电阻。

⑨ 在天气潮湿时，应使用 "保护环" 以消除绝缘物表面泄流，使被测绝缘电阻比实际值偏低。

⑩ 使用完兆欧表后也应对电气设备进行一次放电。

⑪ 使用兆欧表时必须保持一定的转速，按兆欧表的规定一般为 120r/min 左右，在 1min 后取一稳定读数。测量时不要用手触摸被测物及兆欧表接线柱，以防触电。

⑫ 摇动兆欧表手柄应先慢再快，待调速器发生滑动后，应保持转速稳定不变。如果被测电气设备短路，指针摆动到 "0" 时应停止摇动手柄，以免兆欧表

过电流发热烧坏。

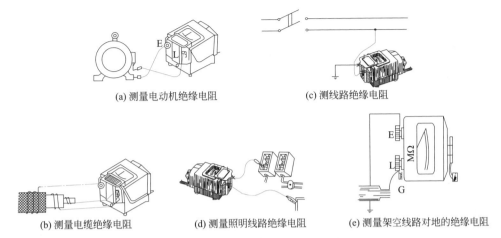

(a) 测量电动机绝缘电阻　　　(c) 测线路绝缘电阻

(b) 测量电缆绝缘电阻　　(d) 测量照明线路绝缘电阻　　(e) 测量架空线路对地的绝缘电阻

图 9-4　兆欧表测量电器线路与电缆示意图

9.3　水电工常用其他工具

水电工常用其他工具的使用可扫二维码学习。

电工工具的
使用

9.4　用电安全

9.4.1　电气设备过热

实际中常引起电气设备过热的情况有：

（1）短路

发生短路时，线路中的电流增大为正常时的几倍甚至几十倍，而产生的热量又和电流的平方成正比，使得温度急剧上升，大大超过允许范围。如果温度达到可燃物的自燃点，即引起燃烧，从而导致火灾。

引起短路的原因主要有：

① 当电气设备绝缘老化或受到高温、潮湿或腐蚀的作用而失去绝缘能力时，有可能引起短路。

② 绝缘导线直接缠绕、勾挂在铁钉或铁丝上时，由于磨损和铁锈腐蚀，很容易使绝缘破坏而形成短路。

③ 由于设备安装不当，有可能使电气设备的绝缘受到机械损伤而形成短路。

④ 由于雷击等过电压的作用，电气设备的绝缘可能遭到击穿而形成短路。

⑤在安装和检修工作中，由于接线和操作的错误，会造成短路事故。

（2）过载

过载会引起电气设备发热，造成过载的原因大体上有两种情况：首先是设计时选用线路或设计不合理，以致在额定负载下产生过热；其次是使用不合理，即线路或设备的负载超过额定值，或连续使用以致超过线路或设备的设计能力，由此造成过热。

（3）接触不良

接触部分是电路中的薄弱环节，是发生过热的一个最常见原因。常见接触不良的情况有：

① 对于铜铝接头，由于铜和铝的性质不同，接头处易腐蚀，从而导致接头过热。

② 闸刀开关的触点、接触器的触点等活动触点没压紧或接触表面粗糙不平，都会导致触点过热。

③ 不可拆卸的接头连接不牢、焊接不良而增加接触电阻导致接头过热。

④ 能拆卸的接头连接不紧密或由于震动而松动，也将导致接头发热。

（4）铁芯发热

变压器、电动机等设备的铁芯，如绝缘损坏或承受长时间过电压，其涡流损耗和磁滞损耗将增加而使设备过热。

（5）散热不良

各种电气设备在设计和安装时都要考虑有一定的散热或通风措施，如果这些措施受到破坏，就会造成设备过热。

9.4.2 消除或减少爆炸性混合物

消除或减少爆炸性混合物包括：采取封闭式作业，防止爆炸性混合物泄漏；清理现场积尘、防尘爆炸性混合物；设计正压室、防止爆炸性混合物侵入有引燃源的区域；采取开式作业或通风措施，稀释爆炸性混合物；在危险空间充填惰性气体或其他不活泼气体，防止形成爆炸性混合物；安装报警装置，采取当混合物中危险物品的浓度达到其爆炸下限的10%时报警等措施。

9.4.3 隔离和间距

危险性大的设备应分室安装，并在隔墙上采取封堵措施。电动机隔墙传动、照明灯隔玻璃窗照明等都属于隔离措施。变配电室与爆炸危险环境或火灾危险环境毗邻时，隔墙应用非燃性材料制成；孔洞、沟道应用非燃性材料严密堵塞；门、窗应开向没有爆炸或火灾危险的场所。

变配电站不应设在容易沉积可燃粉尘或可燃纤维的地方。

9.4.4　消除引燃源

消除引燃源主要包括以下措施：

① 按爆炸危险环境的特征和危险物的级别、组别选用电气设备和设计电气线路。

② 保持电气设备和电气线路安全运行。安全运行包括电流、电压、温升和温度不超过允许范围，还包括绝缘良好、连续和接触良好、整体完好没有损坏、清洁以及标志清晰等。

③ 在爆炸危险环境应尽量少用携带式设备和移动式设备，一般情况下不应进行电气测量工作。

9.4.5　保护接地

TN 系统　　IT 系统　　TT 系统

爆炸危险环境接地应注意如下几点：

① 应将所有不带电金属物体做等电位联结。从防止电击考虑不需接地（接零）者，在爆炸危险环境仍应接地（接零）。

② 低压接地系统配电应采用 TN-S 系统，不得采用 TN-C 系统，即在爆炸危险环境应将保护零线与工作零线分开。保护导线的最小截面积，铜导体不得小于 $4mm^2$，钢导体不得小于 $6mm^2$。

③ 低压不接地系统配电应采用 IT 系统，并装有一相接地时或严重漏电时能自动切断电源的保护装置或能发出声、光双重信号的报警装置。

9.4.6　电气灭火

电气火灾有两个不同于其他火灾的特点：第一是着火的电气设备可能是带电的，扑救时要防止人员触电；第二是充油电气设备着火后可能发生喷油或爆炸，造成火势蔓延。因此，在扑灭电气火灾的过程中，一要注意防止触电，二要注意防止充油设备爆炸。

（1）先断电后灭火

如火灾现场尚未停电，应首先切断电源。切断电源时应注意以下几点：

① 切断部位应选择得当，不得因切断电源影响疏散和灭火工作。

② 在可能的条件下，先卸去线路负荷，再切断电源。切忌在忙乱中带负荷拉刀闸。

③ 由于火烧、烟熏、水浇等可能导致电气绝缘大大降低，因此切断电源时应配用有绝缘柄的工具。

④ 应在电源侧的电线支持点附近剪断电线，防止电线断落下来造成电击或短路。

⑤ 切断电线时，应在错开的位置切断不同相的电线，防止切断时发生短路。

（2）带电灭火的安全要求

① 不得用泡沫灭火器带电灭火，带电灭火应采用干粉、二氧化碳、1211 等灭火器。

② 人及所带器材与带电体之间应保持足够的安全距离：干粉、二氧化碳、1211 等灭火器喷嘴至 10kV 带电体的距离不得小于 0.4m；用水枪带电灭火时，应该采用喷雾水枪，水枪喷嘴应接地，并应保持足够的安全距离。

③ 对架空线路等空中设备灭火时，人与带电体之间的仰角不应超过 45°，防止导线断落下来危及灭火人员的安全。

④ 如有带电导线断落地面，应在落地点周围画半径 5 ～ 10m 的警戒圈，防止发生跨步电压触电。

⑤ 因为可能发生接地故障，为防止发生跨步电压和接触电压触电，救火人员及所使用的消防器材与接地故障点要保持足够的安全距离。在高压室内安全距离为 4m，室外安全距离为 8m，进入上述范围的救火人员要穿上绝缘靴。

9.4.7　建筑物的防雷措施

（1）建筑物的防雷分类

建筑物按对防雷的要求，可分为以下三类：

第一类建筑物：在建筑物中制造、使用或储存大量爆炸性物资者；在正常情况下容易形成爆炸性混合物，因电火花会发生爆炸，引起巨大破坏和人身伤亡者。

第二类建筑物：在正常情况下能形成爆炸性混合物，因电火花会发生爆炸，但不致引起巨大破坏和人身伤亡者。

第三类建筑物：凡不属于第一、第二类建筑物而需要作防雷保护者。车间、民用建筑、水塔都属此类。

（2）第三类建筑物的防雷措施

对电工初学者只简单介绍第三类建筑物的防雷措施。

一般来说，屋顶越尖的地方，越易遭受雷击，如房檐的四角、屋脊。屋面遭受雷击的可能性极小。

所以对建筑物屋顶最易遭受雷击的部位，应装设避雷针或避雷带（网），进行重点保护。

对第三类建筑物，避雷针（或避雷带、网）的接地电阻≤ 30Ω。如为钢筋混凝土屋面，可利用其钢筋作为防雷装置，钢筋直径不得小于4mm。每座建筑物至少有两根接地引下线。第三类建筑物两根引下线间距离为30～40m，引下线距墙面为15mm，引下线支持卡之间距离为1.2～2m。断接卡子距地面1.5m。

在进户线墙上安装保护间隙，或者将绝缘子的铁脚接地，接地电阻≤20Ω。允许与防护直击雷的接地装置连接在一起。第三类建筑物（非金属屋顶）的防雷措施示意图如图9-5所示。

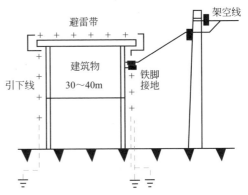

图9-5　第三类建筑物防雷措施示意图

9.5　触电与急救

触电急救第一步是使触电者迅速脱离电源，第二步是现场救护。

9.5.1　使触电者脱离电源的方法

因为电流对人体的作用时间越长，对生命的威胁越大，所以触电急救的第一步是使触电者脱离电源。具体方法如下：

（1）脱离低压电源的方法

脱离低压电源可用"拉""切""挑""拽""垫"五字来概括。

拉：指就近拉开电源开关、拔出插头或瓷插熔断器。

切：当电源开关、插座或瓷插熔断器距离触电现场较远时，可用带有绝缘柄的利器切断电源线。切断时应防止带电导线断落触及周围的人体。多芯绞合线应分相切断，以防短路伤人。

挑：如果导线搭落在触电者身上或压在身下，可用干燥的木棒、竹竿等挑开导线。或用干燥的绝缘绳套拉导线或触电者，使触电者脱离电源。

拽：救护人员可戴上手套或在手上包缠干燥的衣服等绝缘物品拖拽触电者，使之脱离电源。如果触电者的衣裤是干燥的，又没有紧缠在身上，救护人员可直接用一只手抓住触电者不贴身的衣物，将其脱离电源，但要注意拖拽时切勿接触触电者的皮肤。也可站在干燥的木板、橡胶垫等绝缘物品上，用一只手将触电者拖拽开来。

垫：如果触电者由于痉挛紧握导线或导线缠在身上，可先用干燥的木板塞进触电者身下，使其与大地绝缘，然后再采取其他的办法把电源切断。

（2）**脱离高压电源的方法**

由于电源的电压等级高，一般绝缘物品不能保证救护人员的安全，而且高压电源开关距离现场较远，不便拉闸。因此，使触电者脱离高压电源的方法与脱离低压电源的方法有所不同。通常的做法是：

① 立即电话通知有关供电部门拉闸停电。

② 如果电源开关离触电现场不太远，则可戴上绝缘手套，穿上绝缘靴，拉开高压断路器，或用绝缘棒拉开高压跌落式熔断器以切断电源。

③ 往架空线路抛挂裸金属软导线，人为造成线路短路，迫使继电器保护装置动作，从而使电源开关跳闸。抛挂前，将短路线的一端先固定在铁塔或接地引下线上，另一端系重物。抛掷短路线时，应注意防止电弧伤人或断线危及人员安全，也要防止重物砸伤人。

④ 如果触电者触及断落在地上的带电高压导线，且尚未确认线路是否有电之前，救护人员不可进入断线落地点 5～10m 的范围内，以防止跨步电压触电。进入该范围的救护人员应穿上绝缘靴或临时双脚并拢跳跃地接近触电者。触电者脱离带电导线后应迅速将其带至 5～10m 以外，立即开始触电急救。只有在确认线路已经没有电时，才可在触电者离开导线后就地急救。

（3）**使触电者脱离电源的注意事项**

① 救护人员不得采用金属和其他潮湿物品作为救护工具。

② 未采取绝缘措施前，救护人员不得直接触及触电者的皮肤和潮湿的衣服。

③ 在拉触电者脱离电源的过程中，救护人员应该用单手操作，这比较安全。

④ 当触电者位于高位时，应采取措施预防触电者在脱离电源后坠地摔死。

⑤ 夜间发生触电事故时，应考虑切断电源后的临时照明问题，以利救护。

9.5.2　现场救护

触电急救的第二步是现场救护。抢救触电者首先应使其迅速脱离电源，然后立即就地抢救。关键是"区别情况与对症救护"，同时派人通知医务人员到现场。对触电者的检查如图 9-6 所示。

图 9-6　现场救护人员对触电者的检查

根据触电者受伤害的轻重程度，现场救护有以下几种措施。

（1）触电者未失去知觉的救护措施

如果触电者所受的伤害不太严重，神志尚清醒，只是心悸、头晕、出冷汗、恶心、呕吐、四肢发麻、全身乏力，甚至一度昏迷但未失去知觉，则可先让触电者在通风、暖和的地方静卧休息，并派人严密观察，同时请医生前来或送往医院救治。

（2）触电者已失去知觉的急救措施

如果触电者已失去知觉，但呼吸和心跳尚正常，则应使其舒适地平卧着，解开衣服以利呼吸，四周不要围人，保持空气流通，冷天应注意保暖，同时立即请医生前来或送往医院诊治。若发现触电者呼吸困难或心跳失常，应立即施行人工呼吸或胸外心脏按压。

（3）对"假死"者的急救措施

如果触电者呈现"假死"现象，则可能有三种临床症状：一是心跳停止，但尚能呼吸；二是呼吸停止，但心跳尚存（脉搏很弱）；三是呼吸和心跳均已停止。"假死"症状的判定方法是"看""听""试"。"看"是观察触电者的胸部、腹部有无起伏；"听"是用耳贴近触电者的口鼻处，听有无呼气声音；"试"是用手或小纸条测试口鼻有无呼吸的气流，再用两手指轻压一侧喉结旁凹陷处的颈动脉"试"有无搏动。"看""听""试"的操作方法如图9-7所示。

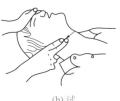

(a) 看和听　　　　　　　(b) 试

图9-7　判断"假死"的"看""听""试"

9.5.3　心肺复苏抢救法

当判定触电者呼吸和心跳停止时，应立即按心肺复苏法就地抢救。所谓心肺复苏法，就是支持生命的三项基本措施，即通畅气道、口对口（鼻）人工呼吸、胸外按压。

（1）通畅气道

若触电者呼吸停止，应采取措施始终确保气道通畅，其操作要领如下。

① 清除口中异物：使触电者仰面躺在平硬的地方，迅速解开其领口、围巾、紧身衣和裤带等。如发现触电者口内有食物、假牙、血块等异物，可将其身体及头部同时侧转，迅速用一根手指或两根手指交叉从口角处插入取出异物。要注意防止将异物推到咽喉深处。

② 采用仰头抬颌法（图9-8）通畅气道：一只手放在触电者前额，另一只手的手指将其颌骨向上抬起，气道即可通畅，如图9-9（a）所示。为使触电者头部后仰，可将其颈部下方垫适量厚度的物品，但严禁垫在头下，因为头部抬高前倾会阻塞气道［图9-9（b）］，还会使施行胸外按压时流向胸部的血量减少，甚至完全消失。

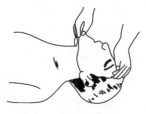

图9-8　仰头抬颌法

(a) 通畅　　　(b) 不通畅

图9-9　气道状况

（2）口对口（鼻）人工呼吸

救护人员在完成通畅气道的操作后，应立即对触电者施行口对口或口对鼻人工呼吸。口对鼻人工呼吸适用于触电者嘴巴紧闭的情况。人工呼吸的操作要领如下。

① 先大口吹气刺激起搏：救护人员蹲跪在触电者一侧，用放在其额上的手指捏住其鼻翼，另一只手的食指和中指轻轻托住其下巴；救护人员深吸气后，与触电者口对口，先连续大口吹气两次，每次1～1.5s，然后用手指测试其颈动脉是否有搏动，如仍无搏动，可判断心跳已停止，在实施人工呼吸的同时，应进行胸外按压。

② 正常口对口人工呼吸：大口吹气两次测试搏动后，立即转入正常的人工呼吸阶段。正常的吹气频率是每分钟约12次（对儿童则每分钟20次，吹气量宜小些，以免肺泡破裂）。救护人员换气时，应将触电者的口或鼻放松，让其借自己胸部的弹性自动吐气。吹气和放松时要注意触电者胸部有无起伏的呼吸动作。吹气时如有较大的阻力，可能是头部后仰不够，应及时纠正，使气道保持畅通如图9-10所示。

口对口人工呼吸法　　(a)触电者平卧姿势　　(b)急救者吹气方法　　(c)触电者吸气姿态

图9-10　口对口人工呼吸

③ 口对鼻人工呼吸：触电者如牙关紧闭，可改成口对鼻人工呼吸。吹气时要使其嘴唇紧闭，防止漏气。

（3）胸外按压

胸外按压是借助人力使触电者恢复心脏跳动的急救方法。其有效性在于选择正确的按压位置和采取正确的按压姿势。如图9-11所示。胸外按压的操作要领如下。

① 确定正确的按压位置。

a. 右手的食指和中指沿触电者的右侧肋弓下缘向上，找到肋骨和胸骨接合处的中点。

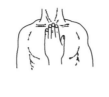

(a) 急救者跪跨位置　　　(b) 急救者压胸的手掌位置　　(c) 挤压方法示意　　(d) 突然放松示意

图 9-11　胸外按压

b. 右手的两手指并齐，中指放在切迹中点（剑突底部），食指平放在胸骨下部，另一只手的掌根紧挨食指上缘，置于胸骨上，掌根处即为正确按压位置，如图 9-12 所示。

② 正确的按压姿势。

a. 使触电者仰面躺在平硬的地方并解开其衣服。仰卧姿势与口对口人工呼吸法相同。

b. 救护人员立或跪在触电者一侧肩旁，两肩位于其胸骨正上方，两臂伸直，肘关节固定不动，两手掌相叠，手指翘起，不接触其胸壁。

c. 以髋关节为支点，利用上身的重力，垂直将正常成人胸骨压陷 3 ~ 5cm（儿童和瘦弱者酌减）。

d. 压至要求程度后，立即全部放松，但救护人员的掌根不得离开触电者的胸膛。按压姿势与用力方法如图 9-13 所示。按压有效的标志是在按压过程中可以触到颈动脉搏动。

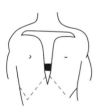

图 9-12　正确的按压位置　　　　　　　图 9-13　按压姿势与用力方法

③ 恰当的按压频率。

a. 胸外按压要以均匀速度进行。操作频率以每分钟 80 次为宜。

b. 当胸外按压与口对口（鼻）人工呼吸同时进行时，操作的节奏为：单人救护时，每按压 15 次后吹气 2 次（15：2），反复进行；双人救护时，每按压 5 次后由另一人吹气 1 次（5：1），反复进行。

附　　录

附录1　水电图纸常用代号

代号	含义
SC	钢管
PC	PVC聚乙烯阻燃性塑料管
CT	桥架WC沿墙暗敷设
WS	沿墙明敷设
CC	沿顶板暗敷设
F	暗敷在地板内
CE	沿顶板明敷
YJV	电缆
SYV	电视线
PE	接地（黄绿相兼）
PEN	接零（蓝色）
3相线（火线）	A相，黄；B相，绿；C相，红；kV，电压单位，千伏
BV	散线
MEB	总等电位
LEB	局部等电位线路敷设方式代号
PVC	用阻燃塑料管敷设
DGL	用电工钢管敷设
VXG	用塑制线槽敷设
GXG	用金属线槽敷设
KRG	用可挠型塑制管敷设
线路明敷部位代号	
LM	沿屋架或屋架下弦敷设
ZM	沿柱敷设
QM	沿墙敷设
PL	沿天棚敷设
线路暗敷部位代号	
LA	暗敷在梁内
ZA	暗敷在柱内
QA	暗敷在墙内

代号	含义
PA	暗敷在屋面内或顶棚内
DA	暗敷在地面或地板内
PNA	暗敷在不能进入的吊顶内
照明灯具安装方式代号	
D	吸顶式
L	链吊式
G	管吊式
B	壁装式
R	嵌入式
BR	墙壁内安装
配电线路的标注方法	
$a\text{-}d(ef)\text{-}g\text{-}h$	a表示回路编号
	d表示导线型号
	e表示导线根数
	f表示导线截面积
	g表示敷设方式
	h表示敷设位置
照明灯具标注方法	
$a\text{-}b\dfrac{cdL}{e}f$	a表示同类灯具的个数
	b表示型号或编号
	c表示每盏照明灯具的灯泡个数
	d表示灯泡功率，W
	e表示灯泡安装高度，m
	f表示安装方式
	L表示光源种类，白炽灯或荧光灯等

附录2　常用图形符号

电气工程图中常用图形符号见附表2-1。

附表2-1　电气工程图中常用图形符号

符号	说明
	开关（机械式）
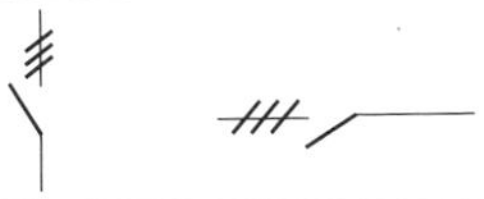	多极开关一般符号单线表示
	多极开关一般符号多线表示

续表

符号	说明
	接触器（在非动作位置触点断开）
	接触器（在非动作位置触点闭合）
	负荷开关（负荷隔离开关）
	具有自动释放功能的负荷开关
	熔断器式断路器
	断路器
	隔离开关
	熔断器一般符号
	跌落式熔断器
	熔断器式开关
	熔断器式隔离开关
	熔断器式负荷开关
	当操作器件被吸合时延时闭合的动合触点

符号	说明
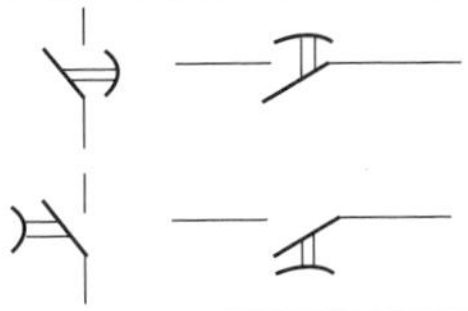	当操作器件被释放时延时断开的动合触点
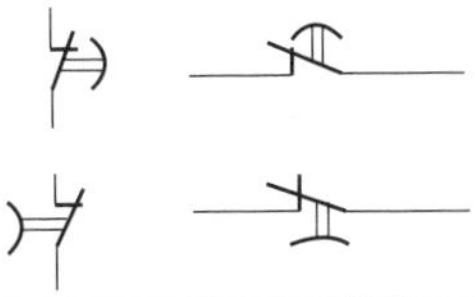	当操作器件被释放时延时闭合的动断触点
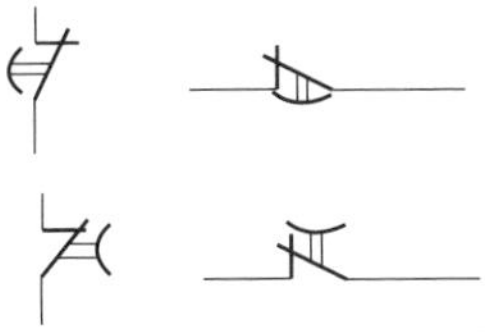	当操作器件被吸合时延时断开的动断触点
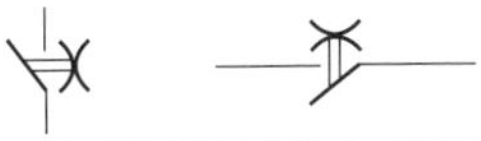	当操作器件被吸合时延时闭合和被释放时延时断开的动合触点
	按钮开关（不闭锁）
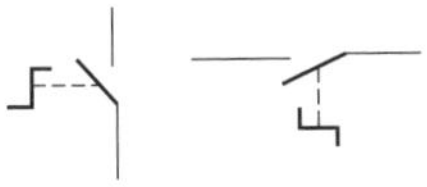	旋钮开关、旋转开关（闭锁）
	位置开关，动断触点限制开关、动合触点
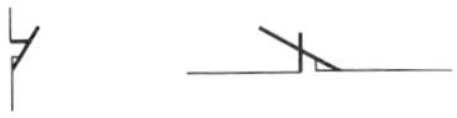	位置开关，动合触点限制开关、动断触点
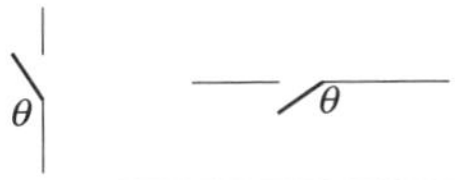	热敏开关，动合触点 注：θ可用动作温度代替
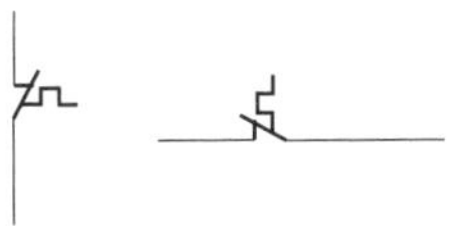	热敏自动开关，动断触点 注：注意区别此触点和下图所示热继电器的触点 
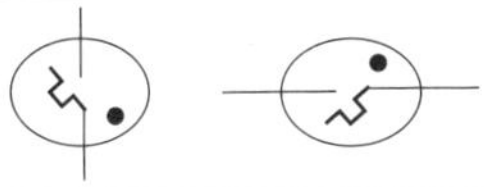	具有热元件的气体放电管荧光灯起动器
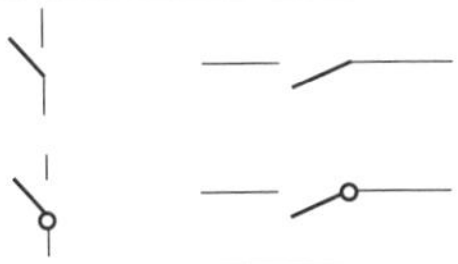	动合（常开）触点 注：本符号也可以用作开关一般符号

符号	说明
	动断（常闭）触点
	先断后合的转换触点
	当操作器件被吸合或释放时，暂时闭合的过渡动合触点
	插座（内孔的）或插座的一个极
	插头（凸头的）或插头的一个极
	插头和插座（凸头和内孔的）
	接通的连接片
	换接片
	双绕组变压器
	三相变压器 星形-曲折形联结
	操作器件一般符号
	具有两个绕组的操作器件组合表示法
	热继电器的驱动器件
	气体继电器
	自动重闭合器件
	电阻器一般符号

符号	说明
	具有有载分接开关的三相三绕组变压器，由中性点引出线的星形-三角形联结
	三相三绕组变压器，两个绕组为由中性点引出线的星形，中性点接地，第三绕组为开口三角形联结
	三相变压器 星形-三角形联结
	具有有载分接开关的三相变压器 星形-三角形联结
	可变电阻器 可调电阻器
	滑动触点电位器
	预调电位器
	电容器一般符号
	可变电容器 可调电容器
	双联可调可变电容器
⊛	指示仪表（星号必须按规定予以代替）
Ⓥ	电压表
Ⓐ	电流表
$\left(\begin{array}{c}A\\ \sin\varphi\end{array}\right)$	无功电流表
$\rightarrow \left(\begin{array}{c}W\\ P_{max}\end{array}\right)$	最大需量指示器 （由一台积算仪表操纵）
(var)	无功功率表
$(\cos\varphi)$	功率因数表
(Hz)	频率表

符号	说明
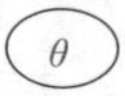 θ	温度计、高温计（θ可由$t°$代替）
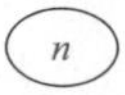 n	转速表
 *	积算仪表、电能表（星号必须按照规定予以代替）
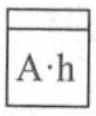 A·h	安培小时计
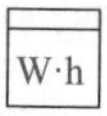 W·h	电能表（瓦特小时表）
 var·h	无功电能表
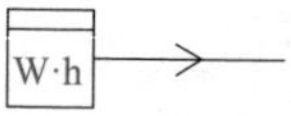 W·h →	带发送器电能表
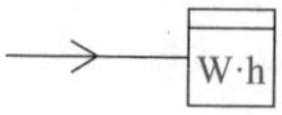 → W·h	由电能表操纵的遥测仪表（转发器）
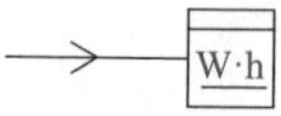 → W·h	由电能表操纵的带有打印器件的遥测仪表（转发器）
 ~	交流母线
 ==	直流母线
●———	装在支柱上的封闭式母线
 ⌒	母线伸缩接头

建筑电气工程平面图中常用图形符号见附表 2-2。

附表 2-2　建筑电气工程平面图中常用图形符号

图形符号	说明	图形符号	说明
	单相插座		暗装带接地插孔的单相插座
	暗装单相插座		密闭（防水）带保护接点插座
	密闭（防水）单相插座		防爆带保护接点插座
	防爆单相插座	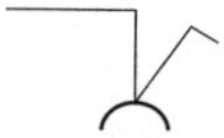	具有单极开关的插座
	带保护接点插座	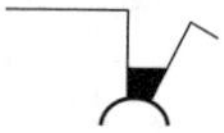	具有联锁开关的插座

图形符号	说明	图形符号	说明
	具有隔离变压器的插座（如电动剃刀用的插座）		多个插座（示出三个）
	带接地插孔的三相插座		
	暗装带接地插孔的三相插座		具有护板的插座
	密闭（防水）带接地插孔的三相插座		钥匙开关
	防爆带接地插孔的三相插座		双极开关
	插座箱（板）		暗装
			密闭（防水）
	单极限时开关		三极开关
	双控开关（单极三线）		暗装三极开关
	具有指示灯的开关		密闭（防水）三极开关
	多拉开关（如用于不同照度）		防爆三极开关
	中间开关 等效电路图		单极拉线开关
			单极双控拉线开关
			灯或信号灯的一般符号
	调光器		投光灯一般符号
	限时装置		聚光灯
	定时开关		架空交接箱

图形符号	说明	图形符号	说明
	泛光灯		落地交接箱
	示出配线的照明引出线位置		壁龛交接箱
	在墙上的照明引出线（示出配线向左边）		分线盒的一般符号 可加注 $\dfrac{A\text{-}B}{C}$ A——编号 B——容量 C——线序
	荧光灯一般符号		
	三管荧光灯		
$\underline{\quad 5 \quad}$	五管荧光灯		室内分线盒
	防爆荧光灯		室外分线盒
	在专用电路上的事故照明灯		分线箱
	自带电源的事故照明灯装置（应急灯）		
	气体放电灯的辅助设备 注：仅用于辅助设备与光源不在一起时		壁龛分线箱
	警卫信号探测器		
	警卫信号区域报警器		避雷针
	警卫信号总报警器		电源自动切换箱（屏）
	电缆交接间		电阻箱
	鼓形控制器		防水防尘灯
			球形灯

图形符号	说明	图形符号	说明
	自动开关箱		局部照明灯
			矿山灯
	刀开关箱		安全灯
	带熔断器的刀开关箱		隔爆灯
	熔断器箱		天棚灯
	组合开关箱		花灯
	深照型灯		弯灯
	广照型灯（配照型灯）		壁灯

附录3　常用文字符号

常用电气设备、元件文字符号见附表 3-1。

附表 3-1　常用电气设备、元件文字符号

设备名称	文字符号	设备名称	文字符号
发电机	G	定子绕组	WS
直流发电机	GD	转子绕组	WR
交流发电机	GA	励磁绕组	WC
同步发电机	GS	电力变压器	TM
异步发电机	GA	控制变压器	TC
永磁发电机	GH	自耦变压器	TA
电动机	M	互感变压器	TR
直流电动机	MD	电炉变压器	TF
交流电动机	MA	稳压器	TS
同步电动机	MS	电流互感器	TA
异步电动机	MA	电压互感器	TV
笼型电动机	MC	熔断器	FU
励磁机	GE	断路器	QF

续表

设备名称	文字符号	设备名称	文字符号
电枢绕组	WA	接触器	KM
调节器	A	电压继电器	KV
电阻器	R	时间继电器	KT
压敏电阻器	RV	差动继电器	KD
启动电阻器	RS	功率继电器	KPR
制动电阻器	RB	接地继电器	KE
频敏变阻器	RF	瓦斯继电器	KB
电感器	L	逆流继电器	KR
电抗器	L	中间继电器	KM
启动电抗器	LS	信号继电器	KS
电容器	C	闪光继电器	KFR
整流器	U	热继电器（热元件）	KH
变流器	U	温度继电器	KTE
逆变器	U	重合闸继电器	KRr
变频器	U	阻抗继电器	KZ
压力变换器	BP	零序电流继电器	KCZ
位置变换器	BQ	频率继电器	KF
温度变换器	BT	压力继电器	KP
速度变换器	BV	控制继电器	KC
避雷器	F	电磁铁	YA
母线	W	制动电磁铁	YB
电压小母线	WV	电磁阀	YY
控制小母线	WCL	电动阀	YM
合闸小母线	WCL	牵引电磁铁	YT
信号小母线	WS	起重电磁铁	YL
事故音响小母线	WFS	电磁离合器	YC
预告音响小母线	WPS	开关	Q
闪光小母线	WF	隔离开关	QS
直流母线	WB	控制开关	SA
电力干线	WPM	选择开关（转换开关）	SA
照明干线	WLM	负荷开关	QL
电力分支线	WP	自动开关	QA
照明分支线	WL	刀开关	QK
应急照明干线	WFM	行程开关	ST
应急照明分支线	WE	限位开关	SL
插接式母线	WIB	终点开关	SE

设备名称	文字符号	设备名称	文字符号
继电器	K	微动开关	SS
电流继电器	KA	接近开关	SP
按钮	SB	红色指示灯	HR
合闸按钮	SB	绿色指示灯	HG
停止按钮	SBS	蓝色指示灯	HB
试验按钮	SBT	黄色指示灯	HY
合闸线圈	YC	白色指示灯	HW
跳闸线圈	YT	照明灯	EL
接线柱	X	蓄电池	GB
连接片	XB	光电池	B
插座	XS	电子管	VE
插头	XP	二极管	VD
端子板	XT	三极管	V
测量设备（仪表）	P	稳压管	VS
电流表	PA	晶闸管	VT
电压表	PV	单结晶管	V
有功功率表	PW	电位器	RP
无功功率表	PR	调节器	A
电能表	PJ	放大器	A
有功电能表	PJ	测速发电机	BR
无功电能表	PJR	送话器	B
频率表	PF	受话器	B
功率因数表	PPF	扬声器	B
指示灯	HL		

附录4　电气设备及线路的标注方法及使用

电气设备及线路的标注方法见附表4-1。

附表4-1　电气设备及线路的标注方法

标注方式	说明
$\dfrac{a}{b}$或$\dfrac{a}{b}+\dfrac{c}{d}$	用电设备 a——设备编号 b——额定功率，kW c——线路首端熔断片或自动开关释放器的电流，A d——标高，m

标注方式	说明
（1）$a\dfrac{b}{c}$或a - b - c （2）$a\dfrac{b-c}{d(e\times f)-g}$	电力和照明设备 （1）一般标注方法 （2）当需要标注引入线的规格时 a——设备编号 b——设备型号 c——设备功率，kW d——导线型号 e——导线根数 f——导线截面积，mm^2 g——导线敷设方式及部位（见附表5和附表6）
（1）$a\dfrac{b}{c/i}$或a - b - c/i （2）$a\dfrac{b-c/i}{d(e\times f)-g}$	开关及熔断器 （1）一般标注方法 （2）当需要标注引入线的规格时 a——设备编号 b——设备型号 c——额定电流，A i——整定电流，A d——导线型号 e——导线根数 f——导线截面积，mm^2 g——导线敷设方式
a/b - c	照明变压器 a——一次电压，V b——二次电压，V c——额定容量，V·A
（1）a - $b\dfrac{c\times d\times L}{e}f$ （2）a - $b\dfrac{c\times d\times L}{-}$	照明灯具 （1）一般标注方法 （2）灯具吸顶安装 a——灯数 b——型号或编号 c——每盏照明灯具的灯泡数 d——灯泡容量，W e——灯泡安装高度，m f——安装方式 L——光源种类
⑮	最低照度⊙（示出15lx）

标注方式	说明
（1）a （2）$\dfrac{a\text{-}b}{c}$	照明照度检查点 （1）a——水平照度，lx （2）$a\text{-}b$——双侧垂直照度，lx 　　　c——水平照度，lx
$\dfrac{a\text{-}b\text{-}c\text{-}d}{e\text{-}f}$	电缆与其他设施交叉点 a——保护管根数 b——保护管直径，mm c——管长，m d——地面标高，m e——保护管埋设深度，m f——交叉点坐标
（1）±0.000 （2）±0.000	安装或敷设标高（m） （1）用于室内平面图、剖面图上 （2）用于总平面图上的室外地面
（1）—／／／— （2）—／3— （3）—／n—	导线根数，当用单线表示一组导线时，若需要示出导线数，可用加小短斜线或画一条短斜线加数字表示 例：（1）表示3根 （2）表示3根 （3）表示n根
（1）$\dfrac{3\times16}{}\times\dfrac{3\times10}{}$ （2）—×$\dfrac{\phi2\frac{1}{2}\text{in}}{}$	导线型号规格或敷设方式的改变 （1）$3\times16\text{mm}^2$导线改为$3\times10\text{mm}^2$ （2）无穿管敷设改为导线穿管（$\phi2\frac{1}{2}$in）敷设（in即英寸）
V	电压损失，%
—220V	直流电压为220V
$m\sim fV$	交流电 m——相数 f——频率，Hz V——电压，V 例：3N～50Hz，380V表示交流，三相带中性线50Hz/380V
	相序
L_1（可用A）	交流系统电源第一相
L_2（可用B）	交流系统电源第二相
L_3（可用C）	交流系统电源第三相
U	交流系统设备端第一相

续表

标注方式	说明
V	交流系统设备端第二相
W	交流系统设备端第三相
N	中性线
PE	保护线
PEN	保护线和中性线共用线

（1）用电设备的标注

用电设备的标注一般为 $\dfrac{a}{b}$ 或 $\dfrac{a}{b}+\dfrac{c}{d}$，如 $\dfrac{15}{75}$ 表示这台电动机在系统中的编号为第 15，电动机的额定功率为 75kW ；如 $\dfrac{15}{75}+\dfrac{200}{0.8}$ 表示这台电动机的编号为第 15，功率为 75kW，自动开关脱扣器电流为 200A，安装标高为 0.8m ；再如 $\dfrac{6}{7}+\dfrac{30}{1.5}$ 表示编号为第 6，功率为 7kW，熔丝电流为 30A，安装标高为 1.5m。

自动开关脱扣器与熔丝的区别：一是电动机容量，二是标注数值与电动机额定电流的倍数（倍数 ≤ 2 时为自动开关脱扣器，倍数 >2 时为熔丝），其中额定电流取额定功率数值的 2 倍。如 $\dfrac{15}{75}+\dfrac{200}{0.8}$，电动机功率较大，标注数 c 为 200，为额定电流 2×75 的 1.33 倍，因此 200 为自动开关脱扣器的整定值；再如 $\dfrac{6}{7}+\dfrac{30}{1.5}$，电动机功率较小，$c$ 为 30，为额定电流 2×7 的 2.14 倍，因此 30 为熔丝电流。

（2）电力和照明设备的标注

① 一般标注方法为 $a\dfrac{b}{c}$ 或 $a\text{-}b\text{-}c$，如 $5\dfrac{\text{Y200L - 4}}{30}$ 或 5 -（Y200L - 4）- 30 表示这台电动机在该系统的编号为第 5，型号是 Y 系列笼型异步电动机，机座中心高为 200mm，机座为长机座，四极，同步转速为 1500r/min，额定功率为 30kW。

② 需要标注引入线时的标注为 $a\dfrac{b\text{ - }c}{d(e\times f)\text{ - }g}$，如 $5\dfrac{\text{(Y200L - 4) - 30}}{\text{(3}\times\text{35)G40-DA}}$ 表示这台电动机在系统的编号为第 5，Y 系列笼型异步电动机，机座中心高为 200mm，机座为长机座，四极，同步转速为 1500r/min，功率为 30kW，三根 35mm² 的橡胶绝缘铝芯导线穿直径为 40mm 的水煤气钢管沿地板埋地敷设引入电源负荷线。其中，G（汉语拼音）也可写作 SC（英文），DA（汉语拼音）也可写作 FC（英文）。若用英文标注则为 $5\dfrac{\text{(Y200L - 4) - 30}}{\text{(3}\times\text{35)SC40-FC}}$，意义同上。

附表 4-1 中有关 g 的表达含义见附表 4-2 和附表 4-3。

附表 4-2　电气工程图中表达线路敷设方式标注的文字代号

表达内容	标注代号	
	英文代号	汉语拼音代号
用轨型护套线敷设		
用塑制线槽敷设	PR	XC
用硬质塑制管敷设	PC	VG
用半硬塑制管敷设	FEC	ZVG
用可挠型塑制管敷设		
用薄电线管敷设	TC	DG
用厚电线管敷设		
用水煤气钢管敷设	SC	G
用金属线槽敷设	SR	GC
用电缆桥架（或托盘）敷设	CT	
用瓷夹敷设	PL	CJ
用塑制夹敷设	PCL	VT
用蛇皮管敷设	CP	
用瓷瓶式或瓷柱式绝缘子敷设	K	CP

附表 4-3　电气工程图中表达线路敷设部位标注的文字代号

表达内容	标注代号	
	英文代号	汉语拼音代号
沿钢索敷设	SR	S
沿屋架或层架下弦敷设	BE	LM
沿柱敷设	CLE	ZM
沿墙敷设	WE	QM
沿天棚敷设	CE	PM
在能进入的吊顶内敷设	ACE	PNM
暗敷在梁内	BC	LA
暗敷在柱内	CLC	ZA
暗敷在屋面内或顶板内	CC	PA
暗敷在地面内或地板内	FC	DA
暗敷在不能进入的吊顶内	AC	PNA
暗敷在墙内	WC	QA

（3）配电线路的标注

配电线路的标注一般为 $d\text{-}b(c\times d+n\times h)e\text{-}f$，如 24 - BV（$3\times70+1\times50$）G70 - DA，表示这条线路在系统的编号为第 24，聚氯乙烯绝缘铜芯导线 70mm² 的三根、50mm² 的一根，穿直径为 70mm 的水煤气钢管沿地板埋地敷设。若用英文标注则为 24 - BV（$3\times70+1\times50$）SC70 - FC，意义同上。

在工程中若采用三相四线制供电一般均采用上述的标注方式；如为三相三线制供电，则上式中的 n 和 h 为 0；如为三相五线制供电，若采用专用保护零线，则 n 为 2；若用钢管作为接零保护的公用线，则 n 为 1。

上述三例的回路编号在实际工程中有时不单独采用数字，有时在数字的前面或后面常标有字母（英文或汉语拼音），这个字母是设计者为了区分复杂而多个回路时设置的，在制图标准中没有定义，读图时应按设计者的标注去理解。如 M1 或 1M、或 3M1 等。

（4）照明灯具的标注

照明灯具的标注通常有以下两种：

① 一般标注方法为 $a\text{-}b\dfrac{c\times d\times L}{e}f$，如 5 - YZ40RR $\dfrac{2\times40}{2.5}$ L 表示这个房间或某一区域安装 5 只型号为 YZ40RR 的荧光灯，直管形，日光色，每只灯有 2 根 40W 灯管，用链吊安装，吊高为 2.5m（指灯具底部与地面距离）。若用英文标注则为 5 - YZ40RR $\dfrac{2\times40}{2.5}$ Ch，意义同上。其中设计者一般不标出光源种类，因为灯具型号已示出光源的种类。

光源种类主要指白炽灯（IN）、荧光灯（FL）、荧光高压汞灯（Hg）、金属卤化物灯、高压钠灯（Na）、碘钨灯（I）、氙灯（Xe）、弧光灯（ARC）及用上述光源组成的混光灯、红外线灯（IR）、紫外线灯（UV）等。如果需要，则在光源种类处标出代表光源种类的括号内的字母。

在有关标注方法中，表达照明灯具安装方式标注的代号及意义见附表 4-4。

附表 4-4　电气工程图中表达照明灯具安装方式标注的文字代号

表达内容	标注代号	
	英文代号	汉语拼音代号
线吊式	CP	
自在器线吊式	CP	X
固定线吊式	CP1	X1
防水线吊式	CP2	X2
吊线器式	CP3	X3

表达内容	标注代号	
	英文代号	汉语拼音代号
链吊式	Ch	L
管吊式	P	G
吸顶式或直附式	S	D
嵌入式（嵌入不可进入的顶棚）	R	R
顶棚内安装（嵌入可进入的顶棚）	CR	DR
墙壁内安装	WR	BR
台上安装	T	T
支架上安装	SP	J
壁装式	W	B
柱上安装	CL	Z
座装	HM	ZH

② 灯具吸顶安装标注方法为 $a\text{-}b\dfrac{c\times d\times L}{}$，各种符号的意义同①（因为是吸顶安装，所以安装方式 f 和安装高度就不再标注）。如果房间灯具的标注为 $2\text{-}JXD6\dfrac{2\times 60}{}$，表示这个房间安装 2 只型号为 JXD6 的灯具，每只灯具有 2 个 60W 的白炽灯泡，吸顶安装。

这里需要强调说明一点，一般的设计不在图上标注出电气设备、电动机、绝缘导线及灯具的型号，其型号都随图标注在图上的设备及材料表内，这样前述的几种标注即为以下方式，但意义同上：

$\dfrac{Y200L\text{-}4}{30}$ 或 $5\text{-}(Y200L\text{-}4)\text{-}30$ 简化为 $\dfrac{5}{30}$

$\dfrac{Y200L\text{-}4}{BLX(3\times 35)G40\text{-}DA}$ 简化为 $5\dfrac{30}{(3\times 35)G40\text{-}DA}$ 或 $5\dfrac{30}{(3\times 35)SC40\text{-}FC}$

$24\text{-}BV(3\times 70+1\times 50)G70\text{-}DA$ 简化为 $24(3\times 70+1\times 50)G70\text{-}DA$ 或 $24(3\times 70+1\times 50)SC70\text{-}FC$

$8\text{-}YZ40RR\dfrac{2\times 40}{2.5}$ 简化为 $8\dfrac{2\times 40}{2.5}L$ 或 $8\dfrac{2\times 4}{2.5}Ch$

$2\text{-}JXD6\dfrac{2\times 60}{}$ 简化为 $2\dfrac{2\times 60}{}$

另外，图中有关一些电气设备及材料的内容应及时查找电气设备及材料手册，以便核对。

（5）开关及熔断器的标注

① 一般标注方法为 $a\dfrac{b}{c/i}$ 或 a - b - c/i，如 m1$\dfrac{DZ200Y \text{-} 200}{200/200}$ 或 m1 -（DZ200Y - 200）- 200/200，表示设备编号为 m1（m 是设计者为区分回路而设置的），开关的型号为 DZ200Y - 200，即为额定电流为 200A 的低压断路器，断路器的整定值为 200A。

② 需要标注引入线时的标注方法为 $a\dfrac{b \text{-} c/i}{d\,(e\times f)\text{-}g}$，如 m1$\dfrac{（DZ20Y \text{-} 200）\text{-} 200/200}{BV（3\times50）CP \text{-} LM}$，若用英文标注则为 ml$\dfrac{（DZ20Y \text{-} 200）\text{-} 200/200}{BV（3\times50）K \text{-} BE}$，表示为设备编号为 m1，开关型号为 DZ20Y-200 低压断路器，整定电流为 200A，引入导线为 3 根截面积为 50mm^2 塑料绝缘铜线，用瓷瓶沿屋架敷设。

同样，上述的标注也可以用下列方法表达：

$\dfrac{m1}{200/200}$ 或 m1 - 200/200

m1$\dfrac{200/200}{（3\times50）CP \text{-} LM}$ 或 $\dfrac{200/200}{（3\times50）K \text{-} BE}$

（6）电缆的标注方式

电缆的标注方式基本与配电线路标注的方式相同。

当电缆与其他设施交叉时，标注用 $\dfrac{a \text{-} b \text{-} c \text{-} d}{e \text{-} f}$，如 $\dfrac{4 \text{-} 100 \text{-} 8 \text{-} 1.0}{0.8 \text{-} f}$，表示 4 根保护管，直径 100m，管长 8m 于标高 1.0m 处且埋深 0.8m，交叉点坐标 f 一般用文字标注，如与 ×× 管道交叉，×× 管应见管道平面布置图。

（7）有关变更的表示方法

导线或电缆型号规格及敷设方式的变更可采用 —— × —— 的方式来说明。如 $\dfrac{3\times16}{}$ × $\dfrac{3\times10}{}$ 表示 3×16mm^2 的导线变为 3×10mm^2 的导线，—— × $\dfrac{\phi40}{}$ 表示原线路不穿管而现改为穿 $\phi40$mm 的管。但在实际中则采用文字说明（如设计变更或图样会审纪要）的形式来进行变更，并有设计者的签字。

其他标注方法详见附表 4-1 ～附表 4-4。

水电工常用电路及基本计算可扫二维码学习。

参 考 文 献

［1］ 徐第，等. 安装电工基本技术. 北京：金盾出版社，2001.

［2］ 白公，苏秀龙. 电工入门. 北京：机械工业出版社，2005.

［3］ 王勇机. 家装预算我知道. 北京：机械工业出版社，2008.

［4］ 张伯龙. 从零开始学低压电工技术. 北京：国防工业出版社，2010.

［5］ 肖达川. 电工技术基础. 北京：中国电力出版社，1995.

［6］ 曹振华. 实用电工技术基础教程. 北京：国防工业出版社，2008.

［7］ 李显全，等. 维修电工（初级、中级、高级）. 北京：中国劳动出版社，1998.

［8］ 金代中. 图解维修电工操作技能. 北京：中国标准出版社，2002.

［9］ 郑凤翼，杨洪升，等. 怎样看电气控制电路图. 北京：人民邮电出版社，2003.

［10］ 王兰君，张景皓. 看图学电工技能. 北京：人民邮电出版社，2004.

二维码视频讲解目录

家电等电路器件的识别、检测与应用

01- 数字万用表使用

02- 指针万用表的使用

03- 电工工具使用

04- 线材绝缘与设备漏电的检测

05- 检测相线与零线

06- 保险在路检测 1

07- 保险在路检测 2

08- 带开关插座安装

09- 断路器的检测 1

10- 断路器的检测 2

11- 多联插座的安装

12- 接触器的检测 1

13- 接触器的检测 2

14- 配电箱的布线

15- 热继电器的检测

16- 万能转换开关的检测

17- 电冰箱温控器的检测

18- 空调遥控器与红外线接收头的判别

19- 洗衣机单开关定时器检测

20- 洗衣机多开关定时器的检测

21- 洗衣机脱水电机的检测

22- 按钮开关的检测

23- 认识电路板上的电子元器件